湖北省地质局 2020 年度科技项目(KJ2020-49)资助

鄂西地区磷矿田勘查成果集成及成矿规律研究

E XI DIQU LIN KUANGTIAN KANCHA CHENGGUO
JICHENG JI CHENGKUANG GUILÜ YANJIU

主 编：肖长喜 向 萌
副主编：蔡志勇 胡胜华 聂开红

图书在版编目(CIP)数据

鄂西地区磷矿田勘查成果集成及成矿规律研究/肖长喜,向萌主编.—武汉:中国地质大学出版社,2024.7.—ISBN 978-7-5625-5923-8

Ⅰ.P619.201

中国国家版本馆CIP数据核字第2024V6V949号

鄂西地区磷矿田勘查成果集成及成矿规律研究   肖长喜   向 萌 主编

责任编辑:谢媛华 郑济飞 选题策划:谢媛华	责任校对:宋巧娥

出版发行:中国地质大学出版社(武汉市洪山区鲁磨路388号)   邮编:430074
电　　话:(027)67883511   传　　真:(027)67883580   E-mail:cbb@cug.edu.cn
经　　销:全国新华书店   http://cugp.cug.edu.cn

开本:787毫米×1092毫米 1/16	字数:384千字	印张:15
版次:2024年7月第1版	印次:2024年7月第1次印刷	
印刷:武汉中远印务有限公司		
ISBN 978-7-5625-5923-8		定价:98.00元

如有印装质量问题请与印刷厂联系调换

《鄂西地区磷矿田勘查成果集成及成矿规律研究》
编撰委员会

主　编：肖长喜　　向　萌
副主编：蔡志勇　　胡胜华　　聂开红
编　委：杨　朋　　刘　银　　曾维靓
　　　　肖蛟龙　　郑　斐　　李方会
　　　　牟宗玉　　张权绪　　陈家林

前　言

湖北省磷矿资源极为丰富，其中鄂西地区震旦系陡山沱组磷矿以矿石质量好、矿床规模大在国内占有重要地位。湖北省磷矿经过半个世纪的地质勘查，截至2020年底，全省共查明141处磷矿矿产地，其中鄂西地区占有124处。随着近年来鄂西地区磷矿勘查工作的开展，尤其是6个整装勘查项目工作的开展获得了大量的勘查成果，但由于研究区内开展磷矿勘查工作的单位众多，成果资料分散，且多侧重于矿床勘查评价，综合集成研究不够，加上生产单位理论水平不高，致使丰富的成果提炼不足，科技影响力不高。

本次研究工作得到湖北省地质局2020年度科技项目（KJ2020-49）资助，旨在对区内已有磷矿勘查资料进行全面收集、整理，进一步总结提炼，在此基础上对鄂西地区磷矿成矿地质条件、矿床成因及成矿规律等进行综合研究，形成既有丰富的实际成果又有一定理论水平的综合性科技成果，为该地区磷矿找矿勘查提供理论支撑。

本书以宜昌磷矿田、保康磷矿田、兴神磷矿田等重要矿集区研究成果为基础，对区域地质背景、古构造、古地理环境的控矿作用进行分析，重点研究聚磷沉积中心迁移富集、多旋回含磷硅质白云岩建造与多期次（层）磷块岩物质组分及地球化学特征、成矿机制及相互关系，归纳总结早震旦世陡山沱期超大型磷块岩矿床成因及成矿规律，建立成矿模式，丰富和完善扬子成磷区北部重要成矿区（带）的成矿理论体系，并给出下一步找矿方向及建议。

本书引用了大量公开发表的文献资料，以及矿山与地质勘查单位未公开发表的各类报告。湖北省地质局胡清乐正高级工程师、湖北省地质调查院王红艺正高级工程师审阅了全书并提出了宝贵的修改意见。谨对上述专家、地质同行和有关单位以及被引用文献的作者们致以衷心的感谢！由于时间仓促，又限于笔者的科学研究水平和文字表达能力，书中不足之处在所难免，敬请各位专家和读者批评指正。

编者
2024年1月

目 录

第一章 绪 论 (1)
  第一节 研究区概况 (1)
  第二节 研究内容 (1)
  第三节 勘查及研究现状 (1)
  第四节 本次工作情况 (6)

第二章 区域地质背景 (8)
  第一节 沉积盖层地质特征 (8)
  第二节 地质构造演化特征 (13)
  第三节 前寒武纪古构造格架 (14)

第三章 含磷岩系与磷矿层特征 (21)
  第一节 含磷岩系特征 (21)
  第二节 磷矿层特征 (67)
  第三节 磷块岩特征 (85)

第四章 研究区陡山沱期岩相古地理 (108)
  第一节 古地理概况 (108)
  第二节 鄂西聚磷区陡山沱期岩相古地理 (111)
  第三节 主要矿层磷块岩沉积微相特征 (123)

第五章 典型矿床 (151)
  第一节 宜昌磷矿 (151)
  第二节 保康磷矿 (164)

第六章 矿床成因与成矿规律 (176)
  第一节 矿床成因 (176)
  第二节 成矿规律 (188)

第七章 结语 (194)
  第一节 主要成果 (194)
  第二节 找矿工作建议 (195)

主要参考文献 (196)

附录 图版 (198)

第一章 绪 论

第一节 研究区概况

研究区范围包括鄂西主要的磷矿田,北起保康县,南至宜昌市夷陵区,西至神农架林区,东至钟祥市(图 1-1),属扬子地台北部的重要成矿区(带)。本书是以鄂西聚磷区宜昌-保康磷矿带为主要研究对象,通过全面收集整理已有成果资料,以宜昌磷矿田为主,统筹研究神农架林区、保康县等其他几个磷矿田,对鄂西地区磷矿田勘查进行的成果集成。

第二节 研究内容

主要研究内容:

(1)开展上扬子陆块北部区域古构造轮廓、古地理环境以及鄂西聚磷区和宜昌磷矿田含磷建造、成矿的控制作用,陡山沱期岩相古地理环境以及沉积相、亚相、微相对成矿的控制作用等研究。确定宜昌磷矿田含磷岩系的区域分布、沉积建造、岩石组合、划分对比标志,以及磷矿层的层位、层数、厚度变化和时空演化特点。

(2)开展磷矿富集规律、时空演化、成矿机制、成矿作用、成矿模式等研究,系统收集和集成磷矿田找矿勘查成果。

第三节 勘查及研究现状

一、磷矿研究现状

(一)国内外磷矿研究现状

震旦纪—寒武纪成磷事件形成的磷矿主要分布在亚洲、澳大利亚北部、非洲和南美洲等地,除南极洲外几乎所有大陆都有大型磷矿发现,这显示此时期磷块岩沉积是全球性事件。全球磷矿床类型划分尚无统一标准,目前主要依据矿床产出地质条件和形成方式将磷矿床分为外生沉积磷块岩矿床、内生磷灰石矿床和变质磷灰岩矿床三大类。其中,外生沉积磷块岩矿床最为重要,占世界已查明磷矿资源量的 90% 以上,其次为内生磷灰石矿床,其他类型所占比例不到 1%。

图 1-1 研究区范围示意图

中国磷矿资源丰富，但南北分布极不平衡，总体表现为南富北贫的态势，主要矿床集中分布于云南、贵州、湖北、湖南、四川5省，矿床类型以海相沉积磷矿岩为主，占磷矿探明储量的85%。除此，中国北方陕西汉中地区及中国与哈萨克斯坦—蒙古国—俄罗斯接壤地区亦有海相沉积磷块岩分布，但矿床规模多为中—小型。海相沉积型磷矿占世界外生沉积磷矿资源的80%以上，占中国磷矿探明储量的85%，因此各国对海相沉积型磷矿理论研究十分重视。目前，各国对海相沉积磷块岩成因已开展了大量研究工作，大致可分为以下几个时期。

(1)19世纪后期，生物成因说占主导地位，该学说普遍认为磷块岩由生物遗体堆积而成，是最早对磷块岩成因提出解释的理论(东野脉兴，1992)。1873—1876年Muray和Renard在南非厄加勒斯角南部海岸带发现了现代海底的结核状磷块岩，他们通过研究认为该磷结核的形成与大规模生物死亡事件有关。暖、冷洋流交汇处由于营养丰富，生物繁盛，生物死亡腐烂后释放出的含磷物在沉积后可能逐渐形成磷块岩。当时普遍认为成岩作用和由磷酸盐取代碳酸盐的交代作用在磷块岩矿床的堆积中起重要作用(Baturin，1989)，但限于当时的技术水平，生物成因说缺乏严格的数据支撑。

(2)1937年，Kazakov提出上升洋流说，该学说是属于化学成因范畴的一套理论，至今对磷块岩成因解释有很大的影响力。它的基本原理为富含P_2O_5的深层海水在上升洋流动力影响下到达海水表层或浅海区域，在上升期间由于压力下降等因素(Baturin，1989；东野脉兴，1992)，磷酸盐溶解度降低，海水以无机沉淀的方式沉积成为磷块岩。该理论提出的早期弱化了生物作用，但未能合理解释极浅海条件下形成的磷块岩与成岩作用时期磷酸盐化等问题。Grabau在1919年描述了磷块岩堆积与沉积间断面之间的密切联系，认为早期分散在沉积物中的磷经过再改造作用才能达到工业富集(叶杰，2002)。这种机械(物理)再富集的观点后来得到了普遍认可，并逐渐成为磷块岩结构成因划分的依据。磷块岩形成理论的许多要素在20世纪上半叶就已经出现，包括上升洋流、生物聚磷、物理改造再富集等。

(3)20世纪中期以后，磷块岩研究进入新的阶段。20世纪五六十年代美国地质调查局(United States Geological Survey，USGS)在美国及其他国家开展大规模磷块岩研究；七八十年代的国际地质对比计划(IGCP156)联合多个国家的研究者对磷块岩等进行的研究，完善了Kazakov的磷块岩形成理论。海洋上升洋流连续不断地提供养分(磷酸盐)，使浅水光合作用带微生物及其食物链上的其他生物繁殖，为沉积物提供了富含磷的有机质，而沉积物中有机质的微生物降解不断释放出磷酸盐导致磷灰石不断沉积进而形成磷矿，干旱气候和低纬度的辐散洋流上升地区是最有利的成磷地带。这些研究成果还解决了富磷海水的运移方向和磷质由深海到达陆缘的动力机制问题。Baturin(1981)系统研究了现代大陆架的磷块岩，并将其与地质时期海相磷块岩进行系统对比，认为自震旦纪以来的海相磷块岩与现代磷块岩的各种特征、形成作用和制约因素都具有可比性。Baturin等(1985)在肯定上升洋流作用的同时，认为磷块岩的形成过程包括生物吸收、沉积分解、成岩作用直至物理富集。该时期对磷块岩形成的研究越来越倾向于从多因素作用方面考察，单一因素研究逐渐被摒弃。

(4)随着海洋学研究进展，尤其是深海钻探计划(deep sea drilling progran，DSDP)/大洋钻探计划(ocean drilling program，ODP)所取得的成果，海洋磷循环研究逐渐被重视。前人研究认为磷的沉积与长期海平面变化有一定联系，并指示一定的古海洋营养状态。将磷循环引入磷块岩成因研究,系统地从 C—N—P—O 等元素的循环来解释成磷现象成为趋势。Cook 等(1984)从 δ^{13}C 与 δ^{34}S 变化上认为前寒武纪—寒武纪交界处的成磷作用发生前有一个广泛分布的相对缺氧阶段。中国在这一时期发育有多幕次缺氧事件,如大塘坡期、陡山沱期及筇竹寺期(杨竞红等,2005),沉积的磷块岩广泛分布于扬子地台。含磷有机质在沉降过程中一般伴随着磷质释放,在氧化条件下不利于磷质释放,而缺氧条件下磷质释放效率较高(Ingall et al.,1997;黄永建等,2005)。海水中出现缺氧状况使得磷等营养元素增加,导致生物初始生产力提高,生物开始繁盛,而生物生存与有机质分解都是耗氧过程,又使缺氧状况加剧,最后,在大洋生产力和大洋缺氧之间形成正反馈。但通过磷循环模式获取地史时期大规模磷块岩沉积的成因解释还存在诸多问题。地史时期的磷块岩沉积成因解释需要从风化—输入—转化—埋藏等多个环节对古大洋磷循环进行分析,尤其是磷的埋藏与碳—氧循环之间的耦合关系需要更多的数据支撑。

随着海相沉积型磷块岩研究的不断深入,其成矿理论得到快速发展,形成了不同的磷块岩成矿理论。但目前对磷块岩矿床的成矿物质来源、成矿作用等问题仍存在很多争议。成矿物质来源包括陆源输入、热点活动、生物聚集和成岩后变化等不同观点,在成矿作用方面存在生物有机质参与成矿、交代成矿及孔隙水成矿等观点。这些观点均难以对磷块岩沉积成矿作出全面解释,而只能解释特定环境或背景下的成矿模式。

(二)鄂西磷矿研究现状

以往鄂西地区震旦系磷矿专题研究课题主要有:①《鄂西震旦系下统陡山沱组磷矿成矿远景区划》(湖北省地质局第七地质大队、湖北省地质局第八地质大队,1980 年 6 月);②《扬子地区晚震旦世陡山沱期磷块岩成矿远景区划》(贵州省地质矿产勘查开发局,1983 年 6 月);③《湖北省西部晚震旦世陡山沱期岩相古地理及磷块岩成矿规律的研究报告》(湖北省地质科学研究所,1985 年 7 月);④《宜昌磷矿成矿地质条件及远景研究报告》(湖北省地质局第七地质大队,1987 年 6 月);⑤《湖北省荆襄地区陡山沱期磷矿形成条件、富集规律及远景预测研究》(湖北省地质局第八地质大队,1988 年 12 月);⑥《鄂西地区磷矿资源潜力及找矿方向研究报告》(湖北省宜昌地质勘探大队,2012 年 7 月);⑦《鄂西磷矿含磷岩系对比划分及成矿规律研究报告》(湖北省地质局第七地质大队,2017 年 1 月)。

上述研究课题,从不同层次着重研究早震旦世陡山沱期磷矿的成矿地质背景及岩相古地理等成矿条件,对陡山沱期岩相进行了分类划分,开展了含磷岩系地、矿层对比,提出划分方案,在此基础上总结磷块岩的成矿规律,并进行了磷矿资源量预测。以下介绍几个重要的研究成果。

(1)《湖北省西部晚震旦世陡山沱期岩相古地理及磷块岩成矿规律研究报告》。研究范围包括恩施、宜昌、神农架、保康、房县及荆襄地区,在对鄂西地区晚震旦世陡山沱期含矿地层、古构造、岩相古地理等诸多方面研究的基础上,总结成矿规律,并进行了磷矿找矿预测工作,对鹤峰、保康、神农架、宜昌等矿田(区)进行远景区划分和资源量预测。

(2)《宜昌磷矿成矿地质条件及远景研究报告》。研究范围包括兴山、宜昌、远安三地,运用碳酸盐岩新理论、新方法,着重研究磷矿床沉积、富集的古地理环境及形成机制,结合矿物学、地球化学、同位素地质学和古地磁等资料,较详细地阐述矿床的形成条件及富集规律,对宜昌磷矿田范围进行远景区划分和资源量预测。

(3)《鄂西地区磷矿资源潜力及找矿方向研究报告》。研究范围包括宜昌、保康、神农架3个重要磷矿田,在充分利用前人科研、区调、磷矿勘查的基础上,对鄂西聚磷区及矿田地质特征等进行了较全面的研究与总结,对含磷地层、磷矿层及其沉积环境、聚磷规律、成磷期古地理、含磷盆地古构造和变形构造诸方面进行了系统分析和综合研究。

(4)《鄂西磷矿含磷岩系对比划分及成矿规律研究报告》。研究范围包括鄂西聚磷区宜昌-保康磷矿带、钟祥-南漳磷矿带和湘西北聚磷区的鹤峰磷矿田,重点针对鄂西聚磷区含磷岩系的区域分布、沉积建造、岩石组合、划分对比标志及磷矿层的层位、层数、厚度变化及时空演化特点进行了研究,结合区内磷矿层磷块岩矿石矿物组分、结构、构造与其微量和稀土元素特征等,对研究区的含磷岩系陡山沱组岩石地层及磷矿层进行了对比,提出四分的划分方案,建立了成矿模式和找矿模型,开展了资源潜力预测。

二、鄂西地区磷矿勘查工作程度

(一)区域地质调查

自20世纪50年代末以来,研究区先后完成1:20万、1:25万和1:5万区域地质矿产调查工作。其中1:20万、1:25万区域地质矿产调查包括荆门幅、宜城幅、宜昌幅、神农架幅、南漳幅、五峰幅、长阳幅,涵盖整个鄂西聚磷区;1:5万区域地质矿产调查包括兴神磷矿田和保康磷矿田的长冲幅、竹园场幅、小当阳幅、三溪河幅、段江幅、马桥幅、欧家店幅、猫儿观幅、教场坝幅、松香坪幅,宜昌磷矿田的兴山幅、水月寺幅、苟家垭幅、大峡口幅、茅坪河幅、荷花店幅、新滩幅、莲沱幅、分乡幅、过河口幅、三斗坪幅,鹤峰磷矿田的白果坪幅、南北镇幅、走马坪幅、罗家坪幅等,基本涵盖鄂西地区主要磷矿田。上述区域地质调查成果,特别是1:25万和1:5万区域地质图为本次研究工作提供了重要的基础地质资料。

(二)磷矿勘查

1956—2004年,多家单位先后在鄂西地区荆襄、宜昌、兴神、保康、鹤峰等矿田开展过以磷矿为主的地质勘查工作,重点对震旦系陡山沱组磷矿层进行控制,发现了大批有工业价值的矿床。

2000年以后,随着国民经济的发展,社会资金逐步进入磷矿勘查,截至2020年12月,湖北商业性勘查设立磷矿探矿权28处,其中普查5处,详查20处,勘探3处。

2010年以来,湖北省开展的6个磷矿整装勘查项目,无论是在新增磷矿资源量还是对深部找矿认识方面均取得了较大进展。

"湖北省宜昌磷矿北部整装勘查"是2011年湖北省首批实施的磷矿整装勘查项目之一,整装勘查区位于湖北省兴山县、保康县及夷陵区交界处,面积442.41 km²,项目由湖北省地质局第七地质大队承担,分为竹园沟-下坪、大岭子垭、连三坡、黄连山、马家店、育林、罗家坡、苟家垭、孙家墩北东和小阳坪共10个勘查区,已查明控制+推断磷矿石资源量95 646.7×10⁴ t,

另有磷矿潜在矿产资源 76 050.6×10^{4}t。区内开展磷矿普查-勘探的社会资金项目共 7 个,已查明探明＋控制＋推断磷矿石资源量 78 325.1×10^{4}t。

"湖北省宜昌磷矿东部整装勘查"是 2011 年湖北省首批实施的磷矿整装勘查项目之一,整装勘查区位于湖北省远安县、保康县及夷陵区交界处,面积 503.5km^2,项目由中化地质矿山总局湖北地质勘查院承担,分为徐家冲、黄柏池、高家岩、梁坪、郁家沟、崔家坪、张家垭西、沙泥坡和高庄坡共 9 个勘查区,已查明推断磷矿石资源量 54 856.6×10^{4}t,另有磷矿潜在矿产资源 32 282.1×10^{4}t。区内开展磷矿普查-勘探的社会资金项目共 6 个,已查明探明＋控制＋推断磷矿石资源量 103 664.9×10^{4}t,另有磷矿潜在矿产资源 603.7×10^{4}t。

"湖北省兴神保地区磷铅锌整装勘查"是 2012 年湖北省实施的磷矿整装勘查项目之一,整装勘查区位于湖北省襄阳市保康县、神农架林区、宜昌市兴山县境内,勘查区面积 1 026.46km^2,项目由湖北省地质局第七地质大队承担,分为胡家扁、油山、两河口-花庄、黄家湾、矿洞垭和猫儿洞共 6 个勘查区,已查明推断磷矿石资源量 15 758.8×10^{4}t,另有磷矿潜在矿产资源 11 398.7×10^{4}t。区内开展磷矿普查-详查的社会资金项目共 8 个,发现磷矿床 7 处,已查明探明＋控制＋推断磷矿石资源量 18 879.2×10^{4}t,另有磷矿潜在矿产资源 36 317×10^{4}t。

"湖北省荆襄磷矿整装勘查"是 2012 年湖北省实施的磷矿整装勘查项目之一,整装勘查区位于宜城市、钟祥市境内,面积 662.98km^2,由湖北省地质局第八地质大队承担,分为金牛山、雷河、牛心寨矿段深部、王集矿段深部、龙会山矿段深部和南泉共 6 个勘查区。经估算,整装勘查区新增推断磷矿石资源量 12 864.4×10^{4}t,磷矿潜在矿产资源 2 378.1×10^{4}t。

"房县南部磷矿整装勘查"是湖北省设立的七个首批找矿突破战略行动整装勘查区之一,面积 393.56km^2,项目由湖北省鄂西北地质矿产调查所(现湖北省地质局第八地质大队)承担,分为龙凤湾-下甘霞、材口峪-阮家坡和麻线坪-庙沟共 3 个勘查区。经估算,整装勘查区新增推断磷矿石资源量 1826×10^{4}t,磷矿潜在矿产资源 1 268.66×10^{4}t。

"湖北省鹤峰磷矿整装勘查"是 2012 年湖北省实施的磷矿整装勘查项目之一,面积 573.95km^2,由中化地质矿山总局湖北地质勘查院承担,分为八方园、长坡湾、江坪河和土地垭共 4 个勘查区。通过勘查,整装勘查区新增推断磷矿石资源量 2 660.8×10^{4}t,其中八方园普查区估算推断磷矿石资源量 1 160.3×10^{4}t,长坡湾普查区估算估算推断磷矿石资源量 130.5×10^{4}t,江坪河普查区估算推断磷矿石资源量 1.370×10^{4}t。

截至 2020 年 12 月,鄂西地区共发现磷矿矿区 124 处,其中大型矿床 58 处、中型矿床 40 处、小型矿床 26 处,累计查明磷矿石资源量共计 81.18×10^{8}t。研究区内已设磷矿探矿权 59 处、磷矿采矿权 96 处。

第四节　本次工作情况

本次工作主要收集、分析、综合研究鄂西地区已有基础地质资料和磷矿勘查成果、科研成果,开展适当的野外工作,采集、分析测试部分样品,为含磷岩系地、矿层研究提供依据,同时对鄂西磷矿岩相古地理环境等控矿因素进行分析研究,确定宜昌磷矿田含磷岩系的区域分布、沉积建造、岩石组合、划分对比标志及磷矿层的层位、层数、厚度变化,开展磷矿富集规律、时空演化、成矿机制、成矿作用、成矿模式等研究,系统收集和集成磷矿田找矿勘查成果。

本次工作除引用前人的研究成果、勘查资料和鄂西地区磷矿整装勘查资料外,根据预研究收集到的资料,还投入了极少量的专门性研究工作,包括含矿岩系钻孔研究、岩矿鉴定、电镜扫描、岩石化学分析、磷酸盐单矿物化学分析、稀土元素分析、微量元素分析等,完成主要实物工作量见表1-1。

表1-1 本次工作完成主要实物工作量一览表

序号	工作手段	设计工作量	完成工作量
1	含矿岩系钻孔研究/m	1500	1265
2	岩矿鉴定/件	20	15
3	电镜扫描/件	5	5
4	岩石化学分析/件	5	5
5	磷酸盐单矿物化学分析/件	2	2
6	稀土元素分析/件	5	5
7	微量元素分析/件	5	5

第二章 区域地质背景

研究区位于鄂西地区,地层属上扬子地层分区。在黄陵断隆基底区分布中太古代—古元古代变质杂岩(野马洞组、黄凉河组、力耳坪岩组等),在乐乡关断隆基底区分布古元古代变质杂岩(杨坡岩组,现归属于黄凉河组)。神农架背斜为神农架浅变质岩,长阳背斜、走马岭背斜为青白口系冷家溪群浅变质岩类。侵入岩主要分布在黄陵断隆基底区,以新元古代中酸性花岗岩规模最大,在乐乡关断隆基底区亦有出露。其他广大区域分布南华纪以来的沉积地层,除普遍缺失中、上志留统和下泥盆统外,其余地层大多发育良好,层序较完整,总厚度巨大。

研究区大地构造单元属扬子陆块区(Ⅱ)上扬子古陆块(Ⅱ2)上扬子陆块褶皱带(Ⅱ2-2),见图2-1。

区内构造概貌总体表现为:北部以青峰-襄阳断裂与秦岭-大别造山带相抵,构造变形强烈,以挤压、逆冲断裂,紧密或者倒转褶皱为主;中部的鄂中褶断区褶皱相对较弱,而由北北西向断裂构成堑、垒(隆)相间的构造格局颇为醒目;南部的八面山台坪褶皱带构造变形以褶皱为主,断裂次之。

区内矿产以沉积型为主,其中铁、锰、银、钒、磷为优势矿产,冶金辅助原料、化工原料以及建材等矿产也广泛分布。铁矿以泥盆纪宁乡式赤铁矿为主,赋存于上泥盆统写经寺组、黄家磴组,广泛分布于研究区南部的长阳、五峰、秭归、宜都、巴东、建始、宣恩等地,可形成大、中型矿床。西北部的神农架群矿石山组有沉积型赤铁矿,大多为中、小型矿床。锰矿赋存于下南华统大塘坡组,有长阳古城中型矿床。银、钒矿有产于下震旦统陡山沱组银钒矿以及下寒武统牛蹄塘组钒(钼)矿。磷矿是区内最为重要的优势矿产,广泛分布于宜昌、荆襄等矿田。

除沉积型矿产外,在黄陵基底区还有沉积变质型石墨矿、热液型金矿,神农架、黄陵基底周缘、长阳背斜另分布沉积改造型铅锌矿等。

第一节 沉积盖层地质特征

扬子区经扬子旋回后转化为地台区,湖北省内南华纪—中三叠世地台型沉积为后扬子构造层,并划分为上、下构造层。

(一)下构造层

下构造层包括南华系—志留系,分3个沉积建造序列和相应的亚构造层。

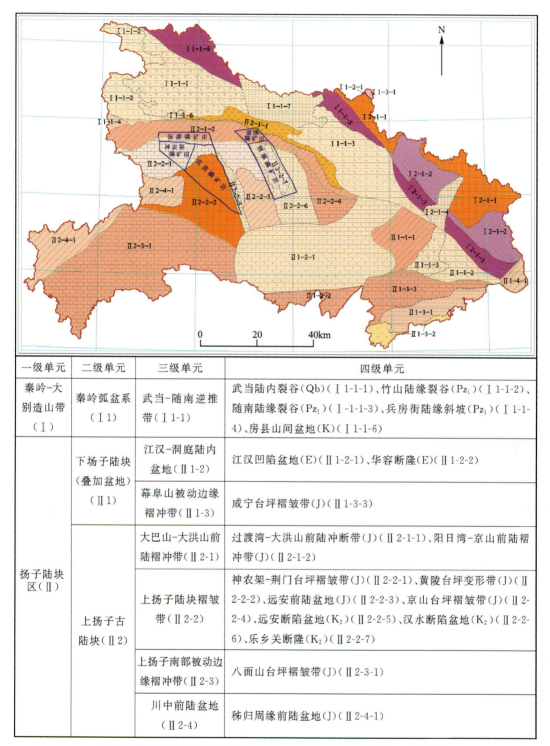

一级单元	二级单元	三级单元	四级单元
秦岭-大别造山带（Ⅰ）	秦岭弧盆系（Ⅰ1）	武当-随南逆推带（Ⅰ1-1）	武当陆内裂谷(Qb)(Ⅰ1-1-1)、竹山陆缘裂谷(Pz₁)(Ⅰ1-1-2)、随南陆缘裂谷(Pz₁)(Ⅰ1-1-3)、兵房街陆缘斜坡(Pz₁)(Ⅰ1-1-4)、房县山间盆地(K)(Ⅰ1-1-6)
扬子陆块区（Ⅱ）	下场子陆块（叠加盆地）（Ⅱ1）	江汉-洞庭陆内盆地（Ⅱ1-2）	江汉凹陷盆地(E)(Ⅱ1-2-1)、华容断隆(E)(Ⅱ1-2-2)
		幕阜山被动边缘褶冲带（Ⅱ1-3）	咸宁台坪褶皱带(J)(Ⅱ1-3-3)
	上扬子古陆块（Ⅱ2）	大巴山-大洪山前陆褶冲带（Ⅱ2-1）	过渡湾-大洪山前陆冲断带(J)(Ⅱ2-1-1)、阳日湾-京山前陆褶冲带(J)(Ⅱ2-1-2)
		上扬子陆块褶皱带（Ⅱ2-2）	神农架-荆门台坪褶皱带(J)(Ⅱ2-2-1)、黄陵台坪变形带(J)(Ⅱ2-2-2)、远安前陆盆地(J)(Ⅱ2-2-3)、京山台坪褶皱带(J)(Ⅱ2-2-4)、远安断陷盆地(K₂)(Ⅱ2-2-5)、汉水断陷盆地(K₂)(Ⅱ2-2-6)、乐乡关断隆(K₂)(Ⅱ2-2-7)
		上扬子南部被动边缘褶冲带（Ⅱ2-3）	八面山台坪褶皱带(J)(Ⅱ2-3-1)
		川中前陆盆地（Ⅱ2-4）	秭归周缘前陆盆地(J)(Ⅱ2-4-1)

图 2-1　研究区大地构造位置示意图（据湖北省地质调查院，2011 修改）

1. 第一亚构造层

第一亚构造层指南华系—震旦系(表 2-1),由磨拉石建造—冰碛建造—碳酸盐岩建造序列组成。其中磨拉石建造为莲沱组建造类型,为砂-砾岩组合,主要分布于大洪山地区,以砾岩为主,砾石成分复杂,为山麓洪积扇粗碎屑沉积物,向南为河流相-滨海相长石石英砂岩-石英砂岩组合,夹凝灰岩,砾岩显著减少,成分渐趋单一。该构造层厚 0~560m。

表 2-1 震旦系组段划分表

组	段	亚段、层(矿层)		
灯影组 $Z_2\epsilon_1 d$	白马沱段(三段)$Z_2\epsilon_1 d_3$			
	石板滩段(二段)$Z_2\epsilon_1 d_2$			Ph_5
	蛤蟆井段(一段)$Z_2\epsilon_1 d_1$			
陡山沱组 $Z_1 d$	白果园段 $Z_1 d_4$	$Z_1 d_4$		(Ph_4^2)
				(Ph_4^1)
	王丰岗段 $Z_1 d_3$	$Z_1 d_3$		Ph_3
	胡集段 $Z_1 d_2$	上亚段 $Z_1 d_2^2$		
		下亚段 $Z_1 d_2^1$	$Z_1 d_2^{1-2}$	Ph_2^3
				Ph_2^2
			$Z_1 d_2^{1-1}$	Ph_2^1
	樟村坪段 $Z_1 d_1$	上亚段 $Z_1 d_1^3$		Ph_1^3
				K_2
		中亚段 $Z_1 d_1^2$		Ph_1^2
				K_1
				Ph_1^1
		下亚段 $Z_1 d_1^1$	$Z_1 d_1^{1-2}$	
			$Z_1 d_1^{1-1}$	
南沱组 $Nh_3 n$	$Nh_3 n$			

1) 南沱组(Nh_3n)

南沱组为非含矿层,与本书研究内容关联不大,因此此处不作叙述。

2) 陡山沱组(Z_1d)

陡山沱组是区内重要的含磷岩系,为一套碎屑岩-含钾页岩-磷块岩-白云岩建造,其岩性特征明显,标志层发育,旋回结构清楚。磷矿层发育地段根据岩性组合及沉积旋回特点可划分4个岩性段。厚度60~320m,呈南厚北薄趋势变化。在磷矿层缺失地区,陡山沱组岩性变化大,标志层不发育,往往不能划分4个岩性段。该地层厚度在黄陵背斜南翼为150~240m,西翼为60~130m。

陡山沱组可超覆于不同基底之上,与下伏地层的接触关系有两种类型:一类是与南华系南沱组为平行不整合接触,二者界线划在灰绿色块状冰碛含砾砂泥岩与黄白色薄层状细晶白云岩或含砾白云岩间,广泛发育在长阳、神农架、保康、鹤峰、宜昌等大多数地区;另一类是当冰碛砾岩缺失时,陡山沱组直接超覆于各种不同基底岩层之上,呈角度不整合。

陡山沱组(顶界)与上覆灯影组的接触关系在研究区内主要表现为连续沉积,无沉积间断面。二者之间主要依据沉积建造、岩性岩相特征进行划分。本区陡山沱组顶部普遍存在一套黑色岩系,具有潟湖相沉积特点,富含粉砂质、泥质、碳硅质结核,并含 Ag、V、Mo 等元素的岩石地球化学异常,是陡山沱组与灯影组最可靠的划分标志。

研究区内陡山沱组主要出露于黄陵基底、神农架基底、乐乡关基底周缘,其他地域多被上覆地层覆盖,详见图2-2。

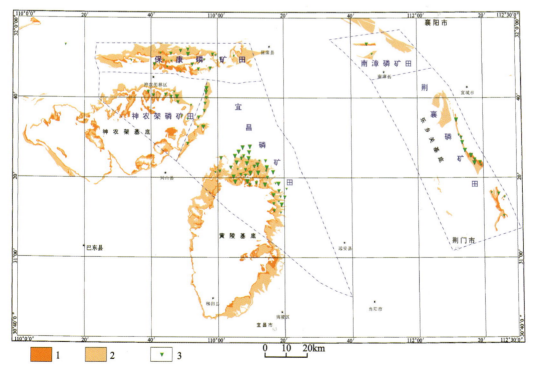

图 2-2 鄂西聚磷区震旦系出露区分布图(据肖蛟龙,2017修改)

1.陡山沱组出露区;2.灯影组出露区;3.磷矿床

3)灯影组($Z_2 \in_1 d$)

灯影组整合于陡山沱组之上,为一套浅海相碳酸盐岩建造,是本区又一个含磷岩系组合,地层多沿背斜核部周边分布。

岩石组合主要为灰白色中—厚层状微—细晶白云岩、富藻条纹状白云岩、鲕状(或豆状、葡萄状)白云岩、核形石白云岩、硅质纹带或结核状白云岩、内碎屑白云岩、角砾状白云岩、白云质磷块岩,中部夹深灰色薄层白云质灰岩和灰质白云岩,发育平行层理,条纹条带构造,冲刷面、栉壳、鸟眼、晶洞等沉积构造。此组含丰富微古植物化石 *Asperatopsophopsharea* cf. *partialis*, *Pseudozonosphaera verrucosa*, *Trachysphaeridium rude*, *Monotrematosphaeridium* cf. *asperum*, *Trematosphaeridium* 及大型藻类化石 *Vendotaenia* sp., *Tyrasotaenia* cf. *podolica* 等,上部产小壳动物化石 *Ensivagina*, *Rugosota* 等。由于沉积环境差异,本组形成"两白夹一黑"的颜色特征,据此,由下向上划分为蛤蟆井段、石板滩段、白马沱段。其中蛤蟆井段由灰色—浅灰色中厚层状内碎屑白云岩、砂屑白云岩与中薄层状细晶白云岩、硅质细晶白云岩组成退积型基本层序。石板滩段由薄层硅质灰岩组成。白马沱段主要为微—细晶白云岩,在北部晓峰一带见鲕状(或豆状、葡萄状)白云岩、核形石白云岩等滩相-淋滤沉积。顶部常见含小壳化石层。根据小壳化石组合,本组为一跨系岩石地层单位,与下伏陡山沱组为整合接触。总体属台地边缘浅滩相-开阔海台地相。厚度具北厚南薄特征:宜昌灯影峡厚862m,长阳保甲局厚285m,鹤峰走马坪厚220m,钟祥刘冲厚680.4m。

本组中见有1～3个含磷层,分别赋存在下部、中部及中上部,仅中部含磷层(Ph_5)在南漳邓家崖发育角砾状磷块岩,厚0.12～13.44m,一般厚1.5～5.0m,P_2O_5含量16.05%～36.92%,平均24.38%,矿体长3540m,构成中型矿床。

2. 第二亚构造层

第二亚构造层包括寒武系—奥陶系,由含磷碳硅质页岩建造—碳酸盐岩建造序列组成。扬子区寒武系下部不同程度发育含磷碳硅质页岩建造,含磷、钒、铀等,向上过渡为局限-开阔海台地相沉积,北部以白云岩为主。此层厚1000～3600m。

3. 第三亚构造层

第三亚构造层指由志留纪笔石页岩建造、砂页岩建造序列组成的构造层,属稳定型滨、浅海相陆源补偿性沉积,构成一个大型海退序列。下部为富含笔石的硅质页岩-粉砂质页岩组合;中部由页岩、粉砂质页岩、粉砂岩、砂岩组成建造主体;上部组合见于鄂东南地区,为滨海相细砂岩沉积,并出现较多长石石英砂岩。此层厚1000～1400m。

(二)上构造层

上构造层包括泥盆系—中三叠统,分两个建造序列和相应亚构造层。

1. 第一亚构造层

第一亚构造层指泥盆系—石炭系,由含铁陆屑建造、陆屑-碳酸盐岩建造序列组成。

(1) 含铁陆屑建造。上扬子区中、上泥盆统云台观组、黄家磴组、写经寺组构成一个大的沉积旋回。下部以石英砂岩为主,向南在湘西北以砾岩为主;中部由砂质页岩、石英砂岩、鲕状赤铁矿、泥灰岩组成;上部为砂质页岩、灰岩。总体为滨岸相-潮坪相碎屑沉积。

(2) 陆屑-碳酸盐岩建造。为石炭系沉积建造类型。下部岩性为细砂岩、粉砂岩、黏土岩夹生物屑灰岩,含煤线、赤铁矿、菱铁矿结核,显示海漫沼泽或潮坪相沉积特征;上部为局限-开阔海台地相白云岩、白云质灰岩、灰岩组合,常见角砾、鲕粒及生物屑结构。建造残留厚度为70～150m。

2. 第二亚构造层

第二亚构造层包括二叠系—中三叠统,由陆源硅质碳酸盐岩建造、内源蒸发式建造、陆屑蒸发式建造序列组成。

(1) 陆源硅质碳酸盐岩建造。二叠系由两个陆源碎屑-硅质碳酸盐沉积旋回构成。下旋回下部为栖霞组麻土坡段,岩性为砂岩、粉砂岩、黏土岩,夹碳质、铝土质页岩,南漳、宜城、保康等地形成可采铝土矿;中部(栖霞组灰岩段)为开阔海台地相沥青质灰岩、钙质瘤状灰岩;上部(茅口组/孤峰组)由灰岩、硅质岩组成。上旋回下部为含煤粉砂岩、黏土岩(龙潭组)、灰岩(吴家坪组);上部为灰岩(长兴组)、硅质岩(大隆组)。旋回下部是湖北省煤、海泡石的主要层位。建造厚200～300m。

(2) 内源蒸发式建造。为大冶组、观音山组、小河组沉积建造类型。建造下部不同程度地发育陆棚相钙质页岩-泥灰岩组合。向上转变为台地相,由白云岩、鲕状白云岩、白云质灰岩、角砾状白云岩(盐溶角砾岩)组成内源蒸发式建造主体。张瑞锡(1976)研究指出,湖北省三叠系碳酸盐岩地层含4个大的蒸发岩旋回和含盐层位,并指出石膏假晶白云岩、纹层白云岩、次生石灰岩、交代或溶崩角砾岩共生是寻找盐类矿床的指示标志。建造厚1000～2000m。

(3) 陆屑蒸发式建造。陆水河组、蒲圻组和巴东组构成的建造类型,以紫红色、黄绿色钙质、泥质粉砂岩和粉砂质泥岩为主,夹钙质灰岩、白云岩。虫迹构造发育,含海相双壳类化石,为滨海砂泥质潮坪相沉积。建造厚400～1000m。该建造下部与内源蒸发式建造过渡,是湖北省石膏矿床的主要产出层位。建造内有砂岩型铜矿。

第二节 地质构造演化特征

研究区处于扬子地块北缘,出露太古宙以来的所有物质,经历了多期次构造运动的塑造与改造,其形成和演化记录了扬子地块的演化历史。区内地质构造演化经历了多旋回、多阶段的发展,尤其是前寒武纪的时序演化,完整地记录了太古宙陆核的形成、古元古代微板块的增生、中元古代的裂解、中元古代末晋宁运动的碰撞造山Rodinia超级古陆形成、新元古代古陆的裂解等全过程,是建立上扬子地块前寒武纪演化历史的良好地段。中生代以来的沉积和变形事件,则保留了印支期—燕山期的碰撞造山运动的痕迹。印支运动后,随着断堑、断隆形成,全区成为滨太平洋构造域的组成部分。

本区前寒武纪地质构造演化与陡山沱含磷建造的关系密切，磷矿产集中在黄陵背斜结晶基底、神农架基底以及乐乡关褶皱基底区之上的陡山沱组中。

最新资料表明，随着造山作用的结束，武当弧后盆地快速关闭，研究区南（桂北—湘中—赣北一线）和北武当地区均有裂谷作用发生，区内可能处于两裂谷间，陆台环境以剥蚀作用为主。北部耀岭河组玄武岩的 Sm-Nd 同位素地球化学特征显示地幔物质已达90%以上，表明裂谷基底已开始向洋壳转化，震旦纪主要接受一套陆源碎屑岩沉积，火山作用极少显示裂谷活动减弱。

研究区内大部分地区经过风化剥蚀后，在晋宁风化剥蚀夷平面上沉积了海侵初期的陆源滨岸相沉积（莲沱组），区内莲沱组仅沉积于南部，反映海水来自东南部。南华纪晚期为区域性的冰期沉积，神农架地区南部尚保留有古城、南沱两期冰碛岩。早震旦世早期，海平面快速上升，海侵迅速而短暂，本区沦为浅海盆地，沉积陡山沱组下部碳质、泥质、粉砂质页岩，在黄陵地区北缘形成沉积型银（钒）矿床；早震旦世中期，海水渐退，本区转变为台地前缘斜坡-台地边缘生物礁相，沉积了陡山沱组中下部的含磷白云岩或磷块岩，即为重要的含磷层位；早震旦世晚期—晚震旦世，本区振荡持续抬升，并形成统一陆台，即陡山沱组上部及灯影组浅海陆棚相-台地相的厚层块状白云岩，在神农架穹隆北缘陡山沱组上部有沉积型铅锌矿产出。

第三节　前寒武纪古构造格架

一、扬子地区古构造概述

扬子地区在大地构造上属扬子准地台和华南褶皱系及秦岭褶皱系的东段。其中扬子板块在长期的地史发展中处于周边活动而自身稳定的状态，是武陵运动诞生的古板块。晚前寒武纪时，它尚属随冈瓦纳古陆漂泊于古亚洲海中的一个大洋板块，西与向东南俯冲的古甘青藏洋板块相遇，东与向西北俯冲的太平洋板块相接，北隔古亚洲海与劳亚古陆的华北陆块遥望。武陵期前为优地槽阶段，武陵期—晋宁期为冒地槽阶段，晋宁期后为准地台阶段。晋宁期—加里东期的早震旦世—寒武纪为相对稳定期。

扬子古板块是太古宙—古元古代的陆核，经武陵运动至印支运动、喜马拉雅运动的长期漂移、拼合增生而成的。华南以岛弧运动形式向古板块东南增生，西南滇青藏主要以安第斯型大陆边缘向古板块西南缘镶合，北缘则是随冈瓦纳古陆的向北漂移和古亚洲海域的俯冲消亡而与华北陆块缝合的。总体上看，扬子地区古构造环境具有以下特征。

（1）扬子板块周边（相当于现称的川滇南北断裂带、龙门山褶断带、秦岭-大别断裂带及闽西-粤北断裂带）的深大断裂带、蛇绿岩带、变质带（特别是高压低温变质带）等相当于其板块俯冲带。

（2）在晚前寒武纪古地理布局及其沉积相分区上，表现为扬子板块被地槽包围、由边缘活动带及弧沟系围限、渐向地台转化的古板块特征。

(3)扬子地区特别是武陵、晋宁两期地壳运动,由于古甘青藏洋板块与古太平洋板块对古扬子板块北西-南东向相对俯冲挤压,而于其内形成两列北东向的褶断隆起和其间的相对坳陷,它们连同周缘的岛弧、残余岛弧及弧后坳陷组合而成扬子地区的正、负相间的古构造格局。

早震旦世的古构造自西而东分别是康滇残余岛弧、川-黔弧后坳陷、武陵-黔中褶断隆起、鄂湘黔褶断坳陷、江南褶断隆起、南华弧后坳陷、南华残余岛弧及北缘的鄂北弧间坳陷和武当残余岛弧(图2-3)。鄂西聚磷区则处在鄂湘黔褶断坳陷,即属被动大陆边缘盆地环境。这些残余岛弧及其边缘水下隆起地带是浅海碳酸盐岩台地和磷块岩主要分布区域,无论是时空间上还是成因上都与古板块活动有关(图2-4)。

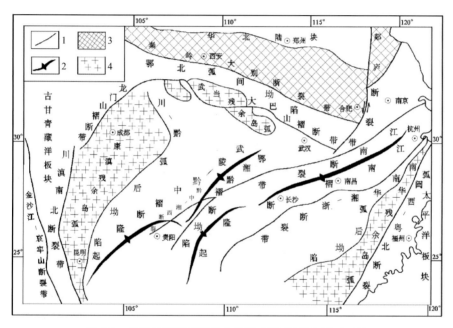

图2-3 扬子地区早震旦世古构造略图(据谭文清,2012)
1.断裂带;2.褶断隆起;3.古陆块;4.残余岛弧

二、鄂西早震旦世陡山沱期古构造

南华纪与早震旦世之间的澄江运动是一次广泛的造陆运动,此次运动一方面促使本区全面升起,另一方面又导致构造应力活动的方式和方向复杂化。大致以莲沱断裂和天阳坪断裂为界,北区和南区除受北东-南西向的挤压作用外,又分别受南北向的挤压力和北西-南东向的挤压力联合作用,北区形成东西向构造带、北西向构造带及其联合弧形构造带,南区形成北东向构造带横跨北西向构造带的复合构造带(图2-5)。

(一)北部坳褶带

北部坳褶带主要由一系列东西向、北西向及其联合弧形的坳褶以及同向断裂组成。

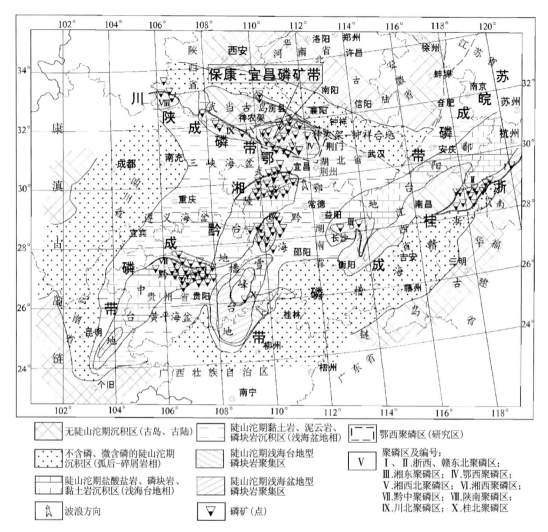

图 2-4　扬子地区早震旦世岩相古地理略图（据谭文清，2012）

坳褶自北而南依次有：①鄂西-丹北-襄阳坳陷带；②武当山隆起带；③报信坡隆起带；④清泉-荆门坳陷带；⑤铁匠垭隆起；⑥晓峰坳陷；⑦莲沱隆起；⑧黄陵坳陷。它们的共同特点是：规模较大，延续较好，紧密线状，平行排列。它们的变化趋势是：对整个坳褶带而言，大致以武当山隆起带为中轴，向两侧沉降幅度逐渐增大，反映地面形态向两侧逐渐倾斜。对同一个坳陷带或水下隆起带而言，一般是中部弧形凹陷处沉降幅度较大，东部北西向凹陷处次之，西部东西向凹陷处较小，反映地面形态自西向东逐渐倾斜，即西部似有扬起之势，东部似呈倾伏之状。这些坳褶共同组成了一个规模巨大的联合弧形构造带，对当时的地理环境、岩相展布及磷矿聚集起主导控制作用。

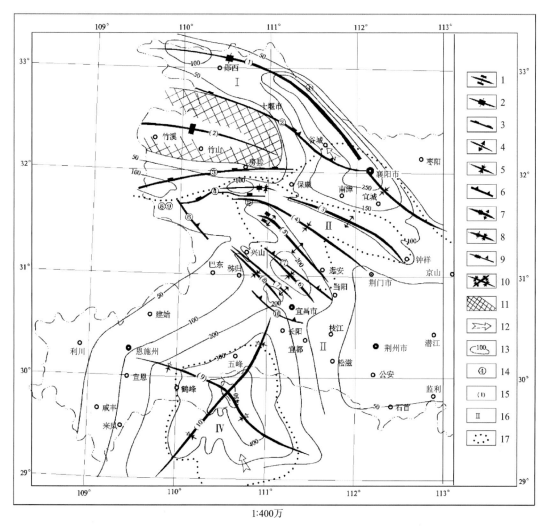

图 2-5 鄂西地区早震旦世陡山沱期古构造图(据谭文清,2012)

1~3.东西向构造带:隆起带轴线、坳陷带轴线、压性或压扭性断裂;4~6.北西向构造带:隆起带轴线、坳陷带轴线、压性或压扭性断裂;7~9.东西向构造带与北西向构造带的联合弧形构造带:隆起带轴线、坳陷带轴线、压性或压扭性断裂;10.北东向构造带横跨北西向构造带的复合构造带,坳陷带轴线;11.古陆;12.海侵方向;13.沉积薄厚线/m;14.断裂编号;15.隆起与坳陷编号;16.沉积相代号;17.沉积相界线。

断裂名称:①马坡断裂;②白河-襄阳断裂;③青峰断裂;④九道-阳日断裂;⑤清泉断裂;⑥板桥断裂;⑦雾渡河断裂;⑧天阳坪断裂。

隆起与坳陷名称:①郧西-丹北-襄阳坳陷带;②武当山隆起带;③报信坡隆起带;④清泉-荆门坳陷带;⑤铁匠垭凸起;⑥晓峰坳陷;⑦莲沱隆起;⑧黄陵坳陷;⑨鹤峰-慈利坳陷;⑩五峰-桑植坳陷。

沉积相:Ⅰ.滨岸相;Ⅱ.浅海盆地相;Ⅲ.浅海台地相;Ⅳ.晚期浅海台地相

1. 清泉-荆门坳陷带

该带位于本区中部,西起青泉,向东经唐家,转向南东向,直抵荆门之西,长约 150km,整体呈一向北东凸出的弧形。

本带是一个在莲沱期隆起带的基础上发生、发展起来的沉降区域,陡山沱组直接不整合于前震旦系崆岭群或神农架群基底的侵蚀面上,由两个异向次级凹陷串联而成。其中西部称清泉凹陷,呈弧形;东部称荆门凹陷,呈北西向。

本带在陡山沱期大致处于浅海盆地边缘斜坡环境,沉积一套含磷块岩泥岩、白云岩建造,清泉凹陷厚55m,荆门凹陷厚60余米。虽然它的沉积厚度不及南、北两侧之凸起(水下凸起),但是其岩相足以反映这是一个相对坳陷的环境,大概是在陆源物质供应不太充分的情况下,即所谓"饥饿沉积"之产物。

2. 铁匠垭隆起

该隆起位于本区中南部,呈北西向长轴形展布,长约100km。隆起是一个在莲沱期隆起带的基础上发展起来的水下凸起,陡山沱组直接不整合于前震旦系崆岭群或神农架群以及晋宁期花岗岩基底的侵蚀面上,也是陡山沱期浅海台地分布范围。受基底古凸起构造和活动性断裂共同影响,该隆起带内部出现不均匀沉降和凸起,形成不同级次的台凹和台隆相间的古地貌样式。其中包括神农架、梨花坪、黄陵、荆襄等水下凸起,其间分布有次级凹陷和水下凸起,如唐家营、肖家河、栗西、交战垭水下凸起以及白竹、瓦屋、孙家墩、树崆坪、樟村坪、店子坪、殷家坪等凹陷。陡山沱期大致处于浅海台地台坪环境,沉积一套颗粒磷块岩、泥岩、白云岩建造,一般厚度100~150m。武山、鲜家河、栗西、白果坪-树崆坪、店子坪、丁家河、桃坪河及盐池河等大型磷矿均集中于本隆起之南缘。

3. 古断裂

本区存在3组活动性断裂:其一为弧形断裂,诸如马坡断裂、白河-襄阳断裂及清泉断裂;其二为东西向断裂,诸如青峰断裂及九道-阳日断裂;其三为北西向断裂,诸如板桥断裂、雾渡河断裂、板苍河断裂、莲沱断裂及天阳坪断裂。前两者主要分布于北区的北部,即武当山隆起带东、西两侧。后者主要分布于北区的南部。它们在延伸方向上,大多与该处隆起带或坳陷带的方向一致;在构造部位上,大多在隆起带与坳陷带的交接地段。其中青峰断裂构成鄂西聚磷区北部边界,在区域上属扬子板块与秦岭地槽的边界断裂。

(二)南部坳褶带

南部坳褶带即属北东向构造带横跨北西向构造带的复合构造带,主要由鹤峰-慈利北西向坳陷带和五峰-桑植北东向坳陷带组成,后者直交横跨于前者之上,形成一个近等轴形略以北东向为主的大型横跨坳陷带,称为成湾横跨坳陷带,长约200km,宽约180km,面积约35 000km²。它的北部和西北部属湖北省西南隅,南部和东南部属湖南省西北角。其中横跨坳陷中心火成湾一带,岩相属浅海台地台坪为颗粒磷块岩、泥岩、白云岩亚相。向周缘依次变化如下:浅海台地边缘滩为含磷块岩泥岩、白云岩亚相,浅海台地前缘斜坡为泥岩、白云岩亚相,浅海盆地为泥岩、碳酸盐岩亚相,浅海盆地为碳酸盐岩、泥岩亚相。磷矿主要聚集于横跨坳陷中心的浅海台地台坪为颗粒磷块岩、泥岩、白云岩亚相中,湖北鹤峰白果坪磷矿与此相关联。

三、古构造对磷块岩及古地理、古地貌的控制作用

(一)古构造与古地理的时空关系

本区震旦纪陡山沱期古构造是在晋宁期基底之上发展演化而形成的,具有一定继承性特点。前南华纪基底主要经历了阜平、吕梁、四堡、晋宁 4 次地壳运动。阜平、吕梁运动形成黄陵原始陆块和复合叠加穹盆构造及规模巨大的北东向构造带,以及近东西向组成的叠加构造格架;四堡运动之后黄陵陆块增生、固结,近东西向、北东向、北西向构造带组成的复合格架基本定型,至此黄陵陆块与北部华北板块拼接形成统一的板块。上述构造运动形成的复合叠加穹盆构造和北东向、北西向、近东西向构造带,对黄陵地区震旦纪古地理、古地貌形成有重要的控制作用。晋宁运动是在上述基底构造基础上继承和发展起来的。黄陵花岗岩强力侵位和地壳抬升使黄陵地区进一步隆起,其中包括黄陵花岗岩隆起、圈椅淌花岗岩复合穹隆构造、风箱坪花岗片麻岩穹隆以及北东向背向斜褶皱和北西向韧性-脆性剪切带。除此,神农架—保康地区褶皱基底古构造是在黄陵结晶基底北西西向陆内裂谷-稳定台地沉积后发展形成的。受黄陵结晶基底影响,神农架褶皱基底隆起总体呈北西西向展布。晋宁运动之后黄陵结晶基底与神农架褶皱基底整体抬升隆起,并且向东延伸至钟祥、荆门直至现今江汉平原一带。南华纪莲沱期和南沱期,黄陵-神农架古隆起沦为古陆,震旦纪陡山沱期的澄江运动导致地壳普遍下降和广泛海侵,黄陵-神农架古隆起(古陆)沦为水下高地,即浅海台地。在华南板块和华北板块的作用下,扬子板块及其黄陵-神农架古隆起区,发生不均匀抬升或沉降。本区前南华纪古断裂在板块构造离解背景下表现为陆块活动性质,其中包括青峰断裂、樟村坪断裂、新华断裂、阳日湾断裂、高岚断裂、雾渡河断裂、通城河断裂、天阳坪断裂。这些断裂在空间上,将神农架-黄陵古老基底分割为多个大小不等的活动地块(微板块),构成本区浅海台地和边缘的古构造单元。它们对震旦纪陡山沱期古地理、古地貌及成磷环境有极其重要的控制作用。在扬子、华北、华南板块离解背景下,区内微板块发生不均匀升降。其中阳日湾断裂、新华断裂、高岚断裂、樟村坪断裂、雾渡河断裂、板仓河断裂和天阳坪断裂,由北向南呈阶梯状排列,控制基底地形地貌由北向南变低。南华纪时期神农架-黄陵基底隆起,其南部形成沉积盆地;震旦纪陡山沱期的大规模海侵,长阳及其以南地区沉积厚度明显大于黄陵基底隆起区,说明天阳坪断裂活动区存在持续下沉的特征,沉积建造具有浅海盆地性质,反映沉降幅度远远高于神农架-黄陵基底隆起的浅海台地。另外,在黄陵基底隆起的台地及其边缘,受高岚断裂、樟村坪断裂、雾渡河断裂和板仓河断裂夹持的地块不均匀升降影响,其隆起地块造成南沱组缺失,特别是以雾渡河断裂为界向北的基底地形迅速抬高,说明古断裂活动对古地理环境有直接控制作用。本次根据神农架—黄陵地区古构造样式和分布特征研究,得出以下初步认识。

(1)宜昌-钟祥浅海台地分布受阜平期—晋宁期近东西向复合叠加穹盆构造控制,其中包括黄陵花岗岩隆起、圈椅淌花岗岩复合穹隆构造、风箱坪花岗片麻岩穹隆、钟祥乐乡关花岗岩穹隆。在后来的台地演化过程中,边缘地段具有障壁功能。

(2)沉积相、亚相分区总体受晋宁期北西向古断裂或夹持的微板块(地块)控制,这些微板

块的升降运动同样具有陆块活动性质。

(3)沉积微相总体受北东向古褶皱和北东向古断裂控制。其中古褶皱具有复合叠加特征,一般是小规模隆起与凹陷。褶皱隆起区多具有藻礁滩相或潮汐、波浪高能带的沉积特点,或为边缘滩及障壁环境;褶皱凹陷区形成局部潟湖环境,在磷块岩沉积相剖面类型上具有连续性、代表性特点,一般没有冲刷或沉积间断。

(二)古构造对磷块岩的形成及分布的控制作用

早震旦世陡山沱期磷矿大都分布于本区中部,尤以保康之西、神农架林区之南、宜昌之北及钟祥之北等地最为集中,构成4个大型矿田,分别称为保康磷矿、神农架磷矿、宜昌磷矿和荆襄磷矿,各矿区及含磷层均沿弧形或北西向展布,明显受古构造条件的制约。主要表现在以下几个方面:

(1)它们主要是在莲沱期隆起带(鄂中隆起带)的基础上发生、发展起来的陡山沱期沉降区,陡山沱组直接不整合于黄陵结晶基底或神农架褶皱基底的侵蚀面上。

(2)它们主要分布于北区(东西向构造带、北西向构造带及其联合弧形构造带)南部的联合弧形构造带或北西向构造带中。例如,保康磷矿和神农架磷矿分布于联合弧形构造带,宜昌磷矿和荆襄磷矿分布于北西向构造带。

(3)它们大多发育在水下隆起带,少量发育在坳陷带。例如,神农架磷矿、宜昌磷矿及荆襄磷矿分别发育在铁匠垭隆起及报信坡隆起带,保康磷矿则发育在东蒿坳陷带。但是,东蒿坳陷带地处武当山隆起带向南倾伏的斜坡上,其沉积环境可能与其他水下隆起带并无多大差别。

(4)它们大多聚集在某一弧形断裂或北西向断裂的一侧,且往往在北侧。例如,保康磷矿聚集在九道-阳日断裂北侧,神农架磷矿聚集在清泉断裂北侧,宜昌磷矿聚集在雾渡河断裂北侧。

第三章　含磷岩系与磷矿层特征

鄂西是中国重要的聚磷区之一，磷矿亦是本区最具优势的矿产。区内由上而下共有 6 个含磷层位（$Ph_1 \sim Ph_6$），Ph_6 赋存于下寒武统牛蹄塘组底部，Ph_5 产于上震旦统灯影组石板滩段下部，Ph_4 位于陡山沱组白果园段顶部，Ph_3 产于陡山沱组王丰岗段底部，Ph_2（又称中磷层）产于陡山沱组胡集段底部，Ph_1（又称下磷层）位于陡山沱组樟村坪段中亚段。Ph_5 和 Ph_6 磷矿层因厚度小、品位低、变化大，不具工业价值，Ph_1 是宜昌磷矿田、神农架磷矿田、保康磷矿田、荆襄磷矿田主要工业矿层之一，Ph_2 是宜昌磷矿田、神农架磷矿田、保康磷矿田主要工业矿层之一，Ph_3 是荆襄磷矿田工业矿层之一，Ph_4 是鹤峰磷矿田工业矿层之一。

陡山沱组是区内主要含磷岩系，含磷性发育良好地段主要分布在黄陵断穹、神农架断穹的北东翼、北翼，形成北西向展布的宜昌磷矿田、神农架磷矿田、保康磷矿田。在东部的乐乡关断隆有荆襄磷矿田，西南有湘西北聚磷区的鹤峰磷矿田，见图 3-1。

第一节　含磷岩系特征

一、鄂西地区含磷地层

陡山沱组是本区主要含磷岩系，为介于南沱组与灯影组之间的一套含磷相当丰富的地台型海相磷块岩、碎屑岩、碳酸盐岩沉积建造。该组在区内出露不均，在西部神农架、保康、宜昌等地多围绕基底地层呈环状分布，而东部襄阳铁帽山、荆襄及大洪山一带，则呈带状分布。其余大部分地区被新地层覆盖。陡山沱组厚度在 40～373m 之间，一般较薄，其变化有一定的规律，即西北部较薄（一般厚 40～150m），东部和南部较厚（一般厚 90～320m），在大洪山南侧最厚达 373m。

研究区内磷矿的发育程度受到古地理环境控制，从平面分布看，大致以雾渡河断裂为界，向北西延至兴山古夫、神农架红坪，北东部为局限海潟湖-潮坪环境和半开阔海浅滩-潮坪环境，沉积了量大、质优的磷矿床，宜昌磷矿田、神农架磷矿田、保康磷矿田、荆襄矿田均分布在这个区域。南西侧为盆地环境，磷矿层数少，厚度薄，品位低。这进而表明区域性断裂构造对古地理环境的控制具有重要影响。

从纵向上看，就宜昌磷矿田而言，发育 Ph_1^3、Ph_2^1、Ph_2^2 共 3 层工业矿层，均可单独圈定富矿带。富矿带在空间上分布于 3 个工业磷矿层的聚磷沉积中心，呈北西向展布，与古海岸线方向平行，与矿层厚度发育膨大地段叠合。下磷层（Ph_1^3）聚磷沉积中心发育于矿田中南部，形成

Ph_1^{3-2} 富矿带,东起桃坪河,经丁家河—樟村坪—店子坪,西至树崆坪,北西走向长度达 30km,宽度 1.2~2.5km;中磷层(Ph_2)聚磷时期,沉积中心向北迁移,在矿田北部(杉树垭矿区以北)形成 Ph_2^{2-2}、Ph_2^{1-2} 两条富矿带,亦呈北西向延展,平面上出现逐渐向北迁移,在垂向(剖面)上与侧向变化一致,即矿田北部出现富磷层位变新的沉积序列,中磷层发育主要工业矿层。

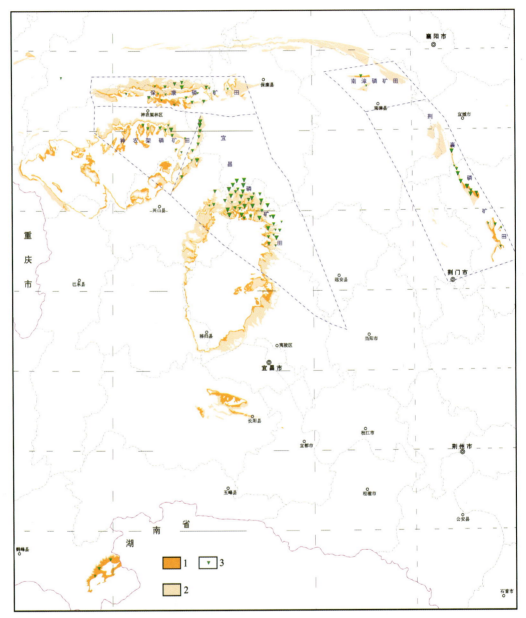

图 3-1 鄂西地区磷矿分布图(据肖蛟龙,2012 修改)

1.震旦系陡山沱组出露区;2.震旦系灯影组出露区;3.矿田及主要磷矿床

荆襄磷矿田的 4 个含磷层,发育程度及分布均不同。总体变化规律为中部好、两端差,即矿田中部的王集矿段—放马山矿段一带,3 个矿层(Ph_1~Ph_3)都发育较好,矿体连续且厚度大;而矿田北部的牛心寨矿段、南部的朱堡埠矿区、冷水矿区则矿体厚度较小,连续性也较差。

Ph_1矿层分布于荆襄磷矿全区,北部牛心寨矿段北缘大部分地段及西部已相变为含磷白云岩,南部冷水矿区南缘有相变为含磷页岩的趋势。按矿层的稳定性,Ph_1可大体分为3个区:①稳定区,分布于王集矿段北部、大峪口矿段尖山至莲花山矿段莲花庵一带,矿体呈似层状,长4~7km,宽大于700m,已知最大延伸4100m(放马山—莲花山一带),厚4~7m。磷块岩类型齐全,层序规则,以泥质条带状磷块岩为主。②不稳定区—较稳定区,分布于胡集矿区北部的牛心寨矿段,矿体形态复杂,且变化大,矿体零星分布,大部分地段厚度小于1m或尖灭,其中在黑凹—偏头山一带的深部分布较大规模矿体,其他地段的矿体规模均较小。矿体呈似层状、透镜状、扁豆状,矿体长一般不超过500m,厚0~11.24m。矿层结构也较复杂,层序不稳定。③较稳定区,分布于上述两区以外的大部分地段,其稳定性界于上述两者之间,情况比较复杂,有的地段矿体在小范围内稳定,如朱堡埠矿区、胡集矿区放马山-熊家湾矿段等;有的地段矿体为透镜状,成群出现,如冷水矿区有的地段(放马山与莲花山矿段的交接地段等)矿体大片变薄直至尖灭。总之,区内矿体延伸小,连续性差,还可出现大片变薄或无矿地带。矿体200~2600m,厚0~23m。

Ph_2矿层在荆襄矿田中不甚发育,大部分地带相变为含磷白云岩,仅胡集矿区大峪口与放马山矿段的交接地段出现小的透镜体,长1000~3400m,宽小于900m,厚0~6.55m,在龙会山南部偶见小的扁豆体分布。在大峪口矿段和莲花山矿深部(W152~W136线),发现一规模较大的Ph_2矿层的矿体。该矿体长1700m,倾向最大延伸700m,厚1.44~7.44m,平均厚4.66m,P_2O_5平均品位为19.21%。这说明Ph_2矿层在局部地段发育较好。

Ph_3矿层分布于胡集矿区长约16km的范围内,宽度大于2km,最大延伸超过3800m,厚度较大,其中大峪口矿段平均厚度为10.1m,最大厚度为30m,为单一的巨型层状矿体。在矿体内部未见尖灭现象,仅偶尔出现厚度低点,矿区中部及东部较厚,向南、北、西3个方向有逐渐变薄至尖灭的总趋势。矿体结构较简单,主要由砂岩状磷块岩、互层状磷块岩组成,夹1~3层含磷白云岩,其单层厚度一般小于2m。近年来的勘查成果显示,以大峪口矿段为中心,Ph_3矿层向西及向南、北两端均有厚度变薄、品位降低的趋势,在大峪口深部,矿体厚度一般在4m左右,P_2O_5品位约为15.7%;在王集矿段深部,矿体厚度一般在2m左右,P_2O_5品位约为16.5%;在龙会山矿段深部,Ph_3矿层厚0.5~1m,品位约为16%;在牛心寨矿段的北段,已贫化为薄层含磷(条带)白云岩。

Ph_4是矿化层,底板为薄层含磷(泥硅质)白云岩,顶板为含泥质薄层白云岩,其中常发育硅磷质结核,可作为标志层,在王集深部勘查区、大峪口磷矿区等都比较典型,但向北至牛心寨矿段深部勘查区,结核明显变少,与下部层位难以区分,其中泥质含量明显增高,逐渐失去了标志层的意义。Ph_4矿层仅在鹤峰磷矿田构成工业矿体,且主要为中低品位矿石。鹤峰磷矿田属湘西北聚磷区,鹤峰-东山峰磷矿带延伸至湖北省境内的部分,北东与湖南省石门县东山峰磷矿田相连。研究区内宜昌磷矿田、神农架磷矿田、保康磷矿田、荆襄矿田等地区磷矿厚度极薄,仅具有层位对比意义。

鹤峰磷矿田Ph_4矿层自上而下又分为Ph_4^1、Ph_4^2两个分矿层,其中Ph_4^1在区内属较稳定分布;Ph_4^2呈似层状、大透镜状分布,其厚度沿走向变化较大。在地表受风化影响后,两矿体多呈连体,两矿体界线较为模糊,在深部原生磷矿中其空间分界较为明显。

Ph_4^1 分矿层在区内较为稳定。工业磷矿体呈层状、似层状产出,单层磷块岩呈小透镜状分布,磷条带与白云岩互层。厚度 2.17～11.28m,一般 3～6m。P_2O_5 品位 15.56%～19.15%,一般 16%～18%。矿体厚度变化由西向东呈大藕节状,矿体在近地表均有不同程度风化现象,受风化影响一般品位升高、厚度变大,往深部由于风化作用的减弱,品位逐渐变低、厚度减小。近地表纵向上相对连续的、达到工业可采厚度和品位要求的风化矿石在部分地段形成有一定工业价值的风化矿体;矿石自然类型主要为白云质磷块岩,地表差异风化后显现出砂状磷块岩、叠层石磷块岩、纹层云质磷块岩。

Ph_4^2 呈不稳定的似层状、大透镜状分布,厚度 1.67～5.66m,一般在 2m 左右,P_2O_5 品位一般 17%～18%,主要分布在白果坪、八方园、长坡湾一带,呈尖灭—再现—尖灭的变化过程,矿体向西逐渐不发育,厚度波动幅度较大;地表受风化影响,矿石品位偏高、矿体厚度增大,由地表往深部品位降低、厚度减小,为低品位原生磷矿。矿石自然类型主要为白云质磷块岩,地表差异风化后显现出砂状磷块岩、叠层石磷块岩、纹层云质磷块岩及少量硅泥质磷块岩。

研究区内磷矿成矿带共有 5 个矿田,分别为保康磷矿田、宜昌磷矿田、荆襄磷矿田、神农架磷矿田和南漳磷矿田。宜昌磷矿田北部最新勘查成果初步认为宜昌磷矿田与神农架磷矿田、保康磷矿田是连成一片的,它们的成磷地质条件与矿床类型相同或相似。现对保康磷矿田、宜昌磷矿田和荆襄磷矿田的典型剖面分述如下。

(一)典型剖面描述

1.保康磷矿田房县东蒿矿区陡山沱组剖面

上覆地层:上震旦统—下寒武统灯影组,灰白—深灰色厚层状微粒白云岩。

———————整合———————

下震旦统陡山沱组。   厚 70～99m

(15)浅灰色、灰黑色微薄层状隐晶白云岩。岩性均一,层位稳定。由 95% 左右的白云石组成,含少量黏土矿物。单层厚 1～5mm。下部的局部夹有黑色含碳黏板岩 1～2 层,一般厚 0.3～0.4m。该层易于风化成似泥岩状。   厚 43.8～55m

(14)灰色微粒白云岩。夹有磷粘板岩或黑色块状磷块岩 3～5 层,厚 2～10cm。 厚 4～5m

(13)黑色泥质磷块岩。   厚 0.28～0.50m

(12)灰色含磷微粒白云岩。   厚 0.34～0.50m

(11)黑色泥质磷块岩(Ph_3)。   厚 0.40～0.57m

(10)灰色微粒白云岩。夹黑色含磷黏板岩或黑色块状磷块岩 1～4 层,厚 1～10cm。
                                                              厚 0.8～2.8m

(9)黑色含碳粉砂质黏板岩。由 70%～85% 的黏土质、水云母及 15% 左右的钾长石、石英粉砂颗粒等组成。含碳不均,一般只有百分之几。层位较稳定,一般厚 2.5～6.6m,只有个别地段可达 10m 以上。   厚 2.5～10m

(8)黑色含磷黏板岩、黑色泥质磷块岩。前者风化后呈灰色、土红色,表面呈现乳白色芝麻点,具板状、条带状构造,以黏土质为主,次为白云质。P_2O_5 含量一般小于 5%,单层厚度小于 0.10m。后者黑色泥质磷块岩,沿走向分为两层,中夹 0.25~0.40m 厚的微粒白云岩。

(7)灰绿色微粒白云岩。风化后黄褐色砂状、土状。白云石占 90% 以上,岩性均一。东部含 P_2O_5 0.28%~3.66%,往西含量局部增高,该层属主矿层的直接顶板。

(6)肉红色致密状、灰白色白云质条带状、黑色蠕虫状、黑色条带状、黑色块状等磷块岩。本区主要磷矿层(Ph_2)。Ⅰ矿段地表厚度变化在 1.00~5.05m 之间,含 P_2O_5 13.70%~36.18%,经钻探证实,往深部有变贫变薄的趋势,直至缺失。 厚 0.05~5.05m

(5)灰白色厚层状含磷微粒白云岩。本层仅出露主体背斜北翼,厚度不甚稳定,一般 1~5m,最厚可达 10.9m,局部缺失。岩性也有所相变,东部以灰白色为主,微粒、半自形粒状结构,块状构造,由 96% 以上的白云石等组成,一般含 P_2O_5 0.20%~2.54%,个别地段高达 4.84%,低仅 0.03%;往西渐变,以淡肉红色、微绛色为主,隐晶微粒结构,块状构造,硅质增高,磷含量则减少。整个层位石英-白云石网格状细脉发育,脉宽 0.1~4cm,与下伏细脉很少的地层相异。东部岩石风化后呈黄褐色砂糖状、土状,石英-白云石细脉则呈格状突起。

厚 0~10.9m

(4)灰色白云质条带磷块岩。薄片鉴定为白云质叠层石磷块岩。品位低,厚度不稳定。

厚 0~1.0m

(3)含赤铁矿黏板岩。含 Fe_2O_3 一般在 10% 左右,为原生沉积(赤铁矿结核),另为黄铁矿氧化而成。 厚 0.1~1.0m

(2)灰色、灰黑色含粉砂质黏板岩与灰色含锰微粒白云岩互层。前者风化后呈灰白色、紫红色、紫灰色、土黄色等杂色,变余粉砂泥质结构,板状、显微片状、微层状构造,以水云母、黏土质为主(占 80% 左右),次为组成粉砂质(粒径 0.01~0.04mm),分布于板状层理之中的石英、长石类约占 15%,另含少量黄铁矿;局部含 P_2O_5,一般 1.35%~3.16%,最高达 6.00%。单层厚 0.1~1.7m。后者风化后呈棕黄色、黄褐色、黑褐色锰土状,由高达 95% 左右的白云石组成,含 Mn 0.34%~2.44%,个别单层含硅质与黏土质可达 30%~35%。单层厚一般 0.1~1.5m,最厚达 2.7m。

(1)灰—灰白色中厚层状、薄层状微粒白云岩。主体背斜北翼之东部(即Ⅰ矿段,下同)呈中厚层状,单层厚 10~40cm;西部及主体背斜南翼相变为薄层状,单层厚 5~10cm。东部网格状石英脉发育,且见少量孔雀石薄膜。

(1)~(2) 厚 10.5~21m

------平行不整合------

下伏地层:上南华统南沱组(Nh_3n),为一套冰碛泥砾岩、冰碛白云质砾岩。层位稳定,岩性为青灰—灰绿色,砾状、砂泥质结构,砾石由岩屑和砂屑组成,沿横向含量不均,在 30%~70% 之内,沿走向含量较稳定。岩屑以泥质黏板岩为主,白云岩、硅质岩、硅质黏土岩次之,仅见少量片麻花岗岩。粒径一般为 2~30mm,最大可达 40cm。呈棱角状,个别为次棱角状,无分选性,但具有一定的定向性。砂屑以石英为主,长石类次之,一般颗粒细小,粒径为 0.04~0.1mm,亦多呈棱角状。胶结物主要为水云母,呈显微鳞片定向排列,其次为白云石。

2.保康磷矿田九里川剖面

上覆地层:上震旦统—下寒武统灯影组,灰—灰白色厚层状微—粉晶白云岩。

———————整合———————

下震旦统陡山沱组。   厚65.92m

(8)青灰色块状白云岩。上部为微—粉晶结构,中部为粉—细晶结构,下部为中—粗晶结构。

厚33.75m

(7)灰白色块状泥晶—砾屑白云岩。   厚4.93m

(6)灰色、灰白色、青灰色磷块岩。上部为(云质)条带状构造,细—中粒砂屑结构;中部为致密块状构造,微晶结构;下部为(泥质)条带状构造、微晶凝胶结构。   厚16.94m

(5)青灰色中厚层状细晶白云岩。   厚2.16m

(4)褐黄色致密状磷块岩。凝胶结构(Ph_2)。   厚2.65m

(3)暗褐色中厚层状含磷细晶白云岩。   厚0.78m

(2)浅灰黄色薄层状水云母页岩。水平层理发育。   厚1.67m

(1)灰黑色、灰黄色含锰细晶白云岩。具水平层理,局部底部见砾状泥质白云岩或含砾页岩。   厚3.04m

～～～～～～角度不整合～～～～～～

下伏地层:神农架群,紫红色页岩。

3. 保康磷矿田宦家坪矿区剖面

上覆地层:上震旦统—下寒武统灯影组,灰色中层状泥粉晶云岩。岩石裂隙较发育,裂隙面见浅肉红色铁质浸染。局部可见方解石细脉穿层分布。

———————整合———————

下震旦统陡山沱组。   厚227.32m

(8)灰黑色薄层状泥粉晶云岩。局部见黑色燧石扁豆体及方解石细脉。 厚18.84m

(7)浅灰—灰色薄—中层状泥粉晶云岩。局部夹方解石条带,方解石条带白色,宽2~10mm,近顺层分布。本层下部可见云质砂屑,粒径0.2mm,具一定磨圆度,含量最大可达30%。   厚24.89m

(6)灰色中—厚层状粉晶云岩。岩石节理较发育,局部节理面见铁质浸染,可见白色蠕虫状方解石细脉近顺层展布,向上部方解石细脉增多、颜色加深。   厚46.70m

(5)浅灰色中层夹薄层状粉晶云岩。局部夹云岩透镜体,大小约0.2m×1m。   厚6.10m

(4)灰白—浅灰色中—厚层状粉晶云岩。具波状层理,局部可见灰白色硅质团块,大小5cm×10cm~30cm×50cm。本层上部较下部层厚减小,硅质团块减少直至消失。

厚105.57m

(3)灰黑色含白云质条带泥晶磷块岩(Ph_2)。磷块岩以泥晶结构为主,条带状构造,条带宽1~15cm,局部呈团块状,大小 10cm×20cm~50cm×50cm。局部可见磷质砂屑,呈灰黑色,泥晶结构,粒径0.2~0.5mm,具一定磨圆度。   厚11.66m

(2)浅灰色薄—中层状泥粉晶云岩。局部见灰白色硅质团块,大小 3cm×7cm~4cm×4cm。本层上部较下部结晶颗粒变粗,裂隙减少。   厚11.62m

(1)灰色云质砾岩。砾石成分以云质为主,粒径0.5～2cm,呈棱角—次棱角状,无分选性,接触式或孔隙式胶结,胶结物为云质。 厚1.94m

————角度不整合～～～～

下伏地层:神农架群,肉红色薄层状泥质云岩。岩石新鲜面肉红色,层面局部呈浅绿色。本层下部见灰绿色砂屑,成分泥质,粒径约0.2mm,含量约5%。

4. 宜昌磷矿田两河口矿段 ZK302 孔剖面

上覆地层:上震旦统—下寒武统灯影组,灰色中—厚层状粉晶云岩。局部夹泥质薄层,节理面见铁质薄膜。岩石裂隙发育,见溶蚀孔洞及方解石细脉。

————整合————

下震旦统陡山沱组。 厚133.9m

(22)深灰色中层状泥质云岩。硅质层及硅质条带发育,硅质层厚1～2cm,条带宽约1mm。常见紫红色铁质薄膜,局部见黄铁矿颗粒。 厚4.00m

(21)深灰—灰黑色中层状泥质云岩夹碳质泥岩。碳质泥岩呈薄层状,局部与方解石互层。下部较上部泥质含量低。可见烟灰色硅质层,厚约12cm。黑色泥质薄层发育,表面光滑。可见黄铁矿颗粒及角砾状云岩。 厚10.00m

(20)深灰色中层状泥质云岩。局部泥质含量减少呈泥晶云岩。常见碳泥质砂屑。下部层厚减薄,颜色加深,泥质含量增加。 厚16.90m

(19)灰—深灰色中层状泥质云岩、砂屑云岩。砂屑粒径约0.2mm,具一定磨圆度,成分为碳泥质,含量约30%,局部可达50%。局部夹不规则硅质团块,大小约8cm×9cm。常见星点状黄铁矿颗粒。 厚4.30m

(18)深灰色中层状鲕状云岩。鲕粒呈椭圆—圆状,粒径0.1～0.3cm,成分以云质为主,含量约60%。局部为豆粒,粒径0.5～2cm。 厚0.80m

(17)深灰色中—薄层状泥质云岩,局部夹灰黑色泥质薄层。常见星点状黄铁矿颗粒,局部聚集成团块状。 厚10.90m

(16)深灰色中层状泥质云岩、砂屑云岩。砂屑粒径约0.2mm,含量约15%,最大可达40%。局部夹灰色硅质层,厚约17cm,其中含少量硅质鲕粒。可见灰黑色碳质薄层及黄铁矿颗粒。由上至下颜色加深,泥质含量增加。 厚6.30m

(15)深灰色中层状鲕状云岩。鲕粒粒径0.1～0.3cm,成分主要为云质,含量约30%,局部可达70%。可见与鲕粒成分一致的豆粒,粒径约0.6cm。 厚5.10m

(14)灰黑色中层状砂屑云岩、泥质云岩、鲕状云岩。岩石由上至下砂屑逐渐减少,豆粒增多。上部砂屑粒径约0.1mm,含量约30%;下部豆粒粒径3～5mm,成分为硅质,含量约10%,近顺层分布。局部见黄铁矿颗粒。 厚4.42m

(13)深灰色中—薄层状砂屑云岩。砂屑粒径约1mm,成分为磷灰质,含量约20%,最大可达40%。 厚0.68m

(12)深灰色砂屑磷块岩夹中—厚层状粉晶云岩。砂屑粒径约2mm,磷灰质,顺层分布,局部呈条带状,条带宽5～30cm。 厚0.40m

(11)灰色中层状粉晶云岩夹少量灰黑色不规则磷条带。磷条带宽约5mm。岩石裂隙较为发育,局部见灰白色硅质团块,厚10~20cm。 厚43.35m

(10)灰色砂屑磷块岩。砂屑粒径约0.2mm,成分主要为磷灰质,含量20%~30%,部分近顺层分布,局部见碳泥质薄膜。 厚0.95m

(9)浅灰色中层状含砂屑粉晶云岩夹少量灰黑色泥晶磷块岩。砂屑灰白色,粒径约0.2mm,局部可达1mm,成分多为云质,含量约50%。 厚1.20m

(8)灰黑色砂砾屑磷块岩。磷块岩以砂砾屑结构为主,局部泥晶结构,条带状构造,条带宽约5cm。砂砾屑黑色,粒径多为0.1~0.5mm,少量可达3mm,成分为磷灰质,云质胶结,含量约20%。局部见不规则硅质团块。 厚0.35m

(7)灰色条带状硅质磷块岩(Ph_2)。磷块岩深灰色,泥晶结构,条带状构造,条带宽约1cm。所夹硅质条带为灰色,宽2~5cm。局部可见灰色粉晶云岩。 厚4.05m

(6)灰色中—厚层状粉晶云岩夹硅质团块。岩石裂隙较为发育,其中充填方解石细脉。硅质团块烟灰色,大小约4cm×2cm。偶见灰黑色磷条带。 厚1.90m

(5)灰色中层状粉晶云岩夹稀疏磷条带及泥质云岩。磷条带具泥晶结构,宽1~4cm,多顺层展布。所夹两层泥质云岩厚约20cm。 厚1.45m

(4)深灰色条带状泥晶磷块岩夹灰色云质泥岩(Ph_1)。磷块岩具泥晶结构,条带状构造,条带宽1~4cm,多顺层分布。云质泥岩局部呈片状。 厚1.90m

(3)灰黑色页岩夹不规则稀疏磷条带。条带宽0.5~2cm,泥晶砂屑结构,局部呈扁豆状,大小约0.3cm×1cm。层间常见星点状黄铁矿颗粒,局部聚集成团块。 厚7.15m

(2)灰色中—厚层状粉晶云岩夹磷质团块。团块大小0.3cm×0.3cm~1cm×1cm。可见烟灰色硅质条带沿裂隙展布,条带不规则,宽0.5~1cm。 厚5.50m

(1)灰色云质砾岩。砾石成分复杂,以云质为主,大小多为0.3cm×0.2cm,棱角—次棱角状,无分选性,含量5%~20%。下部砾石较上部增多,局部见黄铁矿颗粒。 厚2.30m

～～～～～～～角度不整合～～～～～～～

下伏地层:神农架群,浅灰色厚层状硅质白云岩。

5.宜昌磷矿田北部竹园沟-下坪矿区剖面

上覆地层:上震旦统—下寒武统灯影组,灰色中—厚层状粉晶云岩夹少量灰白色厚层状硅质云岩。局部见缝合线构造。

——————整合——————

下震旦统陡山沱组。 厚115.83m

(21)灰黑色薄—中层状含燧石扁豆体粉晶云岩。局部见黄铁矿颗粒,呈星点状分布。
厚11.23m

(20)灰色中层状粉晶云岩夹烟灰色硅质薄层。偶夹灰黑色泥质薄层。 厚3.77m

(19)灰色中层状含泥粉晶云岩与灰黑色泥岩互层。偶见硅质薄层。 厚10.14m

(18)深灰色中层状粉晶云岩夹灰黑色硅质薄层。局部夹灰黑色泥质条带。 厚5.53m

(17)灰色中层状粉晶云岩与灰黑色云质泥岩互层。局部夹砂屑磷块岩条带,可见少量黑

色碳泥质。 厚4.28m

(16)灰色中—厚层状含泥粉晶云岩夹灰黑色薄层状泥晶云岩,局部夹灰黑色泥质薄层。岩石纵向裂隙发育。偶见大小约2.5cm×2.5cm的硅质团块。 厚8.92m

(15)深灰色中层状泥质云岩。层面见黄铁矿颗粒呈星点状分布。 厚7.40m

(14)灰黑色豆粒状硅质磷块岩。偶夹深灰色粉晶云岩薄层,可见少量灰白色硅质团块。
厚1.20m

(13)灰黑色薄—中层状含燧石扁豆体粉晶云岩夹薄层状泥质云岩。岩石水平层理发育。
厚4.06m

(12)灰黑色中层状含燧石扁豆体粉晶云岩。 厚7.68m

(11)灰色厚层状粉晶云岩。岩石局部裂隙发育,充填细脉状白云石及石英。 厚1.57m

(10)灰黑色硅质磷块岩夹灰—灰黑色含磷砂屑粉晶云岩(Ph_2^2)。局部见少量灰色粉晶云岩条带,硅质磷块岩局部呈薄层及条带状,薄层厚约10cm。 厚8.38m

(9)灰色含磷砂屑粉晶云岩。偶见灰黑色砂屑磷块岩团块及白色含磷角砾硅质团块,团块大小2cm×3cm~4cm×5cm。 厚1.56m

(8)灰黑色致密条带状硅质磷块岩夹灰黑色砂屑磷块岩,局部见少量灰白色粉晶云岩及硅质团块(Ph_2^1)。 厚1.58m

(7)灰色厚层状粉晶云岩夹少量含磷砂屑粉晶云岩。局部见灰黑色砂屑磷条带及磷角砾,角砾大小1cm×2cm~1cm×4cm。 厚19.05m

(6)灰色含磷砂屑粉晶云岩夹灰黑色砂屑磷块岩薄层及条带(Ph_1)。 厚2.26m

(5)黑色含钾页岩。岩石水平层理发育,层面见星点状黄铁矿颗粒,偶见黄铁矿条带。
厚7.58m

(4)灰黑色条带状硅质磷块岩夹灰色云质泥岩条带及薄层。 厚1.76m

(3)灰色薄层状泥质云岩夹灰黑色硅质磷块岩条纹及角砾。 厚0.54m

(2)灰色厚层状粉晶云岩。常见星点状黄铁矿及团块。 厚4.99m

(1)灰色底砾岩。砾石成分为灰—浅灰色粉晶云岩,云质基底,云质胶结,胶结致密,角砾大小1cm×1cm~1cm×2cm。 厚2.35m

~~~~~~~~角度不整合~~~~~~~~

下伏地层:神农架群,灰—深灰色厚层状硅质云岩。岩石溶蚀孔洞发育,偶见星点状黄铁矿颗粒。

6. 宜昌磷矿田樟村坪矿区剖面

上覆地层:上震旦统—下寒武统灯影组,灰色、灰白色厚层状至块状泥晶核形石白云岩,藻黏白云岩。

————整合————

下震旦统陡山沱组。 总厚144.03m

(23)浅灰色中厚层状含黑色燧石条带泥晶云岩,水平层理发育。 厚14.79m

(22)浅灰色中厚层状泥晶云岩与灰黑页状泥质泥晶云岩互层。 厚7.76m

(21)浅灰色薄—中厚层状含黑色燧石结核泥晶球粒云岩。局部见透镜状层系。

厚24.73米

(20)浅灰—灰白色中厚层状含球粒泥晶云岩夹灰色页状云质泥岩。具水平层理,上部见波状层理,底部含少量燧石条带。 厚7.56m

(19)深灰—灰黑色页状云质泥岩夹浅灰色中厚层状泥晶云岩。 厚13.73m

(18)浅灰色中厚层状泥晶云岩。水平层理发育。 厚1.62m

(17)灰色中厚层状泥晶云岩夹黑色亮晶豆粒(核形石)磷块岩。 厚0.88m

(16)灰色中厚层状泥晶粉屑云岩。局部含少量磷块岩条带。 厚1.75m

(15)深灰色中厚层状粉屑泥晶云岩夹灰黑色薄层状云质泥岩。含少量燧石条带和扁豆体,具水平层理和缓波层理。 厚8.37m

(14)灰黑色薄—中厚层状含硅质扁豆体含泥质泥晶云岩。中部夹少量黑色页状泥岩条带,具水平—微波状层理。 厚33.57m

(13)深灰色厚层状泥晶云岩。 厚3.30m

(12)黑色条带状泥晶磷块岩与灰色细晶云岩互层。 厚0.55m

(11)灰黑色薄—页状含磷砂屑灰质泥岩。 厚0.39m

(10)灰黑色块状亮晶砾屑硅质磷块岩(Ph_2)。 厚0.40m

(9)灰色块状亮晶砂屑云岩。夹少量泥晶砂屑磷块岩条带,碎块及云岩砾屑。

厚4.37m

(8)灰黑色条带状泥晶砂屑磷块岩与浅灰色细粉晶云岩互层。 厚0.50m

(7)灰黑色块状条带泥晶磷块岩与泥晶砂、粒屑磷块岩互层。条带间夹少量云质泥岩,可见竹叶状磷块岩砾屑。 厚1.70m

(6)灰黑色条带状泥晶砂屑磷块岩、泥晶磷块岩及钾长石泥岩。 厚0.55m

(5)黑色页状钾长石泥岩夹泥晶磷块岩条带。具不规则缓波状层理,中部磷条带相对集中(Ph_1)。 厚10.46m

(4)含磷粒屑黑色页状钾长石泥岩。 厚2.24m

(3)黑色页状钾长石泥岩。含散状黄铁矿,富有有机质,具规则水平层理。 厚2.20m

(2)灰黑色薄层状硅化泥晶磷块岩。 厚0.50m

(1)深灰色块状细晶云岩。硅化强,具葡萄石积云状晶脉构造,底部见0.15m深灰色云质砾岩。 厚4.86m

～～～～～角度不整合～～～～～

下伏地层:古元古界水月寺岩群,灰—深灰色块状长英质均质混合岩。

7. 荆襄磷矿田胡集矿区 ZK13611 剖面

上覆地层:上震旦统—下寒武统灯影组,灰色中—厚层状泥晶云岩。岩石下部夹灰黑色薄层状云质泥岩,下部较上部泥质薄层增多。

——————整合——————

下震旦统陡山沱组。 总厚127.74m

(19)深灰色薄—中层状泥质云岩夹灰黑色泥质薄层。岩石水平层理发育,局部见少量方解石团块。 厚5.40m

(18)灰黑色薄层状泥岩与深灰色中层状泥质云岩互层。岩石水平层理发育。 厚2.08m

(17)灰黑色薄层状泥岩夹深灰色泥质云岩。岩石水平层理发育,见少量方解石脉。
厚3.93m

(16)深灰色中层状砂砾屑云岩。砂砾屑灰黑色,呈次棱角—次圆状,成分以云质为主,云质胶结,砂屑粒径0.05~0.1mm,砂屑3~7mm。可见一冲刷面,冲刷面上部砾屑粒径由下至上逐渐变小;冲刷面下部以砂屑为主,砾屑较上部减少,砂屑磨圆度较好。局部可见黄铁矿颗粒。 厚6.45m

(15)深灰色中—厚层状泥质云岩。局部夹灰黑色泥质薄层。岩石上部见灰黑色砂屑,粒径0.05~0.1mm,次圆状,成分为云质,磨圆度较好。本层下部见砾屑,成分为云质,粒径3~6cm,砂屑含量较上部减少。局部可见黄铁矿颗粒。 厚10.94m

(14)灰色中—厚层状砂砾屑云岩。上部82cm为砂屑,下部47cm以砾屑为主,砂砾屑构成正层序。砂砾屑呈灰黑色,砂屑粒径0.05~0.2mm,砾屑粒径2~10mm,成分为云质,云质胶结,具一定磨圆度。 厚1.29m

(13)灰色中层状泥质云岩夹深灰色钙质泥岩薄层。中下部泥质薄层增多,局部见黄铁矿颗粒及方解石脉。 厚3.26m

(12)灰色中—厚层状含砂屑泥晶云岩。砂屑灰黑色,粒径约0.05mm,具一定磨圆度,砂屑局部呈条带状,条带宽0.5~2mm。可见由砂屑组成的团块,大小3mm×5mm~4mm×8mm,灰白色,成分为磷质。 厚10.40m

(11)灰色中—厚层状含砂屑泥晶云岩。砂屑灰黑色,粒径约0.05mm,具一定磨圆度,砂屑局部呈条带状,条带宽0.5~2mm。可见由砂屑组成的团块,大小3mm×5mm~4mm×8mm,呈灰白色,成分为磷质。 厚3.52m

(10)灰色中—厚层状含磷砂屑泥晶云岩夹砂屑磷块岩条带。磷条带宽0.2~3mm,砂屑结构,条带状构造。砂屑灰黑色,粒径约0.05mm,具一定磨圆度,成分为磷质,云质胶结。
厚12.84m

(9)深灰色中层状泥晶云岩。岩石含大量砂屑,砂屑灰黑色,粒径约0.05mm,成分以磷质为主,磨圆度较好,常聚集成条带状,局部呈灰白色团块状。可见少量黄铁矿颗粒团块。
厚17.62m

(8)灰色中层状泥粉晶云岩夹泥晶磷块岩(Ph_3)。磷块岩以泥晶结构为主,含少量砂砾屑,条带状构造。砂砾屑呈灰黑色,次棱角—次圆状,砂屑粒径0.2~1mm,砾屑粒径2~5mm,成分为磷质,无分选性。局部夹烟灰色硅质岩及硅质团块。 厚15.68m

(7)灰色厚层状粉晶云岩夹稀疏磷条带。磷条带宽1~3mm,以泥晶结构为主,条带状构造,含少量磷质砂砾屑。 厚2.76m

(6)灰色中—厚层状粉晶云岩夹磷块岩。磷块岩泥晶结构,条带状构造,条带宽约2mm,含少量磷质砂砾屑。局部夹烟灰色硅质团块(Ph_2)。 厚3.02m

(5)灰色中—厚层状粉晶云岩夹稀疏磷条带及团块。磷条带及团块灰黑色,条带宽

2mm,团块大小约 3cm×3cm,以泥晶结构为主,局部砂砾屑结构,砂屑粒径约 0.1mm,砾屑粒径 2~3mm。 厚5.26m

(4)浅灰色中层状泥晶磷块岩夹粉晶云岩,局部夹浅灰色页岩及泥质云岩。磷块岩以泥晶结构为主,含少量砂屑,条带状构造。局部见灰黑色磷条带,宽 0.5~3mm(Ph_1)。

厚9.79m

(3)浅灰色页岩。岩石水平层理发育,局部夹云岩条带及绛紫色磷条带,常见黄铁矿颗粒。 厚3.28m

(2)浅灰色中层状含锰白云岩。局部见肉红色硅质团块。 厚3.08m

(1)灰绿色底砾岩。砾石次棱角—次圆状,粒径 3~17cm,成分为花岗质、云质,云质胶结,无分选。 厚7.14m

~~~~~~角度不整合~~~~~~

下伏地层:崆岭群,浅灰绿色绿泥石片岩。

(二)陡山沱组年龄及其上、下界线

据储雪雷 2012 年报道,南沱组上限年龄为 635Ma,另据 Yin(2005)和 Zhang(2005)将灯影组底界限定在(551.1±1)Ma,由此可以将陡山沱组成磷期地质时代精确地限定在(635.2±0.6)~(551.1±1)Ma 之间,与中国地层表(2014)确定的 630~550Ma 接近。

1. 陡山沱组的底界划分

鄂西地区陡山沱组与下伏地层的接触关系有两种类型:一种是与南华系南沱组平行不整合接触,二者界线划在灰绿色块层状冰碛含砾砂泥岩与黄白色薄层状细晶白云岩或含砾白云岩间,广泛发育在长阳、神农架、保康、鹤峰、宜昌等大多数地区;另一种是陡山沱组超覆于黄陵结晶基底、神农架群之上,呈角度不整合,在宜昌神农河、樟村坪、交战垭、竹园沟-下坪、宦家坪等矿区,陡山沱组底部可见底砾岩,下伏缺失南华系。关于陡山沱组"底砾岩"的划分标志,过去尚存在混淆,一部分"含砾白云岩"中,有时其砾砂量增多,砾石成分也较复杂,砾径也大,而与下伏云质胶结(冰碛)砾岩难以区分。因此,在野外正确划分和识别南沱(组)冰碛岩层是确定陡山沱组底界的关键。

《鄂西磷矿含磷岩系对比划分及成矿规律研究报告》(肖蛟龙等,2017)中提到:宜昌磷矿原划分陡山沱组底部"底砾岩",有的与南沱组相当,有的可能属南沱冰期的沉积物,理由如下。

(1)"底砾岩"分布范围四周都存在相当层位、证据确凿的冰碛砾泥岩。

(2)已勘查矿区内"底砾岩"岩性由下而上大致可分为:①灰褐—灰绿色块状砾岩,厚 0~2.5m;②灰—浅灰色块状含砾细晶云岩,厚 1.5~7.5m;③浅灰—灰绿色冰碛砾泥岩,厚 0~1.75m。

(3)底部砾岩有时界线不清,砾石位移少,似有原地风化残留迹象。

(4)云质砾岩中砾石有碎而不散的砾石外貌,中下部砾石周缘见白云石交代蚀变圈推测其可能有悬浮(或重力泥石流)沉积成因机理。

（5）特别是上部含冰碛砾泥岩，纹层发育其间岩性界面明显，是一种沉积环境易变流体产物，在构造较稳定地台区系代表消融冰碛沉积。但对于陡山沱组底部广泛分布的"含砾白云岩或白云质角砾岩"，是不整合面上的底砾岩层，也是陡山沱组底界的正确划分标志。

同时，在黄陵背斜北部以及神农架黄陵背斜北部断续分布有南沱组，厚度较小（0～2.5m）。2015年邓乾忠等在神农架北部的蚂蝗沟发现南华系莲沱组、古城组、大塘坡组、南沱组的完整沉积。这些现象表明，研究区北部南沱组应是普遍超覆沉积，只是厚度较薄，后期又受到隆升剥蚀形成残留，而宜昌磷矿田中陡山沱组底部的"底砾岩"大多可能是南沱组的沉积物。

据以上分析，第一种界线很容易识别和划分。而第二种界线则需要根据剖面的具体岩石类型来确定，从沉积环境及宏观的岩石类型看，当砾岩的胶结物为砂泥质时，应划入南沱组，而当砾岩的胶结物为碳酸盐时，则划入陡山沱组。

2. 陡山沱组的顶界划分

鄂西聚磷区陡山沱组（顶界）与上覆灯影组的接触关系主要表现为连续沉积，无沉积间断面，二者之间主要依据沉积建造、岩性岩相特征进行划分。本区陡山沱组顶界主要有3种类型：其一，顶部普遍存在一套黑色岩系，具有潟湖相的沉积环境。例如，兴山白果园、宜昌金家沟、长阳向家岭、保康刘家沟等地，富含粉砂质、泥质、碳硅质结核等，以及含Ag、V、Mo等元素的岩石地球化学异常，该种类型陡山沱组与灯影组界线明显，容易划分，但分布较为局限。其二，顶部为深灰色至黑色云岩-泥岩，显示为还原-弱氧化沉积环境，以富含铁质特征，后期顺裂隙氧化为褐红色铁质薄膜，而灯影组为一套浅灰—灰色白云岩，界线虽不明显，呈渐变关系，但凭颜色及富含铁质特征可以区分。其三，陡山沱组与灯影组是渐变过渡接触关系，陡山沱组顶部为浅灰—灰色中厚层状白云岩，该类型大部分尚有富含铁质特征，后期顺裂隙氧化为褐红色铁质薄膜，而灯影组为一套浅灰—灰色白云岩，铁质较少，凭借后期裂隙的铁质薄膜尚可判断；有少部分含铁质较少，与灯影组地层过渡不明显，在野外需要对上下地层进行详细的观察，方可区分。

（三）陡山沱组的岩性段划分

1. 陡山沱组研究现状

陡山沱组由李四光等（1924）创建的陡山沱系演变而来，创名地点在宜昌市陡山沱。现在定义为：整合于灯影组之下、平行不整合于南沱组之上的一套海相碳酸盐岩，以宜昌三斗坪镇田家园子剖面为参考剖面。

陡山沱组内段划分方案以往主要有3种：一种是两分划分方案，即自下而上划分上段和下段，由湖北省第八地质大队（1984）根据保康马桥、九里川、白竹等矿区地质剖面资料进行划分，其中白竹矿区陡山沱组下段进一步划分出7层（Z_1d^{1-1}～Z_1d^{1-7}），上段划分出3层（Z_1d^{2-1}～Z_1d^{2-3}），下段大致与本次$Z_1d_1^{1-2}$～$Z_1d_2^2$对应，上段大致与本次Z_1d_3～Z_1d_4对应，该划分方案一直被中化地质矿山总局湖北地质勘查院等单位沿用至今；第二种是三分划分方案，即自下而上划分下段、中段和上段,由化学工业部地质勘探公司(1983)、中化地质矿山总局湖北地质勘查院(1991)根据兴-神磷矿瓦屋、郑家河等矿区地质剖面资料进行划分,其中下段与本次 $Z_1d_1^{1-2}$(下白云岩)对应,中段大致与本次 $Z_1d_1^2 \sim Z_1d_1^3$ 对应,上段大致与本次 $Z_1d_2 \sim Z_1d_4$ 对应;第三种是四分划分方案,即自下而上划分一段、二段、三段和四段,由湖北省第七地质大队(1984)、鄂西地质大队(1986)、宜昌地质勘探大队(2008)等单位,根据宜昌磷矿樟村坪、店子坪、殷家坪、丁家河、杉树垭等矿区地质剖面资料进行划分,自下而上大致与峡东剖面樟村坪段、胡集段、王丰岗段和白果园段对应,但内部磷矿层划分命名有一定差异。另外,湖北省第五地质大队(1977)在房县东蒿磷矿开展勘探工作,对陡山沱组含磷岩系也做了四分划分,但各岩性段界线及层位和标志有差异。

2. 陡山沱组的岩性段划分

上述各种划分方案对不同磷矿层命名不一致,给矿床勘查与对比造成了一定困难。《鄂西磷矿含磷岩系对比划分及成矿规律研究报告》(肖蛟龙等,2017)结合各矿田典型岩相剖面、层序界面、古生物、地球化学、矿层特征等综合信息与标志将鄂西陡山沱组岩性段四分(表3-1),本次工作采用此划分方案。

(1)四段(白果园段)。区内厚度变化大,厚0~126.24m。神农架背斜厚度29.00~126.24m,为冰洞山式铅锌矿主要赋矿层位;黄陵背斜厚度0~41.90m,一般厚7.87~16.54m,其中北西翼的白果园、横坡、庙河和南翼的金家沟一带,厚度大于15m,东翼的龙凤寨厚度小于5m,莲沱、牛坪、毛湖、花庙子等地缺失;长阳复背斜的向家岭、丁家山、七丘等地厚度在10m左右;鹤峰江坪河、白果坪等地为灰色厚层状白云岩,其间赋存 Ph_4 矿层,并且发育较稳定,局部可发育多个亚矿层,与湖南省东山峰为同一期成矿。现以兴山鲜家河、白果园、宜昌莲沱、鹤峰白果坪剖面为例说明(图3-2),因沉积环境差异变化,其岩石序列不同,矿化特征亦不同,且分别赋存银、钒矿,或磷块岩矿层(Ph_4)。总体来看,黄陵背斜北西翼与南翼含银钒岩系厚度较大,东翼变薄至缺失;长阳复背斜北侧的东部银钒岩系较厚,西部较薄。

(2)三段(王丰岗段)。全段以泥质碎屑含量高且均匀分布为特征,沉积厚度稳定在21.53~161m,地貌标志明显,常风化构成用作耕地的缓坡,底部普遍见亮晶核形石(豆粒状)磷块岩(Ph_3)。岩石颜色因环境不同分为灰黑、浅灰两类。局部岩段上部可见少量磷硅质结核或磷质条带2~5cm。神农架一带主要为浅灰色中—厚层状微晶白云岩、灰色巨厚层状硅质条带或团块粉晶白云岩,夹灰黑色中薄层状粉砂岩,白云岩段方解石化发育,局部碎裂程度较高,层位出露稳定,硅质条带或团块向上随成层性变好而增多,局部可见中层白云岩与薄层硅质岩相互产出,组成多个韵律。黄陵周围主要为灰色薄—中厚层状黏土质白云岩、砂(粉)屑白云岩、藻迹微晶白云岩,夹少量薄层白云质黏土岩,上部夹灰黑色硅质条带或团块。在长阳背斜则主要为中层状灰泥岩、白云质灰岩,局部见灰岩角砾岩。在神农架冰洞山厚38.4m,兴山白果园厚37.73,宜昌田家园子厚62.46m,长阳佑溪厚161.14m,荆襄大峪口厚64.61m,鹤峰江坪河厚42m。在房县蒿坪一带,本段普遍含磷条带、磷质结核或磷质砂砾屑,而在荆襄磷矿田发育较好,但分布不均匀,厚度0~30m,主要为砂(砾)屑磷块岩夹云岩条带,以中低品位矿石为主。

表 3-1 鄂西地区陡山沱组地层划分对比表

本项目 鄂西		湖北省第八地质大队 1985 年荆襄磷矿		鄂西地质大队 1986 年宜昌磷矿		湖北省第二地质大队鹤峰磷矿		中化地质矿山总局湖北地质勘查院鹤峰磷矿		湖北省地质科学研究所 1984 年鄂西	
段	亚段、层(矿层)	段	层	段	亚段	段	亚段	段	亚段	段	层
灯影组蛤蟆井段 $Z_2\epsilon_1 d_1$		灯影组一段		灯影组一段		灯影组一段		灯影组一段		灯影组一段	
白果园段 $Z_1 d_4$	$Z_1 d_4$	上段 $Z_2 d^2$	$Z_2 d^{2-6}$	白果园段 $Z_2 d_4$	$Z_2 d_4$	四段 $Z_2 d_4$	$Z_2 d_4$ (Ph_4)	$Z_1 d_3$	$Z_1 d_3^2$ (含 Ph_3)	上段 $Z_2 d_2$	$Z_2 d_2^3$
	Ph_4^2										
	Ph_4^1		$Z_2 d^{2-5}$ (Ph_4)						$Z_1 d_3^1$ (含 Ph_2)		
王丰岗段 $Z_1 d_3$	$Z_1 d_3$		$Z_2 d^{2-4}$	王丰岗段 $Z_2 d_3$	$Z_2 d_3^2$	三段 $Z_2 d_3$	$Z_2 d_3^2$		$Z_1 d_2^2$		$Z_2 d_2^1$
	Ph_3		$Z_2 d^{2-3}$ (Ph_3)		Ph_3		$Z_2 d_3^1$ (Ph_3)				Ph_4
胡集段 $Z_1 d_2$	上亚段 $Z_1 d_2^2$		$Z_2 d^{2-2}$	胡集段 $Z_2 d_2$	$Z_2 d_2^2$	二段 $Z_2 d_2$	$Z_2 d_2$				$Z_2 d_1^5$ 夹 Ph_3
	下亚段 $Z_1 d_2^1$	$Z_1 d_2^{1-2}$	Ph_2^2		Ph_2						$Z_2 d_1^4$
		$Z_1 d_2^{1-1}$									Ph_2
		Ph_2^1	$Z_2 d^{2-1}$ (Ph_2)								
樟村坪段 $Z_1 d_1$	上亚段 $Z_1 d_1^3$		$Z_2 d^{1-5}$	樟村坪段 $Z_2 d^1$	$Z_2 d_1^3$	一段 $Z_2 d_1$	$Z_2 d_1^2$	$Z_1 d_2$	$Z_1 d_2^1$	下段 $Z_2 d_1$	$Z_2 d_1^3$
	Ph_3^1		$Z_2 d^{1-4}$ (Ph_1)		Ph_1						Ph_1
	中亚段 $Z_1 d_1^2$	K_2	下段 $Z_2 d^1$	$Z_2 d^{1-3}$	K		$Z_2 d_1$				$Z_2 d_1^2$
		Ph_2^1									
		K_1									
		Ph_1^1									
	下亚段 $Z_1 d_1^1$	$Z_1 d_1^{1-2}$	$Z_2 d^{1-2}$		$Z_2 d_1^2$						$Z_1 d_1^{1-2}$
		$Z_1 d_1^{1-1}$	$Z_2 d^{1-1}$		$Z_2 d_1^1$		$Z_2 d_1$		$Z_1 d_1$		
南沱组 $Nh_3 n$		南沱组 $Z_1 n$		南沱组 $Z_1 n$		南沱组 $Nh_2 n$		南沱组 $Nh_2 n$		南沱组 $Z_1 n$	

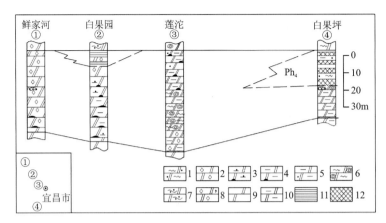

图 3-2 鄂西聚磷区白果园段柱状对比图

1.亮晶白云岩;2.粒屑白云岩;3.含燧石结核球粒泥晶白云岩;4.含燧石条带泥晶白云岩;
5.砂屑白云岩;6.亮晶核形石白云岩;7.层纹石或藻屑白云岩;8.粉晶或含粉屑白云岩;
9.含泥质泥晶白云岩;10.泥质白云岩;11.泥(页)岩(Ag,V);12.磷块岩

(3)二段(胡集段)。在宜昌磷矿田中南部地层结构比较简单,底部 $Z_1d_2^{1-1}$ 为磷块岩浅灰色中厚层状泥晶白云岩磷层,矿层(Ph_2^2)以硅质砂(砾)屑泥(亮)晶磷块岩为主,顶板为 $Z_1d_2^1$ 浅灰色中厚层状泥晶白云岩,层位稳定,是宜昌磷矿田重要岩性对比标志;$Z_1d_2^1$ 之上为 $Z_1d_2^2$,主要由深灰—黑色含硅磷质结核泥晶云岩、泥质泥晶云岩组成,往北西、北至白竹、蒿坪、马桥等地段逐渐相变为泥质云岩及粉砂岩、粉砂质页岩,局部夹含碳粉砂质页岩,中下部夹磷块岩薄层,岩性段厚 20~30m;往南逐渐过渡为含磷泥质结核,云质灰岩,厚度增达 93m 左右。在荆襄等地该层变化较大,在大峪口一带发育较薄,但在王集地区增大。鹤峰地区该层发育最厚达 202m。

(4)一段(樟村坪段)。厚 13~76m,一般厚 25~35m,成磷沉积旋回较复杂,其中 $Z_1d_1^{1-2}$ 下白云岩含陆源砾屑,含锰量 0.1%~3%;$Z_1d_1^3$ 上白云岩砂屑结构发育,藻屑、叠层石构造较明显,含少量磷条带,是区分本区下磷层(Ph_1)和中磷层(Ph_2)主要标志层,局部存在相变或缺失。$Z_1d_1^2$ 主体为一套黑色页(泥)岩,分布于宜昌、荆襄、神农架等矿田,宜昌磷矿以 K_2O(3%~6%,最高达 11.62%)为特征,荆襄、神农架磷矿则含量较少,在保康、鹤峰相变和缺失较大。$Z_1d_1^2$ 是下磷层(Ph_1)的直接赋存层位,分别于该层顶部、中部、底部赋存 Ph_1^3、Ph_1^2、Ph_1^1 3 个亚矿层。下磷层(Ph_1)以泥晶磷块岩、砾、砂屑泥(亮)晶磷块岩含核形石叠层石磷块岩为主,矿层中含较高的泥质成分,由滩间潟湖-潮坪潟湖相沉积形成,主要分布于宜昌、荆襄、神农架等磷矿田,保康磷矿田局部分布。樟村坪段在宜昌磷矿田和神农架磷矿田分布广泛,岩性剖面结构大多相同,且可类比,仅在聚磷区北、东或西部地层减薄,岩性为泥(粉)晶云岩,以泥质泥晶云岩为主,其中保康磷矿田东蒿、马桥、峰山(九里川)、洞河等矿区的部分矿段,有 $Z_1d_1^2$ 缺失现象,造成上、下白云岩直接接触,这与下白云岩暴露冲刷有关。

二、陡山沱期微古生物群的特征

有关峡东地区震旦纪—寒武纪时期古生物的研究是近年古生物地层学方面的热点,1991

年丁莲芳等在陡山沱组上部黑色粉砂岩中发现了以宏体藻类庙河藻 *Miaohenella*、纤细藻 *Grdcilogia*、拟浒苔 *Enteromophites* 为代表的多种共生宏体藻类，以及微体藻类和管状体生物的动植物群落，命名为"庙河生物群"。周传明等（2005）在黄陵背斜北部樟村坪陡山沱组第二段中发现包括球状蓝菌 *Archaeophycus uenustus*、丝状蓝菌 *Siphonophycus*、*Oscillatoriopsts*，*Pollytrichoides* 和 *Salome hubeinsis*，以及多细胞藻类化石 *Wenganin* 的化石组合。尹崇玉等（2009）在峡区陡山沱组第二段中发现饰天柱山藻，确定了陡山沱组中下部出现的以 *Tianzhushania* 属为特征的具刺疑源类下组合带；在陡山沱组第三段中发现以 *Tanarium* 属为特征的具刺疑源类上组合带。该发现进一步完善了陡山沱组的生物序列，为区域地层划分对比提供了古生物依据。

根据上述研究者化石剖面及邻区以往资料分析，研究区内陡山沱组可划分以下几种微体化石类型。

1. 丝状体化石

该类型化石分布在神农架-钟祥小区，在个体数量和属种数目上都比球状体化石占有明显的优势地位，而在长阳小区则反之。丝状体长 $6.6\sim238\mu m$ 不等，直径从 1 微米至几十微米不等，按形态可分为多细胞丝状体、无隔丝状体和螺旋丝状体 3 种。

（1）多细胞丝状体。化石数量较少，其中 *Oscillatoriopsis* 是一个时限分布较长（1500～700Ma）的属，已在世界许多地方的前寒武系中找到；*Doushantuonema Peatii* 是张忠英（1984）建立的新属新种，可与现代林比藻属相比较；*Rhicnonema* 是霍夫曼（Ttofmann）(1984) 以 R·*antiguum* 为属型建立的一个属，材料来自加拿大贝尔彻（Belcher）群岛贝尔彻超群（1900Ma）卡寒加利克（Kasegalik）组，他将该属有疑问地归于兰藻门颤藻目。该区陡山沱组 *Rhicnonema antiguum Hofmann* 的出现，说明该属的时代可一直延续到晚前寒武纪晚期；本区所见的 *Salome Svalbardensjs* Knoll，除了藻丝因降解作用消失外，其他特征与诺尔（Knoll）(1986) 在斯匹次卑尔根建立的模式标本没有什么区别，*Salome hubeiensis* 是一个新种，具有罕见的特别巨大的丝体（有的超过 $100\mu m$）。

（2）无隔丝状体。其中 *Eomycetopsis* 和 *Siphonophy cuss* 是本区陡山沱组丝状化石中的两个优势属，数量丰富，是藻席的重要建造者。

（3）螺旋丝状体。本区陡山沱组发现 *Obruchevella minor* sp. nov. 是很有意义的。因为虽然该属分布很广，但已知该属的最底层位是苏联西伯利亚东南部阿尔丹（Aldan）地盾南部尤多姆（HOgomckax）组（654Ma）的上部。从本区的新发现来看，陡山沱组是迄今发现该属的最底层位了。

2. 球状体化石

球状体化石主要分布在长阳小区一带，神农架—钟祥一带次之。它的球状体大小不一，直径 $1\sim45.6\mu m$，除单生外，也可组成群体或群集体。出现最多的有 *Paratctraphycus giganteus genet*. sp. nov. *Aphetospora euthenia*. Lo、*Trachysphaeridium*、*Trematosphaeridium*、*Leiopsophasphaera*、*Lophosphaeridium* 和 *Lophominuscula* 等，大部分可能是浮游种类。

3. 具刺疑源类

Comasphaeridium magntim 是张忠英所建的新种。它以其特有细弱而密布的发状刺和疑源类与其他属相区别。化石保存特别完好，个体巨大（有的超过 260μm），壳壁上密布细弱而长的毛发状刺。它是一种微浮游生物。值得指出的是，除本区陡山沱组的种以外，该属成员已多见于早、中寒武世地层，如苏联、波兰、瑞典、挪威、英国等地。到目前为止，除本区在陡山沱组发现该属该种外，在世界其他地方的前寒武纪地层中尚无该属的记录。本区陡山沱组 *C·magnum Z·zhang*，是世界上首次发现，也是迄今所知世界上最大的前寒武纪具刺疑源类。

本区生物群的分布不仅在地理上具有一定的规律性，而且在陡山沱组剖面的垂向上也有一定的规律性。前者对岩相古地理分区具有一定意义，后者可作为剖面岩相分析和地层对比的依据之一。从地理分布来看，目前所发现的生物群，包括微古植物、叠层石、层纹石、核形石和海绵类，基本上都比较集中地分布在研究区的中部，即沉积类型分区的神农架—钟祥小区和长阳小区中部的长阳、宜昌、秭归至兴山一带，鹤峰走马坪一带仅见叠层石。这种集中性分布的现象能否真实地代表自然规律，尚需进一步研究。不过就目前资料，这种分布规律还是相当明显的，特别是微古植物中的丝状与球状体分布具有明显的分区性分布规律。

丝状体微古植物在神农架—钟祥小区占有明显的优势，而且主要分布在该小区南半部的宜昌姜家坡、交战垭、殷家沟、桃坪河铁匠垭、樟村坪和兴山白果园一带。在该小区北半部的房县东蒿坪、九里川至荆襄磷矿一带，微古植物很少发现，但常见叠层石、层纹石及核形石等。这可能与该区为浅海台地环境和大部丝状体微古植物为底栖类型（或浅水底层层状—丛状生长）有关。

球状体微古植物，在雾渡河大断裂南侧的长阳天柱山、宜昌田家园子、莲沱、王丰岗、朝天咀、秭归庙河至兴山高岚小溪沟一带占有明显优势。这可能与该区为浅海盆地—浅海盆地边缘环境及大部球状体属浮游种类有关。

三、震旦系陡山沱组沉积地球化学特征

（一）岩石地球化学特征

1. 地层地球化学

地层中的化学成分可以间接反映成磷期的成矿元素在不同沉积环境中的分异、分带特征，并构成一定化学相，这种化学相具有明显旋回性，它与一定地质建造存在成因上的联系。由主量元素分析图谱（图 3-3）可以看出：陡山沱组 CaO、MgO 含量在第一岩性段底部（下白云岩）和第三岩性段中高于第二岩性段和第四岩性段，其中，CaO 含量在第四岩性段达到最低，SiO_2、Al_2O_3、K_2O 和 Fe_2O_3 的含量在第一、二、四岩性段中较高，在第一岩性段下白云岩和第三岩性段中明显降低，以上岩化学成分特征与鄂西地区震旦系陡山沱组各段岩石学特征相吻合，第一岩性段和第三性段均为白云岩，第二岩性段为含粉砂成分的灰岩或白云岩，第四岩性段为含水云母页岩。

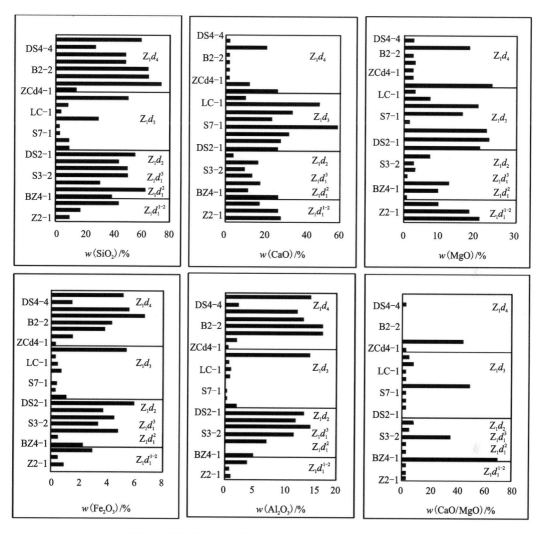

图 3-3 鄂西陡山沱组主量元素对比图(据谭文清,2012)

第一岩性段亚段和第四岩性段的 SiO_2、Al_2O_3、K_2O 含量较高,并具有显著相关性,表明这两个层位的岩石沉积受陆源的影响较大,Fe_2O_3 平均含量大于 2%,反映沉积-成岩环境具有较强的还原性,应为较深水缺氧环境。第一岩性段、第三岩性段的 SiO_2 和 Al_2O_3 的含量相对较低,而 CaO 和 MgO 的含量相对较高,反映受陆源影响较小的相对氧化浅水高盐度沉积环境。

CaO/MgO 值由第一岩性段到第四岩性段呈现出由小增大再减小的变化趋势,陡山沱组第一岩性段 CaO/MgO 值较低(<2.0),MgO 含量较高,说明原岩主要为白云岩,海水盐度较高,气候比较干燥,指示沉积环境为一种高盐度的浅水台地环境。陡山沱组第二岩性段 SiO_2 含量较高,CaO/MgO 值较大(>50),原岩为灰岩夹白云岩、砂岩和页岩等,说明海水相对较深,盐度正常,偶为潮间或陆上滨岸环境,气候比较干燥。陡山沱组第三岩性段,CaO、MgO 较高,而 SiO_2 含量较低,CaO/MgO 值多在 2.0~50 之间,高 MgO 含量说明沉积介质的盐度较高,应为稳定的局限浅水台地环境。陡山沱第四岩性段,CaO、MgO 含量均达到极低值,

SiO_2 含量较高，CaO/MgO 值较低，表明水体较深，盐度较低，应为稳定潟湖或沼泽沉积环境。

陡山沱组自下而上 SiO_2、Al_2O_3、CaO、MgO 等化学成分的变化，反映陡山沱组的沉积经历了由局限台地—开阔台地—局限浅水台地—封闭潟湖、沼泽环境的变化。这与陡山沱组各段岩性组合所反映的水体深度变化一致。

2. 矿层地球化学

根据《鄂西地区磷矿资源潜力及找矿方向研究》（谭文清等，2012）中对瓦屋、江家墩、白竹、樟村坪等矿区（段）含磷岩系化学成分及相关系数研究（表 3-2～表 3-4），得出以下结论。

陡山沱组一段矿层化学组合有 4 类：一类为 MgO-CaO-MnO 组合，代表下亚段上部（$Z_1d_1^{1-2}$）局限台地含锰白云岩（俗称下白云岩）的地球化学环境；第二类为 SiO_2-Al_2O_3-K_2O-Fe_2O_3-P_2O_5 组合，代表中亚段中下部（$Z_1d_1^2$）黑色含钾页岩和 Ph_1^{3-1} 夹页岩条带磷块岩的海湾或潟湖地球化学环境；第三类为 P_2O_5-CaO 组合，代表中亚段上部（$Z_1d_1^2$）Ph_1^{3-2} 灰色、深灰色致密条带磷块岩和 Ph_1^{3-3} 灰色夹白云岩条带磷块岩的潟湖-潮坪地球化学环境；第四类为 SiO_2-MgO-CaO(P_2O_5) 组合，代表上亚段 $Z_1d_1^3$（俗称上白云岩）藻滩或潮坪地球化学环境，由于沉积环境不同，可进一步划分为 MgO-CaO、SiO_2-MgO-CaO 和 SiO_2-MgO-CaO-P_2O_5（含磷白云岩建造）3 个亚类。

陡山沱组二段矿层化学组合有 4 类：第一类为下亚段下部 Ph_2 矿层的 SiO_2-MgO-CaO-P_2O_5 组合，又可划分出 SiO_2-MgO-CaO-P_2O_5 和 MgO-CaO-P_2O_5，在剖面上两者构成两个化学旋回，出现在 Ph_2^1 和 Ph_2^2 两个分层组合中，主要分布于江家墩、肖家河、栗西、仓屋垭及其以北矿区（宜昌磷矿田北部），代表潟湖-潮坪和磷硅藻滩交替的地球化学环境，其中 MgO-CaO-P_2O_5 组合主要分布于樟村坪、殷家沟、树崆坪、殷家坪等矿区，代表潮坪地球化学环境，SiO_2-MgO-CaO 主要分布于江家墩、肖家河、栗西、仓屋垭等矿区，代表浅海藻滩地球化学环境，并含磷硅藻团块；第二类为下亚段上部 $Z_1d_2^1$ 的 SiO_2-MgO-CaO 组合，代表潟湖-潮坪的地球化学环境；第三类为上亚段下部的 SiO_2-Al_2O_3-K_2O-Fe_2O_3-P_2O_5 组合，保康东嵩坪、白竹矿区较发育，主要为一套黑色富含硅质结核泥碳质粉砂质黏土岩夹磷块岩，代表潮坪潟湖边缘地球化学环境，根据黏土岩与磷块岩的组合及成矿关系，可进一步划分为 SiO_2-Al_2O_3-K_2O-Fe_2O_3-P_2O_5 和 SiO_2-Al_2O_3-K_2O-Fe_2O_3(CaO)-P_2O_5 两个亚类，这两个组合在剖面上呈韵律式交替出现，构成 Ph_3^1 矿层下部贫矿层夹泥质或硅质磷块岩的化学组合；第四类为中亚段上部的 SiO_2-CaO-P_2O_5 组合，保康东嵩坪、白竹、九里川等矿区化学组合分带明显，可进一步划分为 SiO_2-CaO-P_2O_5 和 CaO-P_2O_5 两个亚类，其中 CaO-P_2O_5 为 Ph_3^1 富矿层化学组合（相当于 Ph_3^1 中富矿层），SiO_2-CaO-P_2O_5 为 Ph_3^1 上贫矿层的化学组合。纵观全区，陡山沱组二段第三类和第四类岩性段的化学组合在宜昌矿田的江家墩—黑良山—仓屋垭—江家墩—肖家河—杨家扁一线南部地区不发育，主要为单一的深灰色、黑色含磷硅质结核泥质白云岩建造，因此化学组合主要为 SiO_2-MgO-CaO，主要为潟湖深水地球化学环境，江家墩—黑良山—仓屋垭—江家墩—肖家河—杨家扁一线以北地区，主要为潟湖边缘浅水或潮坪地球化学环境，出现多种化学相组合与分带，并且 P_2O_5 有富集的趋势。

表 3-2 樟村坪矿区一段及矿层(Ph_1^3)化学成分特征值及化学相划分表

样品编号	岩矿层	地质建造	化学相	物理化学条件	化学成分/%								特征值/10^{-2}				
					P_2O_5	SiO_2	Fe_2O_3	Al_2O_3	CaO	MgO	CO_2	F	K_2O	CaO/P_2O_5	SiO_2/P_2O_5	Fe_2O_3/P_2O_5	Al_2O_3/P_2O_5	CaO/P_2O_5	MgO/P_2O_5
ZH33	$Z_1d_1^3$	含磷白云岩	$P_2O_5\text{-}CaO\text{-}MgO$	强氧化条件	5.87	3.87	0.90	0.46	31.77	17.75	37.30				66	15.33	7.84	541.23	302.38
ZH34		含磷白云岩			4.73	4.21	0.76	0.23	31.26	18.33	38.80				89	16.07	4.87	660.88	387.53
ZH211-14		白云岩			0.69	5.47	0.70	1.08	28.19	19.67					79 275	101.45	156.52	4 085.50	285.07
平均		含磷白云岩			5.30	4.04	0.83	0.32	31.52	18.04	38.05				76	15.66	6.04	5.95	340.38
平均	$Ph_1^{3\text{-}3}$	夹白云岩条带磷块岩	$P_2O_5\text{-}CaO$	中等氧化条件	17.08	5.53	1.08	1.16	38.27	1.61	23.55	1.40		251	10	4.49	4.55	179.87	
平均	$Ph_1^{3\text{-}2}$	致密条带磷块岩			33.01	8.98	1.28	1.11	16.05	0.75	2.36	2.71		140	21	3.92	3.42	8.39	
平均	$Ph_1^{3\text{-}1}$	夹页岩条带磷块岩	$P_2O_5\text{-}SiO_2\text{-}Al_2O_3\text{-}Fe_2O_3$	缺氧弱还原条件	17.63	34.65	2.98	2.04	24.44	0.68	1.37	1.34		139	152	18.41	11.05	9.26	
ZH35	$Z_1d_1^2$	夹磷块岩页岩	$P_2O_5\text{-}SiO_2\text{-}Al_2O_3\text{-}Fe_2O_3$	缺氧还原条件	8.37	49.75	3.77	2.51	11.32	0.50	0.40		8.34		594	45.04	29.98	135.24	5.97
ZH36		含钾页岩			7.56	50.61	3.80	1.88	10.76	0.29	0.54		8.40		669	50.26	24.87	142.33	3.87
平均		页岩			7.97	50.18	3.79	2.20	11.04	0.40	0.47		8.37		630	47.55	27.6	138.52	5.01

表 3-3 江家墩矿段陡山沱组 Ph_1、Ph_2 矿层特征值表

矿层	顺序号	特征值$/10^{-2}$					
		CaO/MgO	SiO_2/P_2O_5	Fe_2O_3/P_2O_5	Al_2O_3/P_2O_5	CaO/P_2O_5	MgO/P_2O_5
Ph_2^2	1	6.944	410.3	2.191	1.095	174.413	25.117
	2	20.626	26.2	0.440	1.099	148.948	7.221
	3	4.052	48.9	1.038	1.585	208.579	51.475
	4	10.726	5.0	0.458	0.948	158.895	14.814
	5	6.714	348.2	1.642	2.855	171.092	25.482
	6	29.322	2.8	0.652	0.822	147.151	5.018
	7	6.580	24.8	0.581	1.660	180.747	27.469
	8	5.467	38.3	1.176	1.538	186.929	34.193
	9	18.504	320.7	1.163	1.408	148.348	8.017
	10	39.702	5.2	0.384	0.632	142.806	3.597
	11	4.448	71.9	0.739	1.531	201.954	45.407
Ph_2^1	12	4.589	19.1	1.604	3.354	201.215	43.850
	13	6.008	62.0	2.171	3.880	179.538	29.885
	14	15.561	12.0	0.881	1.826	151.841	9.758
	15	3.562	8.1	1.559	2.227	227.895	63.976
	16	15.037	131.3	6.719	12.187	151.900	10.102
	17	13.218	9.6	0.880	1.257	152.499	11.537
Ph_1^{3-3}	18	10.272	31.0	1.520	5.246	158.321	15.412
	19	22.367	27.9	1.314	2.878	146.919	6.569
Ph_1^{3-1}	20	7.871	106.0	7.704	20.185	168.567	21.418
	21	7.005	126.5	15.174	26.526	173.417	24.758

表 3-4 白竹矿区陡山沱组 Ph_2、Ph_3^1 矿层特征值(平均值计算)表　　　　单位:10^{-2}

矿层	地质建造	SiO_2/P_2O_5	Al_2O_3/P_2O_5	Fe_2O_3/P_2O_5	CaO/P_2O_5	MgO/P_2O_5	CaO/MgO
Ph_3^1	云质条带状磷块岩	72.3	3.781	5.560	166.815	20.596	809.935
	纹层状磷块岩	37.3	2.986	3.438	151.007	9.340	1 616.729
	致密块状磷块岩	26.1	2.186	2.312	145.138	6.747	2 151.174
	泥(硅)质条带状磷块岩	156.6	7.668	12.639	151.348	12.427	1 217.872
Ph_2	云质蠕虫状磷块岩	29.6	2.805	3.575	217.382	53.300	407.843

陡山沱组三段矿层化学组合有1类,为中亚段底部的SiO_2-MgO-CaO-P_2O_5组合,可进一步划分为SiO_2-MgO-CaO、MgO-CaO-P_2O_5和SiO_2-CaO-P_2O_5 3个亚类,其中MgO-CaO-P_2O_5和SiO_2-CaO-P_2O_5代表中亚段顶部的Ph_3^2矿层化学组合(相当于前人划分Ph_3或Ph_4矿层),两者在不同的沉积区表现为化学相的过渡关系,如在董家河、杉树垭、肖家河一带的Ph_3^2矿层化学组合为MgO-CaO-P_2O_5,而白竹、东蒿坪一带的Ph_3^2矿层化学组合为SiO_2-CaO-P_2O_5。

3. 岩石地球化学组合与地质建造的关系

本区地层及矿层化学组分研究表明,岩石地球化学相与不同地质建造,包括矿石建造、岩石建造存在着内在联系,主要表现为以下3个方面组合特点:①磷酸盐组分,P_2O_5-SiO_2-F-Na_2O-CaO组合;②黏土组分,Al_2O_3-K_2O-SiO_2-Fe_2O_3组合;③碳酸盐组分,MgO-CO_2与CaO的系列组合。

(二)陡山沱组微量元素特征

1. 地层微量元素

微量元素分析结果表明整个研究区的第四岩性段微量元素总量最高达到$6\,546.023\times10^{-6}$;其次为第一岩性段中—上亚段和第二岩性段,微量元素总量为$1\,074.205\times10^{-6}$,再次是第三岩性,微量元素总量为584.906×10^{-6};最后为第一岩性段下亚段,微量元素总量仅有292.18×10^{-6},为贫元素层。

(1)含量高过10×10^{-6}的微量元素。第一岩性段下亚段白云岩有Pb、Zn、Sr、Zr、Ba 5种元素;第二岩性段磷块岩有Zn、As、Pb、Li、Rb、Sr、Zr、Ba、V 9种元素;第三岩性段白云岩有Zn、Pb、Li、Sr、Zr、Ba 6种元素;第四岩性段黑色岩系有Co、Ni、Mo、Cu、Ag、Zn、Ga、As、Se、Pb、Li、Rb、Sr、Zr、Cs、Ba、Th、U、V 19种元素。显示微量元素自下而上的演化趋势,数目先逐渐增加、回落,然后再增加,其趋势与微量元素总量变化相同。

(2)相对地壳丰度浓度大于1的微量元素。第一岩性段下亚段有Se、Pb、Be 3种元素,第一段中—下亚段至第二岩性段的磷块岩有As、Se、Sb、Pb、Sr、U 6种元素,第三岩性段的白云岩有As、Se、Sb、Pb 4种元素,第四岩性段的黑色岩系有Mo、Cu、Ag、Zn、Ga、As、Se、Sb、Tl、Pb、Bi、Li、Be、Rb、Cs、Ba、W、Th、U、V 20种元素,也与微量元素总量有相近的变化趋势。这种元素演化趋势或空间分带性包括了成岩作用、后生作用甚至表生作用中元素迁移等复杂的元素重新分配因素,并不代表沉积物堆积的初始状态,但仍然能够反映沉积初始状态的总体面貌。

U/Th、Ni/Co的值还可作为判别沉积环境的有效指标。当U/Th、Ni/Co的值分别大于1.25和7时为缺氧(还原)环境,小于0.75和5时为氧化环境,在0.75~1.25和5~7之间为贫氧环境。

图3-4与图3-5显示U/Th、Ni/Co的值所反映的沉积环境并不完全一致,U/Th值除反映了陡山沱组二段磷块岩为缺氧环境外,其他岩性段均表现为氧化环境,这与第四岩性段的

碳质页岩应为缺氧还原环境矛盾；Ni/Co 值反映陡山沱组磷块岩形成于贫氧环境（相对氧化环境），第四岩性段黑色岩系形成于贫氧或缺氧环境，第一岩性段和第三岩性段的白云岩形成于氧化环境。

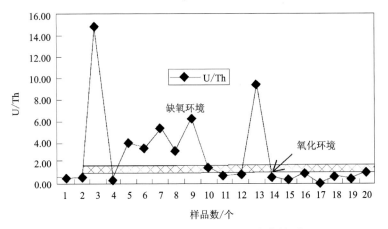

图 3-4 鄂西地区陡山沱组 U/Th 变化图（据谭文清，2012）

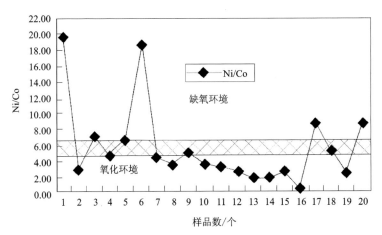

图 3-5 鄂西地区陡山沱组 Ni/Co 变化图（据谭文清，2012）

V/(V＋Ni)值能反映古海洋水体的分层性，V/(V＋Ni)值小于 0.6 表示古海洋水体呈弱分层性，大于 0.84 则呈现强分层性。图 3-6 显示鄂西陡山沱组从下至上大体上表现为从弱至强分层趋势，但大部分样品的 V/(V＋Ni)值落在 0.60～0.84 之间，说明该地区古海洋水体分层性中等。

根据微量元素之间的关系来判断沉积环境，其结果与层序地层所反映的海平面变化相符。陡山沱组底部碳酸盐岩为层序中海侵体系域，随着海平面上升，其沉积古海水加深，古海洋的分层性很弱，沉积环境表现为氧化环境；海平面继续上升沉积了一套含磷岩系和中厚层白云岩，此时古海洋发生分层，分为富氧层和贫氧层，沉积环境也表现为弱还原—弱氧化环境，反映了震旦纪古海洋水体由氧化环境向还原环境的转变；到了陡山沱晚期，古海洋分层性增强，沉积了一套含银钒的黑色岩系，沉积环境表现为缺氧还原环境。

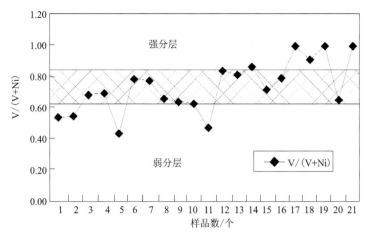

图 3-6 鄂西地区陡山沱组 V/(V+Ni)变化图(据谭文清,2012)

对研究区内震旦系陡山沱组剖面进行对比可以发现,不同区域沉积环境存在一定的差异(图 3-7)。

神农架地区 Ni/Co 值与 U/Th 值所显示的结果相互矛盾,Ni/Co 值较小,反映该区在陡山沱期为氧化环境,而 U/Th 值则显示该地区为贫氧—缺氧的还原环境,这可能与该地区陡山沱组发育大量的碳质页岩、碳质泥岩和生物活动有关,因为 U、V 等元素在碳质页岩、碳质泥岩和有生物细菌的还原环境中易于富集,导致 U/Th 和 V/(V+Ni)的值较高。总体反映的是水体分层性由弱变强、由氧化向还原过渡的以缺氧环境为主的沉积环境。

宜昌地区 Ni/Co、U/Th 与 V/(V+Ni)的值所显示的结果较为一致,第二岩性段为弱氧化与弱还原环境,第四岩性段表现为缺氧环境,水体的分层性经历了由弱变强再减弱的过程,总体仍反映为一种分层性中等的缺氧还原环境。

荆襄地区仅对第二岩性段进行了微量元素分析,该段 Ni/Co 值较小,显示该地区在陡山沱早期时为氧化环境,而 U/Th 值则显示为一种弱氧化—还原变化的沉积环境,V/(V+Ni)值则反映水体分层性经历了由强减弱再增强的过程,总体为缺氧还原环境。

长阳地区陡山沱组上下岩石 Ni/Co、U/Th 与 V/(V+Ni)的值变化不大,总体反映为氧化—贫氧的沉积环境,水体环境变化稳定分层性相对较弱。

以上分析结果表明,震旦系陡山沱组是在海进—海退的旋回中沉积的,经历了多次海侵加深—海退变浅过程。陡山沱组沉积初期的海侵使海平面上升,沉积环境由氧化过渡为弱还原环境,从而进入成磷期,沉积了一套含磷岩系,此后海平面开始下降,至陡山沱组沉积晚期,研究区内地势发生抬升,海平面相对下降,最后一次海侵规模较小,形成沼泽相环境,沼泽相为局限滞留静水环境,还原细菌繁盛,增强了水体的还原性,海侵阻止了海盆与大洋的物质交换,同时加强了水体的分层,有利于银、钒被生物充分富集,因而在陡山沱组四段易于形成银钒矿层。从区域上来看,鄂西地区在陡山沱期其海水深度应具北浅南深、东浅西深的特征,这与当时的古地理地貌格局相一致。

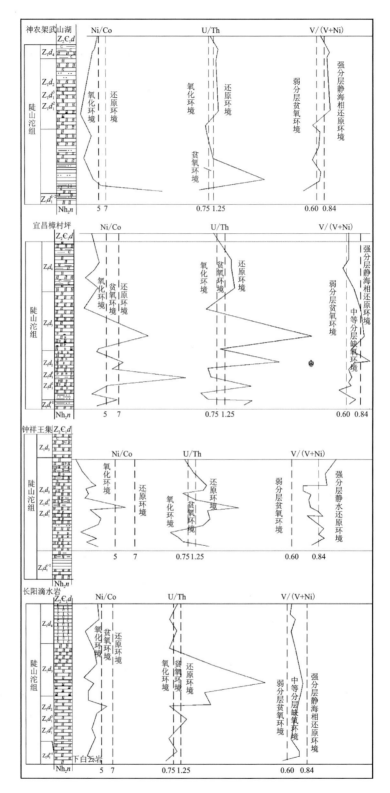

图 3-7 鄂西陡山沱组微量元素剖面垂向上的变化趋势图

2. 矿层微量元素

据《鄂西地区磷矿资源潜力及找矿方向研究报告》(谭文清等,2012)对陡山沱组主要磷矿层氧化物—微量元素相关系数分析,得出以下认识。

(1)Ph_1^{3-1}矿层及其底板黑色含磷钾页岩或黑色、深灰色含磷碳粉砂质泥(页)岩(Ph_3^1下部贫矿层)中具有富K、V、Ni、Co、Rb、Th特征,这与陆源碎屑沉积物密切相关。

(2)Ph_1^{3-2}、Ph_1^{3-3}、Ph_2(Ph_2^1、Ph_2^2)和Ph_3^1矿层中,F、Sr、U富集较明显,并与P_2O_5、CaO呈正相关,其中Sr、U与SiO_2、MgO呈显著负相关。根据磷块岩矿石矿物组分研究成果,白竹矿区(Ph_2、Ph_3^1矿层)磷块岩主要矿石矿物胶磷矿或磷灰石的种类为微碳氟磷灰石(表3-5);通过对樟村坪、树崆坪矿区Ph_1^{3-2}磷块岩单矿物化学全分析、X衍射分析和桃坪河、徐家坪Ph_1^{3-2}磷块岩单矿物热差分析,确定磷灰石种类为氟磷灰石和碳氟磷灰石(表3-6)。本区大量的磷块岩化学组分数理统计表明,Sr、U、F与P_2O_3、CaO、SrO有成因联系,这与单矿物化学全分析、X衍射分析、热差分析结果一致,这同时也揭示了本区浅海碳酸盐岩台地磷块岩的富Sr、U、F、CaO成矿特点。

表3-5 白竹矿区磷块岩磷灰石分析结果表

样品编号	矿物名称	化学成分/%				
		P_2O_5	CaO	CO_2	F	H_2O^+
1	氟磷灰石	42.25	55.99	/	3.04	/
2	含碳氟磷灰石	38.87	54.99	3.47	3.78	0.48
PD341-B2	微碳氟磷灰石	41.24	56.11	0.46	3.2	0.34
PD341-B3	微碳氟磷灰石	40.79	56.1	1.13	2.95	0.28
PD341-B5	微碳氟磷灰石	40.58	56.6	1.17	2.33	0.34

注:数据引自《湖北保康白竹磷矿磷酸盐矿物特征》(黄青山,1989)。

表3-6 樟村坪、树崆坪、兴山瓦屋、保康竹园沟-下坪矿区磷灰石单矿物化学全分析结果表   单位:%

化学成分	样品编号				
	樟村坪Ⅰ2-2	树崆坪5	保康竹园沟-下坪Y1	兴山瓦屋Y2	Y7
P_2O_5	38.22	38.3	37.54	39.29	39.29
CaO	52.15	52.65	51.73	52.36	52.36
SiO_2	2.18	1.79	2.89	/	/
Al_2O_3	0.2	0.2	0.24	0.48	0.48

续表 3-6

化学成分	样品编号				
	樟村坪Ⅰ2-2	树崆坪5	保康竹园沟-下坪 Y1	兴山瓦屋 Y2	Y7
TiO_2	0.05	0.03	0.021		
TFe_2O_3	0.34	0.13	0.10	0.16	0.16
MnO	0	0.02	0.004	0.68	0.68
Na_2O	0.59	0.62	0.38	0.88	0.88
K_2O	0.11	0.22	0.12	0.02	0.02
F	3.44	3.58	3.14	3.13	3.13
FeO	/	/	/	0.21	0.21
Ce	0.1	0.06	0.0012	/	/
I	0.008	0.014		/	/
CO_2	2.24	1.89	1.86	2.15	2.15
MgO	0.2	0.25	0.78	0.34	0.34
SO_3	0.43	0.46	0.90	/	/
SrO	0.08	0.11	0.100		
BaO	0.02	0.018	0.020		
La_2O_3	0.004	0.004	0.0013		
Y_2O_3	0.002	0.003	0.0048		
H_3O^+	/	/	/	0.88	0.88
晶胞常数 $A(O)(\text{Å})$	9.357	9.359	/	9.380	9.380

注：Y1、Y2 为本次采样分析结果，Y7 引自贵州省地质矿产勘查开发局——五地质大队资料。

3. 地层微量元素组合及其沉积环境

根据地层和矿层微量元素相关系数分析，本区陡山沱组微量元素组合可归纳为以下几种主要类型。

(1) V、Co、Ni、Cu、Ag、Se、Sb、Ti、Cs、Th 组合。主要反映陡山沱组四段（白果园段）潟湖沉积地球化学特点，其中 V、Ag 富集程度较高，反映四段沉积时有陆源碎屑进入潟湖封闭—半封闭盆地。

(2) V、Co、Ni、Sb、Ti、Th 组合。主要反映陡山沱组一段（樟村坪段 $Z_1d_1^2$ 黑色含钾页岩）和二段(胡集段 $Z_1d_2^2$ 黑色含碳硅质页岩)潟湖或封闭—半封闭海湾沉积地球化学特点,其中 V、Co、Ni、Ti 富集程度较高,反映沉积时有陆源碎屑进入潟湖海湾封闭—半封闭盆地。

(3) Sr、U、F、Ba 组合。主要反映陡山沱组一段(樟村坪段 Ph_1^3 磷块岩)和二段(胡集段 Ph_2、Ph_3^1 磷块岩)潮坪—藻滩的沉积地球化学特点,该组合与上述 V、Co、Ni、Sb、Ti、Th 构成封闭—半封闭—开阔台地的沉积地球化学旋回,其中 U、F 富集程度较高,反映沉积时 U、F 与 P_2O_5 的成矿联系。

(三) 稀土元素特征

鄂西地区地层及磷块岩的稀土元素研究尚处在探索阶段。有学者对我国南方震旦系含磷岩系及其磷块岩做过这方面的研究工作,其中包括湘、黔、滇、鄂等地。鄂西地区的白竹、九里川、樟村坪、邓家崖、荆襄磷矿等,一些学者也做了稀土元素相关研究。

《鄂西地区磷矿资源潜力及找矿方向研究报告》(谭文清等,2012)对震旦系陡山沱组主要含磷段及其矿层采集样品 22 件,并对其中 5 件同步分析稀土元素、微量元素和氧化物,以便印证各种方法的可靠性。

1. 陡山沱组稀土元素组成

表 3-7、表 3-8 统计出的特征值表明,陡山沱组稀土元素总量 ΣREE 平均值为 98.362×10^{-6},$\Sigma Ce/\Sigma Y$ 平均值为 2.208,Eu/Sm 平均值为 0.244,Sm/Nd 平均值为 0.202(表 3-9)。陡山沱组由下至上稀土元素总量 ΣREE 和 $\Sigma Ce/\Sigma Y$ 变化呈现逐渐降低的态势,反映陡山沱组稀土元素组成属轻稀土中富集型,其中一段为轻稀土富集型,但轻重稀土元素的分馏不明显。

由表 3-9 可以看出,陡山沱组 δEu 为 0.750,其中一段、二段、三段和四段的 δEu 分别为 0.717、0.765、0.798 和 0.673,均为 Eu 负异常,属 Eu 亏损型,表明陡山沱组沉积分异作用较明显,其中$(La/Yb)_N$、$(Gd/Yb)_N$、$(La/Sm)_N$、$(La/Lu)_N$ 值同样也反映出这种特征。

图 3-8 为陡山沱组地层/球粒陨石标准化配分模式,一段至四段曲线总体向右倾斜,其形态相似,但由上至下曲线梯度有明显差异,其中一段稀土元素明显偏富轻稀土型,曲线左侧显示陡倾角变化,而二段至四段稀土元素曲线逐渐过渡为缓倾角变化,在曲线分配模式中出现分层结构现象,恰好与陡山沱组一段至四段分布相对应,反映不同岩性段沉积环境与建造存在一定差异。这同样说明稀土元素在沉积分异作用中出现一定分馏现象。稀土元素这种配分模式对地层划分和沉积环境的判别有一定意义。

2. 磷块岩化学类型及稀土元素特征

鄂西聚磷区磷块岩化学类型可划分出富磷酸盐型、碳酸盐型、硅质型和富铝型共 4 类。根据中国科学院南京地质古生物研究所姚琬佳等(1995)研究,鄂西聚磷区及其邻区磷块岩的稀土元素含量按富磷酸盐型、碳酸盐型、硅质型和富铝型顺序依次增加,富铝型磷块岩稀土元素含量较高,也可能是陆源碎屑吸附了稀土元素而致,它与铝含量高呈正相关(表 3-10)。另外,在海水中稀土元素的含量随海水深度的增加而增加,这正与富磷酸盐型、碳酸盐型磷块岩分布在台地边缘浅海相,硅质型磷块岩分布在台地斜坡相及富铝型磷块岩分布在盆地边缘相吻合。

表 3-7 陡山沱组稀土元素丰度表

单位：10^{-6}

地层		La	Ce	Pr	Nd	Sm	Eu	Gd	Tb	Dy	Ho	Er	Tm	Yb	Lu	Y
陡山沱组	四段	5.120	7.340	1.310	5.640	1.080	0.240	1.100	0.160	1.040	0.200	0.570	0.095	0.580	0.081	7.910
	三段	16.700	24.000	4.340	18.700	4.070	1.070	4.130	0.680	3.770	0.720	1.870	0.290	1.590	0.220	26.100
	二段	18.637	18.223	3.577	15.382	3.175	0.798	3.200	0.510	2.855	0.585	1.510	0.214	1.103	0.144	22.407
	一段	28.490	51.640	7.115	27.668	5.291	1.213	4.989	0.747	3.985	0.770	2.710	0.309	1.773	0.241	23.470
	平均值	17.237	25.301	4.085	16.847	3.404	0.830	3.355	0.524	2.913	0.569	1.665	0.227	1.261	0.172	19.972

表 3-8 地层/球粒陨石标准化值表

地层		La	Ce	Pr	Nd	Sm	Eu	Gd	Tb	Dy	Ho	Er	Tm	Yb	Lu	Y
陡山沱组	四段	13.535	7.522	9.494	7.873	4.692	2.768	3.528	2.819	2.669	2.306	2.232	2.375	2.330	2.093	7.910
	三段	44.148	24.594	31.453	26.104	17.682	12.340	13.247	11.981	9.677	8.302	7.323	7.250	6.388	5.686	26.100
	二段	49.268	18.674	25.921	21.472	13.794	9.207	10.264	8.986	7.328	6.745	5.914	5.354	4.433	3.722	22.407
	一段	75.317	52.917	51.564	38.622	22.987	13.986	16.002	13.166	10.228	8.880	10.613	7.731	7.121	6.228	23.470
	平均值	45.567	25.927	29.608	23.517	14.789	9.575	10.760	9.238	7.476	6.558	6.521	5.678	5.068	4.432	19.972

表 3-9 陡山沱组稀土元素特征值表

地层		$\Sigma REE/$ 10^{-6}	$\Sigma Ce/$ 10^{-6}	$\Sigma Y/$ 10^{-6}	$\Sigma Ce/\Sigma Y$	Sm/Nd	Eu/Sm	La/Yb	Ce/Yb	δEu	δCe	$(La/Yb)_N$	$(Gd/Yb)_N$	$(La/Sm)_N$	$(La/Lu)_N$
陡山沱组	四段	32.466	20.730	11.736	1.766	0.191	0.222	8.828	12.655	0.673	0.703	5.809	1.514	2.885	6.466
	三段	108.250	68.880	39.370	1.750	0.218	0.263	10.503	15.094	0.798	0.700	6.912	2.074	2.497	7.765
	二段	92.320	59.792	32.528	1.838	0.206	0.251	16.891	16.517	0.765	0.528	11.115	2.316	3.572	13.239
	一段	160.410	121.417	38.994	3.114	0.191	0.229	16.073	29.134	0.717	0.929	10.577	2.247	3.276	12.093
	平均值	98.362	67.705	30.657	2.208	0.202	0.244	13.664	20.057	0.750	0.751	8.992	2.123	3.081	10.281

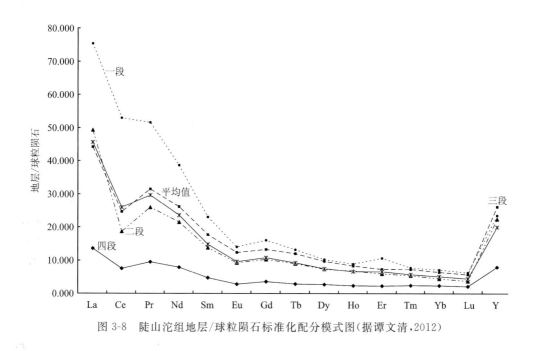

图 3-8 陡山沱组地层/球粒陨石标准化配分模式图（据谭文清，2012）

表 3-10 不同类型磷块岩的稀土元素及组成比表

类型	样品编号	顺序号	W(B)/10⁻⁶					产地
			LREE	HREE	ΣREE	LREE/HREE (×10)	LREE/HREE	
富磷酸盐型	Z 桃	1	66.44	24.79	91.23	26.80	2.68	湖北宜昌
	Z 息 10	2	39.43	22.91	62.34	17.20	1.72	贵州息烽
	Z 息 13	3	57.34	39.62	96.96	14.50	1.45	贵州息烽
	Z 张 13	4	12.38	14.61	26.99	8.50	0.85	湖南大庸
	Z 邓 32	5	75.70	86.12	161.82	8.80	0.88	湖北南漳
	平均	6	50.26	37.61	87.87	15.16	1.52	
碳酸盐型	Z 邓 40	7	73.13	55.69	128.82	13.10	1.31	湖北南漳
	Z 桃 14	8	36.61	13.31	49.92	27.50	2.75	湖北宜昌
	平均	9	54.87	34.50	89.37	20.30	2.03	
硅质型	Z 胡 5⑤	10	82.50	84.46	166.96	9.80	0.98	湖北钟祥
	Z 白 31	11	49.62	33.24	82.86	14.90	1.49	湖北保康
	Z 白 33	12	145.50	116.95	262.45	12.40	1.24	湖北保康
	平均	13	92.54	78.22	170.75	12.37	1.24	
富铝型	Z 白 15②	14	1 719.10	1 344.00	3 063.10	12.80	1.28	湖北保康
	Z 北 18	15	110.60	81.42	192.02	13.60	1.36	贵州瓮安
	平均	16	914.85	712.71	1627.55	13.20	1.32	

磷块岩的化学类型与稀土元素的含量有关,但与稀土元素的组成无关。稀土元素的轻重组成比 LREE/HREE 明显受不同地区的物源控制。从表 3-10 可见,湖北宜昌 2 块标本的 LREE/HREE 值分别为 2.68、2.75,湖北保康 3 块标本的 LREE/HREE 值为 1.24、1.28、1.49,贵州瓮安、息烽的 3 块标本的 LREE/HREE 值为 1.36、1.45、1.72。稀土元素轻重组成比在某一地区较稳定的事实为磷块岩形成于陆源区相对稳定的海侵时期提供了佐证。湖北南漳的 2 块标本 LREE/HREE 值差异较大,这可能与物质来源及经受过不同的地质作用有关。

由于镧系元素随着 4f 电子层电子数的增加,离子半径收缩,它们形成络合物的稳定性也随着增加,因此重稀土有较高的溶解度,比轻稀土有较大的迁移能力。当地表发生风化作用时,残留陆源碎屑物质相对富含轻稀土,重稀土易于流失,而海水中则相对富含重稀土。一般说来,稀土元素组成不受成岩作用的影响(吴明清等,1992),因此,轻重稀土的组成比可以反映磷块岩的物质来源。由表 3-10 可见,磷块岩的轻重稀土组成比大多大于 1,可以推断形成磷块岩的部分物质为陆源;有的标本轻重稀土组成比小于 1,可能反映部分物质来自海洋。

3. 磷块岩稀土元素丰度

1)不同矿区磷块岩 REE 平均丰度特征

表 3-11、表 3-12 为各磷矿区的磷块岩稀土元素丰度统计结果,其中稀土元素总量变化不大,宜昌矿田瓦屋、白竹、樟村坪磷矿磷块岩 ΣREE 较高,保康矿田九里川等磷块岩 ΣREE 较低。各区磷块岩 ΣREE 均低于滇东磷块岩(193.2×10^{-6})、俄罗斯地台磷块岩(600×10^{-6})、卡拉套磷块岩(800×10^{-6})、中生代以来的骨骼磷灰石(583×10^{-6}),磷块岩轻稀土元素(ΣCe)相对富集,重稀土元素(ΣY)贫乏,ΣCe/ΣY 值一般为 2.5~3.5;鄂西磷块岩以轻稀土含量最高,中稀土次之,重稀土最低,稀土相对含量与世界各地磷块岩基本一致,而且随着层位的提高,磷块岩 REE 相对含量有向三角图右上方移动的特点(图 3-9)。

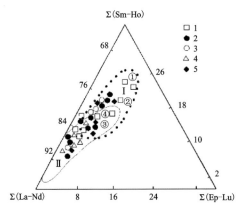

图 3-9 鄂西磷块岩稀土元素 Σ(Sm-Ho)-Σ(La-Nd)-Σ(Ep-Lu)图(据郑文忠,1992)

1.荆襄磷矿;2.保康磷矿;3.神农架磷矿;4.兴山磷矿;5.宜昌磷矿;①翁安磷矿;
②开阳磷矿;③滇东磷矿;④东山峰磷矿;Ⅰ.俄罗斯地台磷矿;Ⅱ.卡拉套磷矿

2)磷块岩不同成因类型 REE 丰度

REE 在磷块岩中的丰度与磷块岩成因类型有一定关系。现以本区第一磷矿层(Ph_1)为代表阐述不同成因类型 REE 丰度特征(表 3-13、表 3-14)。

表 3-11 鄂西各矿区磷块岩稀土元素丰度平均值表

矿区(田)		轻稀土元素 (LREE 或 $\sum Ce$)/10^{-6}						重稀土元素 (HREE 或 $\sum Y$)/10^{-6}								样数/个
		La	Ce	Pr	Nd	Sm	Eu	Gd	Tb	Dy	Ho	Er	Tm	Yb	Lu	Y	
保康、神农架、宜昌	白竹	7.63	10.35	1.61	6.78	1.65	0.40	1.68	0.22	1.39	0.31	0.82	0.08	0.47	0.06	10.84	8
	九里川	4.98	7.05	1.04	4.21	1.09	0.39	0.89	<0.3	0.93	0.19	0.92	<0.1	0.31	<0.1	6.09	2
	郑家河	19.16	27.94	4.20	19.49	4.02	0.90	3.83	0.48	2.98	0.62	1.54	0.17	0.84	0.98	21.34	8
	瓦屋	20.53	42.70	5.03	23.25	4.85	0.99	4.40	0.54	3.97	0.70	1.76	0.22	1.19	0.11	18.78	12
	樟村坪	28.34	41.05	6.61	30.11	6.54	1.79	6.58	0.87	5.29	1.05	2.50	0.28	1.31	0.15	36.55	6
荆襄	王集	14.40	22.63	4.04	18.11	3.48	0.97	4.49	0.75	3.38	0.82	2.15	0.26	1.39	0.18	30.37	8
	刘冲	9.68	16.29	1.99	7.92	1.55	0.38	1.37	0.31	1.15	0.23	0.63	0.08	0.53	0.07	6.15	3

表 3-12 鄂西各矿区磷块岩稀土元素参数表

矿区(田)		$\sum REE$/10^{-6}	$\sum Ce/\sum Y$	Ce/Ce^*	Eu/Eu^*	Ce 异常	$(La/Yb)_N$	$(La/Sm)_N$	$(Gd/Yb)_N$	(La-Nd)/%	(Sm-Ho)/%	(Er-Lu+Y)/%
保康、神农架、宜昌	白竹	45.09	2.40	0.60	0.74	-0.210	12.60	3.09	2.61	63.38	12.71	23.91
	九里川	28.27	1.98	0.62	1.28	-0.222	9.56	2.86	1.76	61.12	13.41	24.65
	郑家河	107.67	2.47	0.62	0.81	-0.200	13.18	2.96	2.74	65.54	12.11	22.51
	瓦屋	128.44	3.15	0.87	0.72	-0.038	10.58	2.70	2.29	71.20	11.54	17.25
	樟村坪	169.02	2.52	0.62	0.98	-0.180	14.53	3.12	3.06	81.24	15.71	3.06
荆襄	王集	110.26	1.74	0.57	0.78	-0.222	7.23	3.67	1.81	56.72	13.24	30.36
	刘冲	48.30	3.87	0.72	0.83	-0.087	14.77	4.68	1.85	74.62	9.87	14.71

注:引自《鄂西震旦纪陡山沱组磷块岩稀土元素地球化学》(郑文忠等,1992)。

表 3-13 磷块岩成因类型及稀土元素丰度平均值表

单位：10^{-6}

磷块岩类型	轻稀土元素（LREE 或 ∑Ce）						重稀土元素（HREE 或 ∑Y）							∑Ce/∑Y	∑REE/10^{-6}	样数
	La	Ce	Pr	Nd	Sm	Eu	Gd	Tb	Dy	Ho	Er	Tm	Yb	Lu	Y		
藻菌粒磷块岩	33.93	62.90	8.75	40.34	8.58	1.98	7.66	0.97	6.39	1.35	3.39	0.41	2.28	0.14	38.81	2.55	217.84	2
团粒磷块岩	33.96	66.86	8.23	38.79	7.71	1.60	6.98	0.81	4.92	1.00	2.42	0.28	1.50	0.09	27.84	3.43	203.00	2
砂屑磷块岩	30.27	62.33	7.95	38.16	8.00	1.69	6.78	0.79	5.05	1.02	2.63	0.31	1.63	0.10	29.30	3.12	195.99	2
壳粒磷块岩	9.23	19.89	2.26	9.44	2.21	0.48	2.12	0.30	1.77	0.36	1.06	0.13	0.48	0.11	9.91	2.62	60.09	3
层纹石磷块岩	10.79	22.90	2.28	10.26	2.13	0.48	1.97	0.30	1.63	0.31	0.83	0.11	0.50	<0.1	8.61	3.43	63.10	1
叠层石磷块岩	6.42	12.45	1.49	6.38	1.23	0.23	1.14	0.14	0.71	0.14	0.38	0.04	0.24	0.04	4.31	3.95	35.34	2
胶状磷块岩	6.96	11.67	1.32	5.58	1.40	0.32	1.33	0.29	0.98	0.21	0.58	0.08	0.43	0.08	5.94	2.75	37.26	2

表 3-14 磷块岩成因类型及稀土元素参数表

磷块岩类型	Ce/Ce*	Eu/Eu*	Ce 异常	$(La/Yb)_N$	$(La/Sm)_N$	$(Gd/Yb)_N$	(La-Nd)/%	(Sm-Ho)/%	(Er-Lu)/%
藻菌粒磷块岩	0.75	0.80	−0.098	8.99	2.47	2.10	81.51	15.04	3.45
团粒磷块岩	0.81	0.72	−0.059	13.45	2.75	2.85	84.40	13.14	2.45
砂屑磷块岩	0.82	0.73	−0.057	11.02	2.36	2.55	83.20	14.00	3.80
壳粒磷块岩	0.89	0.74	−0.031	6.52	2.61	1.51	81.32	14.15	3.89
层纹石磷块岩	0.92	0.77	−0.018	12.82	3.17	2.41	84.84	12.33	2.80
叠层石磷块岩	0.82	0.64	−0.063	15.92	3.26	3.92	86.17	11.57	2.26
胶状磷块岩	0.76	0.78	−0.104	9.62	3.11	1.90	81.51	14.62	5.59

注：引自《鄂西震旦纪陡山沱组磷块岩稀土元素地球化学》(郑文忠等，1992)。

(1) 藻菌粒磷块岩、团粒磷块岩、砂屑磷块岩 REE 含量最高,它们分布于各磷矿层的中一下部,即中一低品位磷块岩中。壳粒磷块岩、叠层石磷块岩、胶状磷块岩 REE 含量最低,它们分布于各磷矿层的中一上部,即高品位磷块岩中。

(2) 生物成因的磷块岩如叠层石磷块岩以明显的低 REE 为特征。有资料表明,海洋生物中 REE 含量很低,其 ΣREE 量级一般仅为 10^{-6}。生物成因的碳酸盐岩也以低 REE 含量为特征。因此,磷块岩的低 REE 含量反映生物在磷块岩形成过程中起到重要的作用。

(3) 将上述 REE 含量较高的藻菌粒磷块岩破碎,并利用人工挑选和物理分离的方法使磷灰石相对富集后测定 REE 含量,结果表明相对富集后的磷灰石中的 REE 含量较低并与叠层石磷块岩的 REE 含量接近(92.55×10^{-6})。这反映了磷块岩中的 REE 主要赋存于非磷酸盐矿物中,并随 P_2O_5 含量的增加而降低。

(4) 各类型磷块岩 REE 北美页岩标准化配分模式与现代及古生代以来典型的生物成因磷灰石配分模式比较接近(图 3-10),反映鄂西陡山沱组磷块岩的成因与生物有着密切的关系。研究表明,不同种类的生物对 REE 的富集能力不同,就是同一种生物的不同部位 REE 含量差别也很大,但古生代以来的生物骨骼中的磷灰石特别富集 REE,而震旦纪生物磷块岩 REE 较低(低 1~2 个数量级)。这可能是两个时期生物截然不同(高等动物与低等微生物之别)所致。

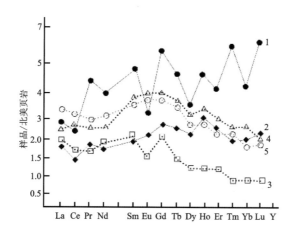

图 3-10 鄂西生物成因磷块岩稀土元素配分模式图(据郑文忠,1992)

1.古生代—中生代生物磷灰石;2.马格达连湾北部陆架磷灰石;
3.叠层石磷块岩;4.壳粒磷块岩;5.胶状磷块岩(3、4、5 含量×100)

表 3-15 为陡山沱组不同岩石类型稀土元素参数统计结果。由表可知,REE 丰度值呈现磷块岩>泥岩>白云岩。

3) REE 与其他元素的关系

磷块岩中的 REE 与其他元素的关系可用它们的相关系数和聚类分析表明(图 3-11)。磷块岩中的 ΣREE 与组成黏土矿物的 Al_2O_3、K_2O 等呈正相关,为同一类,与组成碳氟磷灰石的 P_2O_5、CaO、SrO、F、CO_2 等呈负相关,反映 ΣREE 与生命组成元素关联不大。

表 3-15 陡山沱组不同岩石类型稀土元素参数统计表

岩石类型和层位	$\Sigma REE/10^{-6}$	$\Sigma Ce/\Sigma Y$	Ce/Ce^*	Eu/Eu^*	Ce异常	$(La/Yb)_N$	$(La/Sm)_N$	$(Gd/Yb)_N$	$(La-Nd)/\%$	$(Sm-Ho)/\%$	$(Er-Lu)/\%$
核形石磷块岩(Ph_3^2)	112.11	1.88	0.44	0.87	−0.330	13.58	2.82	2.96	79.07	17.46	3.47
白云岩($Z_1d_2^2$)	9.60	2.93	0.76	0.71	−0.103	10.49	3.17	2.55	81.08	14.70	3.61
泥质白云岩($Z_1d_2^2$)	56.81	3.08	0.58	0.84	−0.224	16.48	2.90	3.26	82.35	15.03	2.62
磷块岩(Ph_2)	102.40	2.25	0.58	0.84	−0.216	12.54	2.56	2.96	80.89	15.83	3.28
泥岩($Z_1d_1^2$)	45.13	1.81	0.70	0.60	−0.145	3.34	3.39	0.75	76.64	15.33	8.03
磷块岩(Ph_1)	108.49	3.12	0.84	0.71	−0.055	13.41	3.50	2.31	84.31	12.64	3.62
泥岩($Z_1d_1^2$)	74.45	2.13	0.65	0.33	−0.176	5.52	3.81	3.25	80.16	14.19	5.64
重晶石岩($Z_1d_1^{1-2}$)	99.02	3.85	3.75	0.46	0.591	5.28	1.95	2.41	86.76	8.75	4.49
重晶石白云岩($Z_1d_1^{1-2}$)	28.94	3.10	0.97	0.71	0.000	13.39	2.15	4.32	82.88	15.09	2.03
含锰白云岩($Z_1d_1^{1-2}$)	30.39	3.70	0.95	0.58	−0.000 6	13.14	3.59	2.36	84.96	12.05	3.00

注:引自《鄂西震旦纪陡山沱组磷块岩稀土元素地球化学》(郑文忠等,1992)。

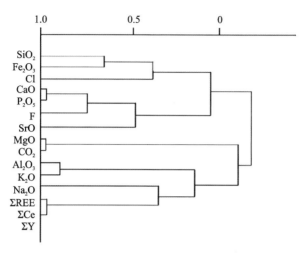

图 3-11 鄂西磷块岩氧化物-稀土元素聚类分析图

本区陡山沱组磷块岩中 P_2O_5 与稀土元素含量和特征值无关联，SiO_2 与 Sm/Nd 值弱相关，CaO 与 Eu/Sm 值弱相关。微量元素与稀土元素：Ni、Co、Rb、V、Th 与 Tm、Yb、Lu 重稀土元素相关，Mo 与所有稀土元素分量相关。结合上述微量元素组合关系分析，Ni、Co、Rb、V、Th 恰好反映陆源碎屑沉积物的特征，这说明本区磷块岩或地层沉积物稀土元素富集与陆源十分密切。

4）矿层稀土元素特征

表 3-16 为郑文忠等（1992）列出的鄂西地区震旦系陡山沱组 Ph_1、Ph_2、Ph_3 三个含磷层稀土元素特征值统计结果。笔者采用磷块岩中的 ΣREE 对矿层进行划分和对比。其中 $\Sigma Ce/\Sigma Y$ 值出现 $Ph_1 > Ph_2 > Ph_3$。虽然与 REE 具有极其相似的地球化学性质，但是 REE 随着原子序数的增加离子半径减小，在不同地质作用中由于离子半径的轻微变化可以引起单个 REE 的分异和铈、铕变价元素的分离。因此，REE 彼此间的相对丰度、参数特征在地质解释中能够起到重要作用。鄂西地区震旦系各层矿的 REE 参数特征（表 3-16）：①各地 Ph_1 和 Ph_2 的 ΣREE 变化基本相似，Ph_3 的 ΣREE 高于 Ph_1、Ph_2。②$\Sigma Ce/\Sigma Y$ 值、$(La/Yb)_N$ 值、$(La/Sm)_N$ 值 $Ph_1 > Ph_2 > Ph_3$，轻、中、重 REE 三组分中，轻 REE 为 $Ph_1 > Ph_2 > Ph_3$，中、重 REE 为 $Ph_1 < Ph_2 < Ph_3$。③更具特色的是各矿层 REE 球粒陨石标准化的铈、铕异常（Ce/Ce^*、Eu/Eu^*）和北美页岩标准化的 Ce 异常，Ph_1 的 Ce/Ce^* 值大于 Eu/Eu^* 值，Ce 异常大于 -0.1。Ph_2 的 Ce/Ce^* 值小于 Eu/Eu^* 值，Ce 异常小于 -0.1，Ph_3 与 Ph_2 相似。④刘冲、九里川磷矿因构造变形使得矿层面貌改观，矿层重叠，不易识别，但两地磷块岩的 REE 特征表明它们分别为 Ph_1、Ph_2 层位。综上所述，矿层从下至上磷块岩 P_2O_5 含量增高，REE 含量降低，可以断定刘冲、九里川磷矿产于各磷矿层的中—上部，原岩应为叠层石磷块岩、壳粒磷块岩。这与实地观察完全一致；⑤（$\Sigma Ce/\Sigma Y$）-（$Eu/\Sigma REE$）图中，Ph_1 和 Ph_2 分别位于不同位置，差异较明显（图 3-12）。

表 3-16 鄂西地区震旦系陡山沱组各层矿的稀土元素特征值统计表

层位	矿区	$\Sigma REE/10^{-6}$	$\Sigma Ce/\Sigma Y$	Ce/Ce^*	Eu/Eu^*	Ce异常	$(La/Yb)_N$	$(La/Sm)_N$	$(Gd/Yb)_N$	(La-Nd)/%	(Sm-Ho)/%	(Er-Lu+Y)/%
Ph_1	白竹	28.95	3.49	0.64	0.55	−0.190	16.91	4.21	2.34	84.07	12.66	3.28
	郑家河	108.49	3.12	0.84	0.71	−0.055	13.41	3.50	2.31	84.31	12.64	3.62
	瓦屋	151.51	3.37	0.82	0.68	−0.056	11.94	2.61	2.62	83.94	13.42	2.64
	荆襄	81.50	2.68	0.75	0.74	−0.091	10.96	3.56	1.96	83.70	13.02	3.28
	宜昌	79.63	3.48	0.68	1.21	−0.146	17.72	4.42	2.39	85.14	12.10	2.77
	白竹	73.62	1.39	0.55	0.90	−0.236	6.91	2.40	1.93	74.55	20.06	5.39
	郑家河	102.40	2.25	0.58	0.84	−0.216	12.54	2.56	2.96	80.89	15.83	3.28
	九里川	28.27	1.98	0.62	1.28	−0.222	9.56	2.86	1.76	80.46	15.99	3.55
Ph_2	荆襄	103.77	2.00	0.68	0.79	−0.188	6.54	5.98	1.48	79.10	16.12	4.78
	宜昌	169.36	2.40	0.52	0.88	−0.181	15.49	2.49	3.92	80.67	16.64	2.58
Ph_3^1	荆襄	230.42	1.07	0.53	0.76	−0.237	5.58	1.83	2.44	68.99	23.49	7.53
	白竹	23.71	1.39	0.62	0.77	−0.176	13.98	2.65	3.55	80.63	16.22	3.14
Ph_3^2	郑家河	112.11	1.88	0.44	0.87	−0.330	13.58	2.83	2.96	79.07	17.46	3.47
	荆襄	25.35	1.21	0.40	0.84	−0.367	5.83	3.30	1.54	72.89	20.24	6.86
	宜昌	258.07	1.68	0.57	0.86	−0.214	10.39	2.44	2.86	77.90	18.38	3.73

注:引自《鄂西震旦纪陡山沱组磷块岩稀土元素地球化学》(郑文忠等,1992)。

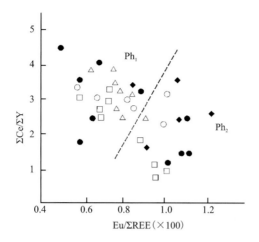

图 3-12 鄂西磷块岩稀土元素($\Sigma Ce/\Sigma Y$)-($Eu/\Sigma REE$)图

Ph_1.陡山沱组一段磷矿层(俗称下磷层);Ph_2.陡山沱组二段磷矿层(俗称中磷层)。

由鄂西磷块岩稀土元素配分模式[图 3-13(a)]可知:①所有磷块岩 REE 配分模式均为负倾斜,其斜率 Ph_1 大于 Ph_2、Ph_3;②各矿层磷块岩均为 Ce 负异常,Ph_1 的 Ce 异常不明显,并小于 Ph_2、Ph_3;③各矿层磷块岩 REE 北美页岩标准化配分模式差异更明显,Ph_1 配分模式平坦,Ph_2、Ph_3 配分模式形如皇冠状[图 3-13(b)];④无论是 REE 参数还是配分模式,除 ΣREE 有差别外,Ph_2 和 Ph_3 的其他特征基本相似。结合岩石学特征,笔者认为 Ph_3 是一种机械改造再沉积矿层,产于水动力较强的浅滩环境。Ph_3 磷块岩的 ΣREE 偏高,其原因推测是堆积过程中由于泥质、有机质的再次加入使 REE 在原有基础上增加。

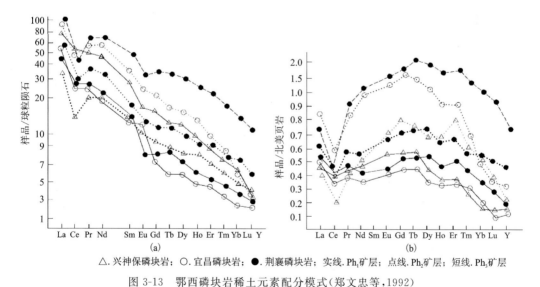

△.兴神保磷块岩;○.宜昌磷块岩;●.荆襄磷块岩;实线.Ph_1矿层;点线.Ph_2矿层;短线.Ph_3矿层

图 3-13 鄂西磷块岩稀土元素配分模式(郑文忠等,1992)

表 3-17 为谭文清等(2012)取样分析结果,同样反映$\Sigma Ce/\Sigma Y$值(平均值)出现 $Ph_1>Ph_3>Ph_2$;Ph_1、Ph_2、Ph_3 的 δEu 小于1,反映各矿层均为 Eu 负异常,属 Eu 亏损型。稀土元素配分模式(图 3-14)显示,曲线总体呈现右倾斜,属较平缓型,但具有分层现象;从图 3-15 和图 3-16 可以看出 Ph_1 稀土元素总量较 Ph_2 高,轻稀土元素较富集。

表 3-17　保康-宜昌磷矿带陡山沱组稀土元素特征值计算结果表

矿区名称	层位	样品编号	ΣREE/10^{-6}	ΣCe/10^{-6}	ΣY/10^{-6}	ΣCe/ΣY	Eu/Sm	Sm/Nd	La/Yb	Ce/Yb	δEu	δCe	$(La/Yb)_N$	$(Gd/Yb)_N$	$(La/Sm)_N$	$(La/Lu)_N$
火炼坡	$Z_2d_2^1$	TWD2-1	5.41	3.49	1.92	1.82	0.21	0.18	10.38	14.63	0.643	0.659	6.854	1.903	2.663	8.980
火炼坡	Ph_5	TWD1-1	857.87	674.91	182.96	3.69	0.21	0.16	80.23	95.35	0.629	0.661	52.692	7.856	5.170	78.510
仓屋垭ZK012	Z_1d^4	H012-1	32.47	20.73	11.74	1.77	0.22	0.19	8.83	12.66	0.672	0.703	5.794	1.519	2.872	6.459
仓屋垭ZK012	Z_1d^3	H012-2	108.25	68.88	39.37	1.75	0.26	0.22	10.50	15.09	0.800	0.700	6.917	2.081	2.497	7.782
东嵩坪	Ph_3	TWBKIV-2	297.14	204.45	92.69	2.21	0.25	0.21	25.26	22.74	0.776	0.496	16.636	3.065	3.861	21.524
白竹	Ph_3	TWXSIV-11	22.23	12.39	9.84	1.26	0.22	0.23	9.22	10.50	0.687	0.511	6.047	2.295	1.907	7.723
全区 Ph_3 平均			159.68	108.42	51.26	2.11	0.25	0.21	23.54	21.43						
朱家坡	Ph_2	HBKII-4	34.00	26.21	7.79	3.37	0.26	0.18	23.66	28.57	0.797	0.692	15.532	2.213	5.303	17.244
董家包	Ph_2	TWYCII-2	33.42	18.44	14.98	1.23	0.25	0.23	8.82	10.33	0.510	0.579	5.792	1.805	2.452	6.531
仓屋垭ZK012	Ph_2	GP012-1	101.77	60.13	41.64	1.44	0.26	0.20	12.12	11.67	0.757	0.518	7.974	1.754	3.731	9.208
白竹	Ph_2	TWXSIV-3	65.37	37.13	28.24	1.31	0.25	0.22	8.17	9.83	0.755	0.591	5.380	1.656	2.573	5.809
全区 Ph_2 平均			58.64	35.48	23.16	1.53	0.26	0.20	11.45	12.49						

续表 3-17

矿区名称	层位	样品编号	∑REE/10^{-6}	∑Ce/10^{-6}	∑Y/10^{-6}	∑Ce/∑Y	Eu/Sm	Sm/Nd	La/Yb	Ce/Yb	δEu	δCe	(La/Yb)$_N$	(Gd/Yb)$_N$	(La/Sm)$_N$	(La/Lu)$_N$
仓屋垭 ZK012	$Z_1d_1^3$	H012-9	10.70	6.82	3.88	1.76	0.21	0.23	5.46	10.46	0.640	0.901	3.615	1.173	2.161	3.829
武山湖	Ph_1^{3-2}	TWXSI-1	172.44	119.69	52.75	2.27	0.24	0.21	8.17	28.13	0.730	1.580	5.379	1.840	2.239	6.010
白竹	Ph_1^3	TWXSIII-3	189.54	151.30	38.24	3.96	0.24	0.18	30.46	48.77	0.758	0.866	20.115	3.372	4.086	25.424
东嵩坪	Ph_1^3	TWBKIV-1	153.48	109.29	44.19	2.47	0.27	0.19	25.11	50.23	0.808	0.915	16.572	5.014	2.500	20.599
朱家坡	Ph_1	HBKII-3	165.15	129.28	35.87	3.60	0.22	0.19	19.40	29.88	0.709	0.794	12.770	2.504	3.315	15.176
朱家坡	Ph_1	HBKII-1	134.82	105.60	29.22	3.61	0.27	0.19	17.92	28.96	0.875	0.823	11.817	2.353	3.300	13.211
瓦屋	Ph_1^{3-1}	TWXSII-1	179.60	130.56	49.04	2.66	0.23	0.20	14.05	23.00	0.721	0.835	9.254	2.094	3.161	10.537
全区 Ph₁ 平均			165.84	124.29	41.55	2.99	0.24	0.19	17.30	32.06						
仓屋垭 ZK012	K_2	H012-15	277.55	218.79	58.76	3.72	0.17	0.19	13.75	23.21	0.543	0.912	9.018	1.540	3.920	10.000

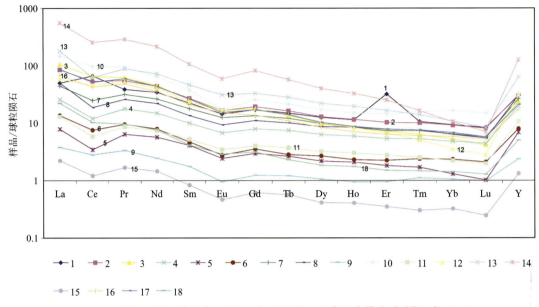

图 3-14 鄂西聚磷区磷块岩-碳酸盐岩-页岩稀土元素配分模式（据谭文清，2012）

1.（TWXSI-1）Ph_1^{3-2}；2.（TWXSII-1）Ph_1^{3-1}；3.（TWXSIII-3）Ph_1；4.（TWXSIV-3）Ph_2；5.（TWXSIV-11）Ph_3；
6.（H012-1）Z_1d_4；7.（H012-2）Z_1d_3；8.（GP012-1）Ph_2；9.（H012-9）$Z_1d_1^3$；10.（H012-15）K_2；11.（TWYCII-2）Ph_2；
12.（TWBKIV-1）Ph_1^3；13.（TWBKIV-2）Ph_3；14.（TWD1-1）Ph_5；15.（TWD2-1）$Z_2d_2^1$；16.（HBKII-1）Ph_1；
17.（HBKII-3）Ph_1；18.（HBKII-4）Ph_2

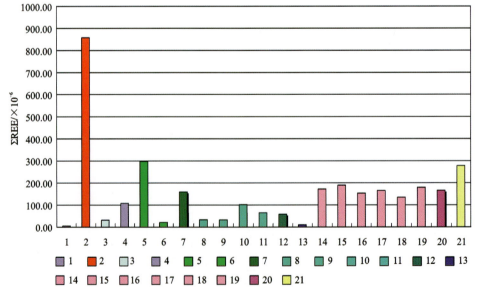

图 3-15 鄂西聚磷区磷块岩-碳酸盐岩-页岩稀土总量直方图（据谭文清，2012）

1.$Z_2d_2^1$；2.Ph_5；3.Z_1d_4；4.Z_1d_3；5、6.Ph_3；7.Ph_3平均值；8～11.Ph_2；12.Ph_2平均值；13.$Z_1d_1^3$；
14～19.Ph_1；20.Ph_1平均值；21.K_2

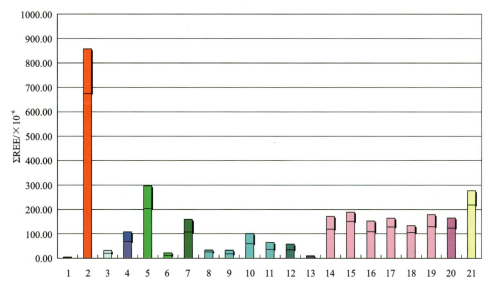

图 3-16　鄂西聚磷区磷块岩-碳酸盐岩-页岩轻稀土与重稀土总量直方图(据金光富等,1987修改)

(直方图上方阴影部分为重稀土,下方为轻稀土)

1. $Z_2d_2^1$;2. Ph_5;3. Z_1d_4;4. Z_1d_3;5、6. Ph_3;7. Ph_3平均值;8～11. Ph_2;12. Ph_2平均值;13. $Z_1d_1^3$;

14～19. Ph_1;20. Ph_1平均值;21. K_2

4. 稀土元素在成磷环境中的指示意义

REE 在岩石中的分布除其本身的一些固有的物理、化学习性外,主要与岩石的形成环境密切相关。REE 地球化学特征表明它们在自然界中主要以+3 价态出现。但 Ce 有 Ce^{4+}、Ce^{3+},Eu 有 Eu^{3+}、Eu^{2+} 两种价态。在氧化条件下 Ce^{3+} 可以氧化成 Ce^{4+},而 Ce^{4+} 是一种非常难溶的物质,它很快被结合进入海底沉积物中;在还原条件下 Eu^{3+} 可以转变为 Eu^{2+}。Ce、Eu 的这种变化,导致它们与其他 REE 的分离而出现异常。因此,利用 Ce、Eu 异常特征可以恢复沉积环境。

陡山沱组含磷岩系中除底部重晶石岩外,其他所有岩石的 Ce/Ce^* 值、Eu/Eu^* 值均小于 1,为负异常。但负异常值的大小不同,在剖面上呈有规律变化,Ce 异常也很明显。各地含磷岩系 Ph_1 以下 Ce/Ce^* 值一般在 0.8 以上,亏损不明显,Eu/Eu^* 值在 0.7 左右,亏损较明显,Ce 异常大于－0.1,反映沉积水体为还原条件。造成这种还原环境的主要原因:一是较封闭的沉积环境,二是气候由寒冷转为温暖,生物大量出现,由于生物活动造成局部水体 Eh 值下降;从 Ph_2 沉积开始,水体为弱氧化条件,Ce/Ce^* 值异常明显(Ce 异常小于－0.1),与 Ph_1 的沉积环境呈现鲜明的对比(表 3-18)。

表 3-18 鄂西磷块岩稀土元素与沉积环境关系表

矿区名称	Ph_1 发育情况	Ce/Ce^*	Ph_2 发育情况	Ce/Ce^*	Ph_3^1 发育情况	Ce/Ce^*	Ph_3^2 发育情况	Ce/Ce^*
白竹	稳定	0.64~0.87	稳定	0.55	较发育	0.51	仅为含矿层	0.62
郑家河	稳定	0.84	稳定	0.58	不稳定	—	仅为含矿层	0.44
瓦屋	稳定	0.82	无工业价值	0.62	无	—	仅为含矿层	
荆襄	稳定	0.76	不稳定	0.68	品位较低	0.58	仅为含矿层	0.40
宜昌	稳定	0.68	稳定,北部发育	0.52	无	—	仅为含矿层	0.57
Ce/Ce^* 范围	0.64~0.87		0.55~0.68		0.51~0.58		0.40~0.62	
氧化—还原环境	强还原—弱氧化环境		弱氧化环境		弱氧化环境		氧化环境	

综上所述,鄂西陡山沱组磷块岩中的 REE 变化与磷块岩的成因类型及沉积环境有着密切的关系。利用磷块岩中的 REE 特征可以有效划分和对比矿层,探讨物质来源。

(四)鄂西聚磷区陡山沱组地球化学相

从表 3-19 可以看出,鄂西聚磷区陡山沱组含磷岩系地球化学相在剖面上具有一定旋回性和韵律特点,充分反映了本区浅海台地海平面周期性变化及物源供给、物理化学条件、生物活动与演化等对化学相的控制作用。同样,化学相及化学元素的共生组合和分带,揭示了本区随时空演化。聚磷区沉积盆地发生明显生物化学分异作用,其中含磷建造明显有 3 个化学旋回构成:下部第一化学旋回由 $Z_1d_1^2$—Ph_1^1—Ph_1^2—Ph_1^3—$Z_1d_1^3$—Ph_2^1—$Z_1d_2^{1-1}$—Ph_2^2—$Z_1d_2^{1-2}$ 构成,是本区最重要的成磷化学旋回;中部第二化学旋回由 $Z_1d_2^{2-1}$—Ph_3^1—$Z_1d_2^{2-2}$—Ph_3^2 构成,为本区次要的成磷化学旋回;上部第三化学旋回由 Z_1d_3—Ph_4 构成,为本区磷矿化化学旋回。每个化学旋回的沉积相组合总体是潟湖(潮下低能带)-潮间坪,并且伴随一定的化学韵律层反复出现,反映磷矿沉积环境由弱还原向氧化条件演化的特征。

表 3-19 陡山沱组地球化学相划分表

地层		地球化学相		地球化学特征	沉积相
		相	亚相		
Z_1d_4		Si-Al-K 地球化学相	Ca-Mg-P	微量元素 Cr、Ti、Ni、Pb、Zn、Sb、S 等含量大于地壳丰度值；该相显示的最大特点是 Ag、V 的工业矿床；宜昌矿田东北部 Ca、Mg、P 异常	宜昌矿田栗林河、龙洞湾、董家河等地段，出现潮坪相（潮间坪），形成局部磷块岩矿化层
			Si-Al-K-Ag-V		黑色岩系形成于贫氧或缺氧环境，潟湖相
Z_1d_3		Ca-Mg 地球化学相	Si-Ca-Mg	Zn、Pb、Li、Sr、Zr、Ba 组合特征，伴有 Si、Al 组合，U/Th、Ni/Co 指示为氧化环境	总体为潮间坪至潮上坪，伴有浅滩相硅藻白云岩沉积
			Ca-Mg		
	$Z_1d_2^2$	Ca-Mg-P 地球化学相	Ca-Mg-F-P, Si-Mg-Ca-F-P	微量元素 Zn、As、Pb、Li、Rb、Sr、Ba、V 富集特征，磷矿层 F、Sr、U 富集明显，并与 P_2O_5、CaO 呈正相关相关，其中 Sr、U 与 SiO_2、MgO 呈显著负相关，U/Th、Ni/Co 指示为弱氧化—弱还原环境	潟湖-潮间坪、潮间坪、藻磷块岩、叠层石磷块岩、球粒状磷块岩、核形石磷块岩等建造
Z_1d_2	$Z_1d_2^{2-2}$		Ca-Mg, Si-Al-K-Fe^{2+}		
	$Z_1d_2^{1-2}$		Ca-Mg-F-P, Si-Mg-Ca-F-P, Si-Al		
		Si-A-K-Fe^{2+} 地球化学相	Ca-Mg, Si-Al-K-Fe^{2+}	具有富 K、V、Ni、Co、Rb、Th 特征，与陆源碎屑沉积物密切相关，U/Th 反映缺氧环境	潟湖潮下低能带，出现黄铁矿等指示矿产物，灰色含碳泥岩-泥质白云岩建造
	$Z_1d_2^1$	Ca-Mg 地球化学相	Ca-Mg-Fe^{2+}	微量元素 Sr、Zr、Ba 组合特征，富 CaO、MgO	潮下低能带，出现黄铁结核白云岩、核形石磷块岩、砂屑磷块岩等含磷硅岩建造，与含磷硅藻白云岩相间构成
	$Z_1d_2^{1-1}$	Ca-Mg-P 地球化学相	Ca-Mg-F-P	微量元素 Zn、As、Pb、Li、Rb、Sr、Zr、Ba 组合特征，磷矿层 F、Sr、U 富集，并与 P_2O_5、CaO 呈正相关，其中 Sr、U 与 SiO_2、MgO 显著负相关，U/Th、Ni/Co 指示为弱氧化环境	潮间坪-浅滩、藻磷块岩、叠层石磷块岩、核形石磷块岩、砂屑磷块岩等指示矿产物建造，结晶白云岩、粒屑白云岩、结晶含藻白云岩相间韵律层
	Ph_2^1		Ca-Mg, Si-Mg-Ca-F-P		

续表 3-19

地层			地球化学相		地球化学特征	沉积相
			相	亚相		
$Z_1d_1^3$		Ph_1^{3-3}	Ca-Mg 地球化学相	Ca-Mg, Si-Mg-C	微量元素组合单一，U/Th、Ni/Co 指示为弱—强氧化环境，富 CaO、MgO	潮间坪—浅滩、含磷硅藻白云岩、结晶白云岩、结晶白云岩间构成韵律层
		Ph_1^{3-2}	Ca-Mg-P 地球化学相	Ca-Mg-F-P	微量元素 Zn、As、Pb、Li、Rb、Sr、Zr、Ba 组合特征，磷矿层 F、Sr、U 富集明显，并与 P_2O_5、CaO 呈正相关，其中 Sr、U 与 SiO_2、MgO 呈显著负相关。U/Th、Ni/Co 指示为弱氧化—弱还原环境	潮间坪、藻磷块岩、叠层石磷块岩、球粒状磷块岩、核形石磷块岩、砂砾屑磷块岩等含磷建造、与结晶白云岩相间构成韵律层
		Ph_1^{3-1}		Ca-Mg-P		
	$Z_1d_1^2$		Si-Al-K-P 地球化学相	Ca-Mg-F-P, Si-Al-K-F-P	以富 Si、Al、K、Fe^{2+} 为特征，磷矿层 F、Sr、U 中等富集，U/Th、Ni/Co 指示为弱还原环境	潟湖或潮下潮间坪、粒屑磷块岩、泥晶磷块岩与黑色页岩相间韵律层
		K_2	Si-Al-K-Fe^{2+} 地球化学相	Si-Al-K-Fe^{2+}	以富 Si、Al、K、Fe^{2+} 为特征，磷矿层 F、Sr、U 弱富集。U/Th、Ni/Co 指示为弱还原环境	潟湖或潮下低能带、含碳页岩、磷质砂屑页岩、黑色含磷质砂岩
		Ph_1^2		Ca-Mg-F-P, Si-Al-K-P	以富 Si、Al、K、Fe^{2+} 为特征，磷矿层 F、Sr、U 弱富集。U/Th、Ni/Co 指示为中等还原环境	潟湖或潮下潮间坪、粒屑磷块岩、泥晶磷块岩与黑色页岩相间韵律层
		K_1	Si-Al-K-Fe^{2+} 地球化学相	Si-Al-K-Fe^{2+}, Si-Al-K-P		潟湖或潮下潮间坪、含碳页岩、黑色含磷质砂岩
		Ph_1^1	Si-Al-K-P 地球化学相	Ca-Mg-F-P, Si-Al-K-P	以富 Ca、Mg、Ba 为特征，属受陆源影响较小的相对氧化浅水高盐度沉积环境	潟湖或潮下潮间坪、粒屑磷块岩、泥晶磷块岩与黑色页岩相间韵律层
$Z_1d_1^{1-2}$			Ca-Mg-Ba 地球化学相	Ca-Mg, Ca-Mg-Ba		潮间坪—潮上坪、结晶白云岩、含锰白云岩、重晶石白云岩、含锰白云岩建造
$Z_1d_1^{1-1}$			Si-Al-Fe^{3+} 地球化学相		以富 Si、Al、Fe^{3+} 为特征，U/Th、Ni/Co 指示为氧化环境	陆源碎屑滨岸相、泥质砂砾岩

第二节 磷矿层特征

一、矿层划分

陡山沱组含磷地层主要有两个含磷段。下部为樟村坪段,其中中亚段赋存 Ph_1 主要工业矿层(图3-17)。中部为胡集段,其中下亚段底部赋存 Ph_2 主要工业矿层。这两个主要矿层归属第一成矿旋回,具有海侵层序结构特点。胡集段上亚段中上部赋存 Ph_3^1 次要矿层,与王丰岗段底部 Ph_3^2 组成本区第二成磷旋回,具有海退层序结构特点。上部白果园段赋存 Ph_4 矿化层,为本区第三个成磷旋回。其中樟村坪段与胡集段内部层序结构较复杂。由于南、北地区岩相差异,不同沉积区不仅表现出不同的岩石组合,而且存在着不同的沉积接触关系。例如潮汐冲刷面、波浪冲刷面、暴露风化壳、海泛面等,它们是本区主要含磷段最为常见的层序界面。研究这些层序界面或接触关系,可以较好地揭示磷块岩的形成环境。

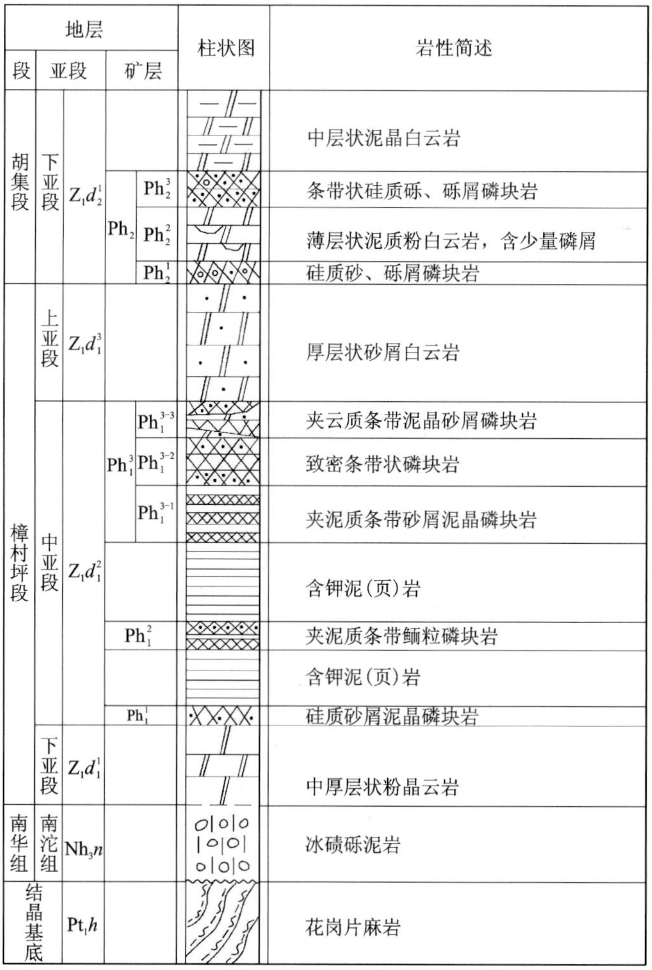

地层			柱状图	岩性简述
段	亚段	矿层		
胡集段	下亚段 $Z_1d_2^1$			中层状泥晶白云岩
		Ph_2^3		条带状硅质砾、砾屑磷块岩
		Ph_2^2		薄层状泥质粉白云岩,含少量磷屑
		Ph_2^1		硅质砂、砾屑磷块岩
樟村坪段	上亚段 $Z_1d_1^3$			厚层状砂屑白云岩
	中亚段 $Z_1d_1^2$	Ph_1^{3-3}		夹云质条带泥晶砂屑磷块岩
		Ph_1^{3-2}		致密条带状磷块岩
		Ph_1^{3-1}		夹泥质条带砂屑泥晶磷块岩
				含钾泥(页)岩
		Ph_1^2		夹泥质条带鲕粒磷块岩
				含钾泥(页)岩
		Ph_1^1		硅质砂屑泥晶磷块岩
	下亚段 $Z_1d_1^1$			中厚层状粉晶云岩
南华组	南沱组	Nh_3n		冰碛砾泥岩
结晶基底		Pt_1h		花岗片麻岩

图3-17 宜昌矿田樟村坪段—胡集段含磷地层柱状图(据谭文清,2012)

（一）矿层层序划分依据

本区含磷地层序列具多旋回性沉积特点，其中自旋回性基本层序组合构成本区含磷矿地层的浅海台地沉积特点。早震旦世早期，扬子地块处在地台稳定发展阶段。南华纪南沱期末，冰川消融致使海平面上升，全球发生了一场地史上规模大、持续时间长的海侵。本区陡山沱组底部与结晶基底或南华系形成的不整合面构成矿层及其含磷岩系的Ⅰ型、Ⅱ型层序界面，陡山沱组内部多为Ⅲ型、Ⅳ型层序界面。这些层序界面是划分磷矿层的重要标志之一。

（二）矿层层序界面

目前对于层序界面类型划分尚无统一方案，本次主要根据构造运动界面、海泛面、层面构造、岩石结构和沉积组合及旋回特点等划分。

(1) Ⅰ型、Ⅱ型层序界面。全球性的不整合界面。本区陡山沱组与结晶基底（黄陵基底和神农架基底）的角度不整合为Ⅰ型界面，陡山沱组与南华系南沱组的平行不整合为Ⅱ型界面。

(2) Ⅲ型层序界面。海侵面，影响范围是区域性的。

(3) Ⅳ型层序界面。层序内部冲刷面、沉积间断面等，是本区划分磷矿沉积相及沉积旋回的重要标志。

(4) Ⅴ型层序界面。微相转换界面，是矿层内部划分磷矿韵律层的标志面。

二、矿层沉积特征

（一）成磷旋回

陡山沱组自下而上划分Ⅰ、Ⅱ、Ⅲ三个成磷旋回。其中Ⅰ旋回包含 Ph_1、Ph_2，为本区主要成矿沉积旋回；Ⅱ旋回包含 Ph_3^1、Ph_3^2，为次要成矿沉积旋回；Ⅲ成磷旋回包含 Ph_4，全区不发育。每个沉积旋回的起始均为富含陆源粉砂质、泥质岩，向上过渡为磷块岩、含磷白云岩。

(1) Ⅰ旋回。下部以富 K、Al_2O_3 和陆源碎屑为特征，夹磷块岩层。完整旋回由 Ph_1^1-K_1-Ph_1^2-K_2-Ph_1^{3-1} 构成，基本层序为粉砂质页岩—泥质磷块岩—磷质砂屑页岩，代表局限潮下潟湖—浅滩沉积，在一些水下隆起、浅水滩及潮坪带等可见明显冲刷或缺失 Ph_1^1-K_1-Ph_1^2-K_2-Ph_1^{3-1} 结构（图3-18），中上部由 Ph_1^{3-2}-Ph_1^{3-3}-$Z_1d_1^{3-1}$-Ph_2^{2-1}-$Z_1d_1^{3-2}$-Ph_2^{2-2} 构成，其间普遍见水下冲刷或暴露面，保康矿田区九里川、中坪等地段基本层序主要为藻砾屑白云岩—磷质白云岩—砂屑磷块岩或泥晶砂屑磷矿或泥晶磷块岩，代表局潮间带—潮汐浅滩—潮汐潟湖沉积。Ⅰ旋回的完整结构主要分布于樟村坪、杉树垭、孙家墩等矿区。该旋回是本区最为重要的成磷旋回，主要大中型磷矿床产在旋回中上部。本旋回总体上具有退积型沉积特征。

(2) Ⅱ旋回。该旋回底部与下伏胡集段下亚段或樟村坪段上亚段之间为Ⅲ型界面。在九里川剖面中反映为冲刷成因砾屑（角砾状）磷块岩。在东蒿剖面下部为深灰色、黑色含磷质条带粉砂质泥岩—白云质泥岩—磷质白云岩基本层序（Ph_3^{1-1}-$Z_1d_2^{2-1}$），为潮下潟湖沉积

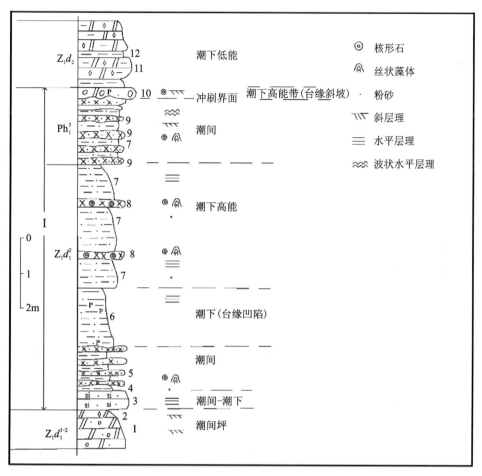

图 3-18 宜昌矿田晓峰矿区樟村坪段 Ph_1^3 矿层及基本层序（Ⅳ岩相剖面）图（据谭文清，2012）

1.浅灰色、黄褐色含陆源砾砂屑云岩；2.浅灰色褐色泥粉晶云岩；3.深灰色、灰黑色含粒屑粉晶硅质岩；4.灰黑色(含钾)页岩；5.灰黑色泥质砂屑磷块岩；6.黑色含磷质砂屑页岩；7.灰黑色粉砂质泥岩；8.灰黑色含核形石磷块岩(条带)；9.浅灰色砂屑磷块岩(条带)；10.灰色含磷质砾屑泥质粉晶云岩；11.灰色泥质粉晶云岩；12.灰色泥岩；Ⅰ.陡山沱组成磷期沉积旋回及编号

（图 3-19），上部为泥质白云岩—磷质白云质泥岩—磷块岩基本层序，为潮汐浅滩—潮汐潟湖沉积，与白竹剖面结构基本相同；在九里川板凳垭剖面中，Ⅱ旋回结构发育较好，Ph_1^1-Ph_3^2 表现为多个次级亚旋回、韵律组合特征，它们在剖面中叠复，使矿层厚度增大。

本区Ⅰ旋回总体属于海侵层序组，Ⅱ旋回海退层序组之间存在间侵期。由南向北反映的剖面结构和岩相分带现象，指示沉积中心由盆地向陆地逐渐后退的退积式沉积规律。

（二）矿层剖面结构类型

不同矿区和相区的矿层结构有明显差异，总体上看，宜昌矿田 Ph_1、Ph_2 发育完全，分层结构及层序界面分辨率高，北部保康矿田结构变化非常大，分层结构面不十分清晰；Ph_3 矿层在

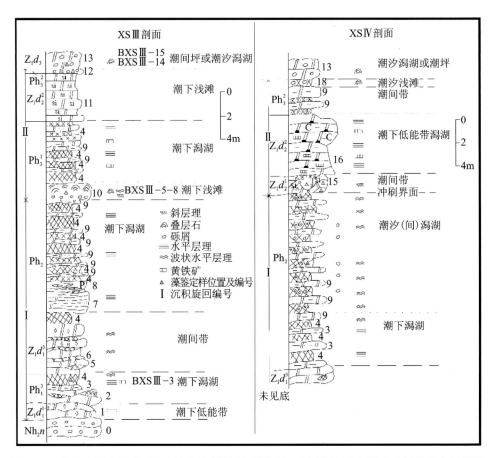

图 3-19 宜昌矿田白竹矿区陡山沱组樟村坪段、胡集段、王丰岗段(Ph_1^3-Ph_2)矿层及基本层序图
——(据谭文清,2012)

0.冰碛砾岩;1.微晶白云岩;2.含硅藻磷质白云岩;3.云质泥岩;4.泥晶磷块岩;5.细晶白云岩;6.泥晶白云岩;7.灰黑色云质泥岩;8.含磷条带云质泥岩;9.泥质白云岩;10.硅化含藻团粒磷块岩;11.深灰色硅质白云岩;12.深灰色磷质团粒硅质岩;13.灰色团粒白云岩;14.团粒磷块岩;15.深灰色硅质砾屑白云岩;16.黑色含硅磷质结核泥质白云岩;17.黑色含硅磷质结核碳质泥质白云岩;18.硅质团粒磷块岩(含核形石);Ⅰ、Ⅱ陡山沱组成磷期沉积旋回及编号

保康矿田相对发育,可进一步划分出 Ph_2^1 和 Ph_2^2,这种结构特征在东蒿坪、九里川、白竹一带表现得尤为明显(图 3-20～图 3-22)。根据矿层沉积特点、磷块岩沉积序列和微相组合特征,将本区含磷剖面结构类型大致归纳以下几种:

(1)樟村坪型。粉砂质页岩-磷块岩-白云岩建造。矿层结构为 Ph_1^1-Ph_1^2-Ph_1^3-Ph_2 复合结构。工业矿层分层结构为 Ph_1^{3-1}-Ph_1^{3-2}-Ph_1^{3-3}。沉积体系为台坳局限潮下低能潟湖—边缘滩、滩间潟湖。此类型是本区 Ph_1^3 矿层最为发育的代表性类型,桃坪河、店子坪、殷家坪、殷家沟、瓦屋、树腔坪、寨湾等大型矿床均属此类型。

(2)杉树垭型。硅质白云岩-磷块岩-白云岩建造。矿层结构为 Ph_1^3-Ph_2 复合结构。工业矿层分层结构为 Ph_1^{3-1}-Ph_1^{3-2}-Ph_1^{3-3}-Ph_2^1-Ph_2^2。沉积体系为台坳局限潮下潟湖—滩间潟湖—潮间坪。该类型以 Ph_2 沉积厚度大、分层结构齐全为特点,伴生 Ph_1^3 工业矿层产出。它是滩间潟湖向潮坪潟湖相带过渡的剖面类型(图 3-23)。与此相关的大中型矿床较多,其中包括郑家河、

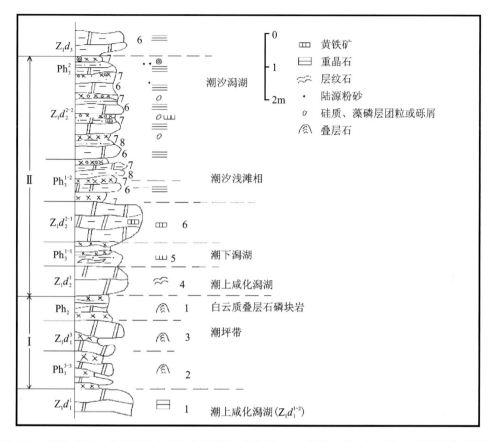

图 3-20　保康矿田东蒿矿区陡山沱组樟村坪段、胡集段、王丰岗段(Ph_3^1-Ph_2-Ph_3^2)矿层及基本层序图
(据谭文清,2012)

1.层纹状含重晶石白云岩;2.白云质藻叠层石磷块岩;3.含藻叠层石磷质团粒白云岩;4.层纹石白云岩;5.黑色含黄铁矿磷云质;粉砂质白云岩;6.黑色含星铁矿泥质白云岩;7.灰色硅质团粒磷块岩;8.粉砂质泥岩;
Ⅰ、Ⅱ.陡山沱组成磷期沉积旋回及编号

孙家墩、黑良山、挑水河、仓屋垭、云台观、栗西、杉树垭、龙洞湾、浴华坪等矿床。

(3)白竹型。硅泥质白云岩-磷块岩-白云岩建造。矿层结构为 Ph_1^3-Ph_2-Ph_3^2 复合结构。工业矿层分层结构为 Ph_1^{3-3}-Ph_2^1-Ph_2^2-Ph_3^1。沉积体系为台地浅滩—潮汐潟湖和局限海湾潟湖—潮汐潟湖—潮汐浅滩的组合类型。该类型以 Ph_2-Ph_3^1 组合为特征,矿层结构复杂。矿层结构纵跨Ⅰ、Ⅱ两个成磷旋回,代表海侵—海退层序组合,是本区最为独特的矿层结构类型。

(4)九里川型。泥质白云岩-硅质白云岩-磷块岩-白云岩建造。矿层结构为 Ph_1^3-Ph_2^1-Ph_2^2-Ph_3^1-Ph_3^2 复合结构。工业矿层分层结构为 Ph_1^{3-2}-Ph_2^1-Ph_2^2-Ph_3^1-Ph_3^2。沉积体系为潮汐潟湖—潮汐带—潮沟(道、池)。该类型以 Ph_3^1-Ph_3^2 组合为特征(图 3-24、图 3-25),沉积厚度大,但分布极不稳定,可能与局部潮沟、潮道或潮池滞留带堆集有关。

(5)晓峰型。粉砂质页岩-硅质岩-磷块岩建造。矿层结构主要为单一 Ph_1^{3-1} 结构。沉积体系为台地边缘开阔潮下低能带—高能带—边缘滩。该类型含磷岩系沉积厚度大,以泥质条带磷块岩为主,但磷富集程度低。

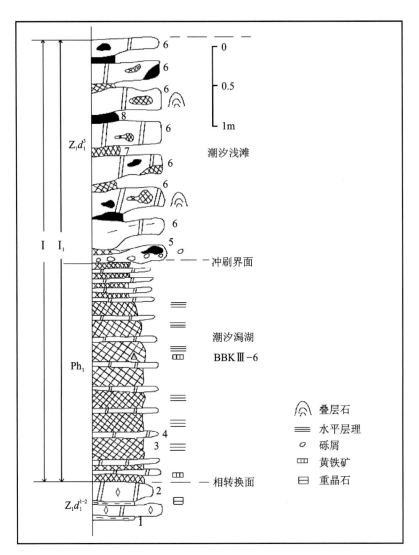

图 3-21 保康矿田九里川矿区板磴垭樟村坪段 Ph_1^3 矿层及基本层序图（据谭文清，2012）
1.黄绿色云质页岩；2.含重晶石粉晶云岩；3.泥晶磷块岩；4.粉晶白云岩；5.含硅藻砾屑白云岩；
6.含磷质藻屑白云岩；7.藻叠层石磷块岩；8.硅质岩团块浅透镜体；Ⅰ.陡山沱组成磷期第一沉积旋回；I_1.陡山沱组成磷期第一沉积旋回第一亚旋回

上述 5 种类型含磷岩系波浪及潮汐冲刷结构面不发育，沉积连续。潟湖受基底凹陷控制。边缘和相邻隆起的高地遭受波浪及潮汐冲刷，大量的磷质砂砾屑经过搬运、分选，带入潟湖盆地沉积富集。这是本区潟湖成矿的一个主要特征。另外，潟湖有较好的封闭条件，受到海平面周期性、旋回式的升降变化，洋流带入的溶解磷质在潟湖盆地咸化阶段与磷质砂砾屑结合，形成高品位的磷块岩。此外，潟湖盆地在半封闭条件下，不断有洋流提供氧分带入，在一段时期，藻等生物大量繁衍。由于潟湖受到洋流断流影响形成缺氧事件，大量生物在潟湖盆地内死亡。这些死亡遗体下沉至底部，在氧化还原反应条件下，一部分分解形成溶解磷质，

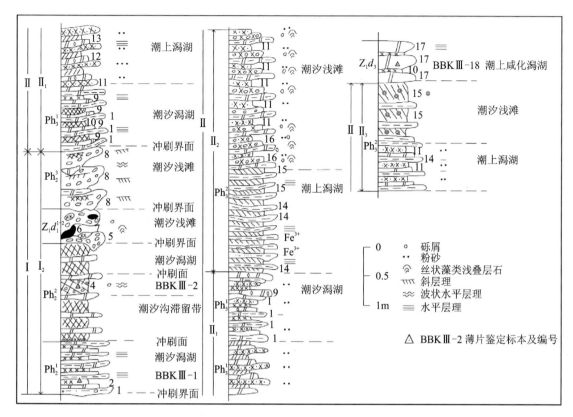

图 3-22 保康九里川矿区板磴垭矿段胡集段、王丰岗段(Ph_2^2-Ph_3^2)矿层及基本层序图（据谭文清，2012）
1.含砾云质泥岩或云质泥岩；2.泥晶白云岩；3.含硅质砾屑泥晶磷块岩；4.含硅质钙质砾屑泥晶磷块岩；5.含磷硅质砾屑白云岩；6.硅质团粒；7.藻团屑磷块岩（透镜体）；8.肉红色角砾屑磷块岩或角砾状磷块岩；9.粉砂白云岩；10.泥晶磷块岩；11.砂屑磷块岩；12.泥晶白云岩；13.硅质泥晶磷块岩；14.含铁页岩；15.白云质泥晶磷块岩；16.含核形石藻砾屑磷块岩；17.微晶白云岩；Ⅰ.陡山沱组成磷期沉积旋回及编号

另一部分以化石遗体保存。这种缺氧环境也是本区潟湖成矿的一种形式。关于这方面的证据可以从含碳页岩及富黄铁矿黑色泥质白云岩的 Mo、Ni 的异常中得到答案。

三、磷矿层结构、分布及厚度品位变化特征

（一）第一磷层（Ph_1）

第一磷层（Ph_1）俗称下磷层，赋存于陡山沱组樟村坪段（Z_2d_1）中下部，是宜昌磷矿主要工业矿层，较连续分布在盐池河、桃坪河、丁家河、樟村坪、殷家坪、树崆坪、白果园、董家河、栗西、白竹、瓦屋、武山等矿区；在北部保康矿田广泛分布，但厚度变化大；在晓峰一带也有透镜状矿体断续产出。

Ph_1 矿层发育齐全，由下而上依次可见 Ph_1^1、Ph_1^2、Ph_1^3 三个分层，层间由黑色（含钾）粉砂质页岩所间隔（图 3-26）。

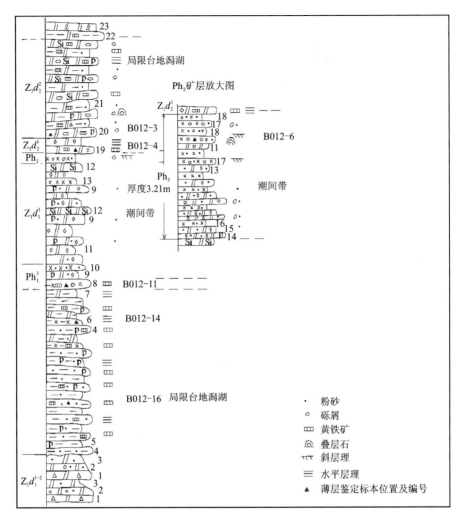

图 3-23 宜昌矿田仓屋垭矿区 Ph_1^3-Ph_2 矿层及基本层序图（据谭文清，2012）

1.白云质角砾岩；2.砂砾屑粉晶云岩；3.砂屑粉晶云岩；4.黑色含黄铁矿磷藻砂屑泥岩；5.黑色黄铁矿泥岩；6.黑色含黄铁矿磷质藻砂屑；7.黑色含黄铁矿磷质砂屑泥质云岩；8.灰色、灰绿色泥质团粒磷块岩；9.深灰色磷质砂屑粉晶云岩；10.白云质砂屑磷块岩；11.粉晶云岩；12.白云硅质云岩；13.泥晶磷块岩；14.含磷质砾砂屑云岩；15.含磷质砂屑云岩；16.含砂屑泥晶磷块岩；17.泥晶砂砾屑磷块岩；18.泥晶砂屑磷块岩；19.灰色含黄铁矿粉晶云岩；20.黑色含藻磷质团粒硅质白云岩；21.黑色含燧石结核黄铁矿砂质云岩；22.灰色含黄铁矿云质页岩；23.浅灰色泥晶白云岩

（1）Ph_1^1矿层。位于樟村坪段中亚段（$Z_2d_1^2$）底部。顶板岩性为黑色（含钾）页岩，底板岩性为白云岩。矿层厚度变化大，一般厚 0~10.80m，平均厚 0.3m，呈小透镜体顺层分布。矿石主要为硅质磷块岩，品位低，P_2O_5 含量一般均小于 8%，无工业价值。

（2）Ph_1^2矿层。位于樟村坪段中亚段（$Z_2d_1^2$）黑色含钾页岩中部，多由鲕状砂屑磷块岩条带与粉砂质页岩条带相间组成。矿层厚 0~11m，一般小于 1.5m，局部成矿地段厚 2.40~5.06m，P_2O_5 含量 8%~18%，一般在 13% 左右，可构成透镜状工业矿体，连续分布在树崾坪、店子坪及樟村坪和丁家河矿区之西部。

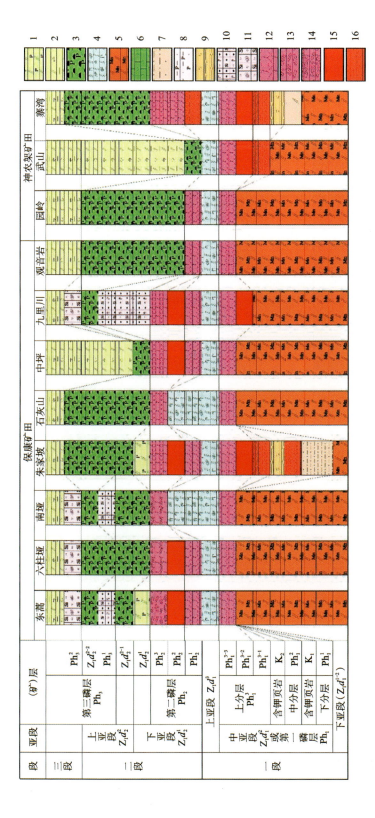

图 3-24 保康-神农架矿田陡山沱组磷矿层柱状结构示意图（据谭文清，2012）

1. 白云岩；2. 泥晶白云岩夹泥岩；3. 含磷石核磷质泥质白云岩；4. 叠层石白云岩；5. 含锰白云岩；6. 结晶白云岩；7. 粉砂质泥岩；8. 含磷粉砂质泥（页）岩；9. 碳质页岩；10. 叠层石砾屑磷磷块岩；11. 核形石团粒状硅质磷块岩；12. 白云质条带状磷块岩；13. 透镜状磷块岩；14. 白云质团块状磷块岩；15. 泥晶磷块岩；16. 泥质条带磷块岩

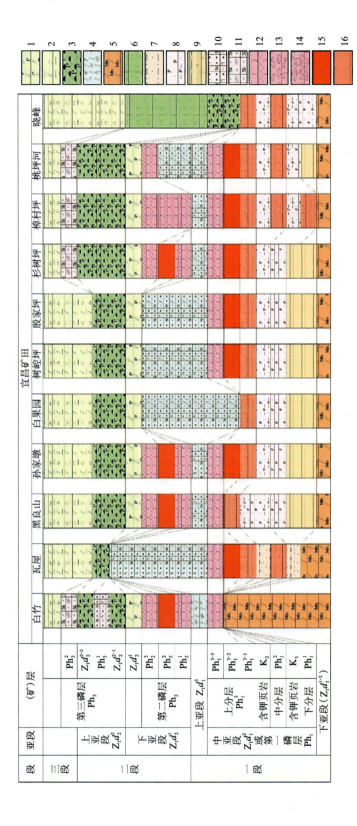

图3-25 宜昌矿田陡山沱组磷矿层柱状结构示意图(据谭文清,2012)

1.白云岩;2.泥晶白云岩夹泥岩;3.含磷石结核泥质白云岩;4.叠层石白云岩;5.含锰质泥岩;6.结晶灰岩;7.粉砂质泥岩;8.含磷粉砂质泥(页)岩;9.碳质页岩;10.叠层石团屑磷块岩;11.核形石团粒状硅质磷块岩;12.白云质条带状磷块岩;13.透镜状—团块状磷块岩;14.白云质团块状—透镜状磷块岩;15.泥晶磷块岩;16.泥质条带磷块岩

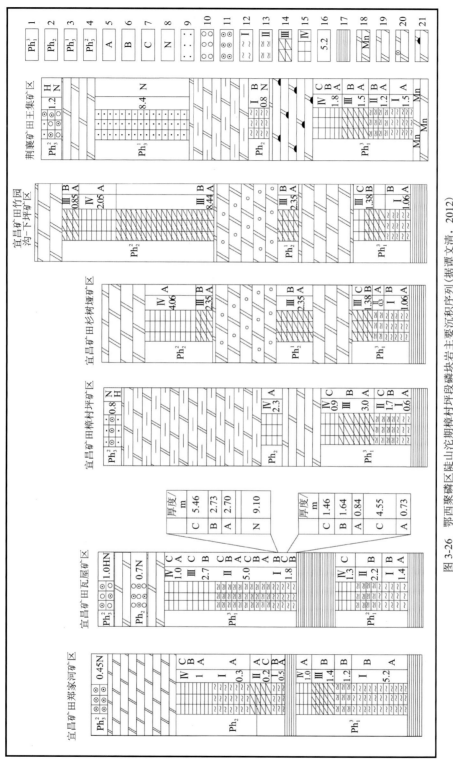

图 3-26　鄂西聚磷区陡山沱期樟村坪段磷块岩主要沉积序列（据谭文清，2012）

1. 第一磷矿层；2. 第二磷矿层；3. 第三磷矿层；4. 第四含磷层；5. 胶状磷块岩；6. 团粒磷块岩；7. 壳粒磷块岩；8. 内碎屑磷块岩；9. 砂屑磷块岩；10. 砾屑磷块岩；11. 核形石磷块岩；12. 泥质条纹磷块岩；13. 泥质条带磷块岩；14. 白云质条纹状磷块岩；15. 致密块状磷块岩；16. 厚度/m；17. 泥岩；18. 含锰白云岩；19. 泥质白云岩；20. 含硅质、磷核磷块岩；21. 含硅质团块白云岩

(3)Ph_1^3 矿层。位于樟村坪段中亚段($Z_2d_1^2$)黑色含钾页岩上部，是区内最重要的工业矿层(Ph_1总储量87%)。由3个不同的矿石自然类型组成，自下而上依次为：①Ph_1^{3-1}薄层粉砂质泥岩与砂屑泥晶磷块岩条带相间，矿层俗称下过渡带；②Ph_1^{3-2}富磷层，由致密条带状泥晶砂(砾)屑磷块岩及砂屑泥晶磷块岩相间组成；③Ph_1^{3-3}亮晶砂屑云岩夹泥晶砂屑磷块岩条带，矿层俗称上过渡带。

Ph_1^3矿层在晓峰一带未明显分层，全部由夹泥质条带磷块岩组成，如交战垭—盐池河、栗西及殷家坪—白果园等部分地段，缺失富磷层(Ph_1^{3-2})，由夹云质条带磷块岩与夹泥质条带磷块岩混为一体相交过渡。北部保康矿田大部分缺失Ph_1^{3-1}分层，这与含钾页岩缺失或不发育密切相关。宜昌磷矿田大多地段Ph_1^3矿层三分明显(图3-27)。其中，Ph_1^{3-1}分层稳定，厚0～12.31m，一般厚3～4m，P_2O_5品位12.84%～22.69%，平均14.34%；Ph_1^{3-2}分层厚0～6.27m，一般厚1～2m，P_2O_5品位28.13%～36.02%，平均32.64%；Ph_1^{3-3}分层厚度变化大，为0～4.8m，一般厚0.7m，P_2O_5品位13.24%～25%，平均17%。神农架矿田武山、寨湾沉积厚度可达2～9m，其中寨湾具有明显三分结构，富矿厚度局部可达3m。北部保康矿田为零星富集中心(图3-28)，分层结构不清晰。

纵观全区，Ph_1^3矿层在宜昌矿田内层位稳定，多呈层状产出，在栗西以北及晓峰一带呈似层状、透镜状产出。据统计，宜昌矿田内1403个工程结果表明，Ph_1^3矿层平均厚3.18m，均方差2.04m，变化系数64.43%，矿层最厚为14.93m，最薄为0.1m，一般为3～7m。在全区范围内按矿层厚度变化，大体可分为3种类型，即总体厚度大于4m的为厚区(带)，小于2m为薄区(带)，介于二者之间为过渡区(图3-28)。其中树崆坪-樟村坪-桃坪河-殷家沟、瓦屋-白竹(宜昌矿田)、武山-寨湾(神农架矿田)为主要厚区。

宜昌矿田以店子坪东—樟村坪—丁家河—桃坪河一带矿层最为稳定(图3-29)且厚度大，除局部地段仅2.13～3.66m外，一般均在4m以上，最厚可达11.95m，平均厚度为4.73m、6.43m、5.06m、4.71m。矿层三分结构明显，其中富磷层(Ph_1^{3-2})厚1～4.24m，平均1.63m，P_2O_5含量12.23%～35.75%，总平均含量23.12%，构成呈北西向宽约5km、长约17km的厚带，为本区工业磷矿的核心主体。除此以外，还有些规模较小、非稳定厚区(带)分布在稳定厚区(带)周缘，由1～12km²之间的单个个体断续相连而成，个体之间由薄区或过渡区相间，这类厚区(带)主要有白果园、树崆坪东、浴华坪、杨柳、高家岩、殷家沟南及殷家坪等。其中，白果园、树崆坪东、董家河分布于磷矿区北西部，呈北东向构成断续带状；余者多分布于南东部呈北西向展布，矿层多为二分结构，即夹泥质条带和云质条带磷块岩($Ph_1^{3-1}+Ph_1^{3-3}$)，局部夹富磷层(Ph_1^{3-2})(如黑良山、树崆坪、肖家河)，矿层厚度大(4～15.5m)，一般为5～7m，总体而言以贫矿为主(Ⅲ级品)，局部如树崆坪东、董家河则以富、中品位为主。其次为瓦屋—白竹一带，沉积厚度达3～16m，为宜昌矿田第二个Ph_1^3沉积中心。

薄区以1.5～24km²大小的单个个体与厚区(带)相间。其中，在上述规模大、稳定厚区(带)北侧栗西—杉树垭一带，数个孤立的小面积薄区沿北西断续成带状与二郎庙-秧田河薄区(带)相接，继而具有向南西偏转、分叉插入白果园—殷家坪之趋势，二郎庙北亦有向北东偏

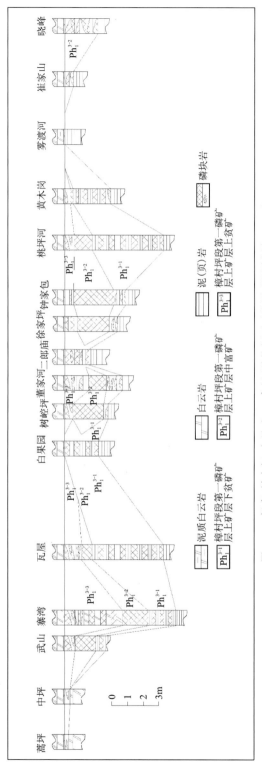

图 3-27 保康—神农架—宜昌矿田 Ph_1^3 矿层结构剖面对比图（据谭文清，2012）

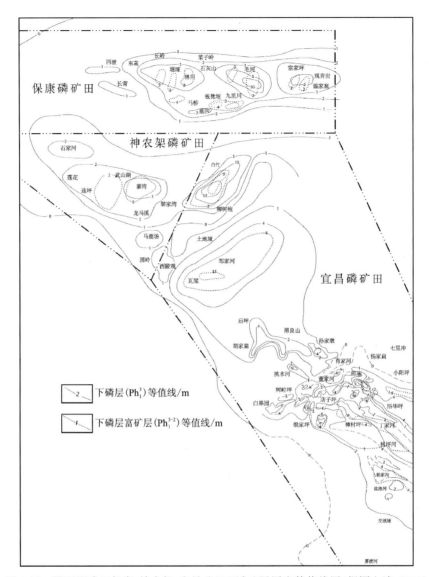

图 3-28　鄂西聚磷区保康-神农架-宜昌矿田 Ph_1^3 矿层厚度等值线图（据谭文清，2012）

转之趋势。另外，在树崆坪、盐池河等地尚有小规模、不稳定的薄区。薄区（带）主要特点为厚度小于 2m，并有断续分布的零值区出现；矿层以二分结构为主（$Ph_1^{3-1}+Ph_1^{3-3}$），局部分布少量或仅具层位意义的致密条带状磷块岩（Ph_1^{3-2}），并具有南、西部以夹泥质条带磷块岩（Ph_1^{3-1}）为主且较稳定，向北逐渐过渡为以夹云质条带磷块岩（Ph_1^{3-3}）为主之趋势。矿层厚度小（0～2m），一般为 1～1.5m，多为中、低品位的矿石。

过渡区分布于薄区及厚区或单个薄区、厚区之间，矿层厚度一般在 3m 左右，矿层分层结构、品位介于上述二者之间。

神农架矿田以武山—寨湾一带矿层较为稳定，沉积厚度中心分布在寨湾矿区。

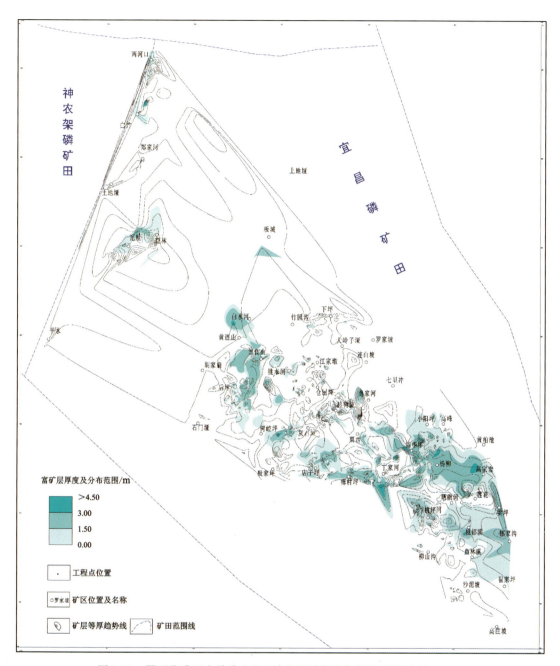

图 3-29　鄂西聚磷区宜昌磷矿田 Ph_1^3 矿层厚度趋势线图（据谭文清，2012）

保康矿田为零星小规模沉积厚度中心，主要分布在东蒿—石灰山、六柱垭—朱家坡、中坪—熬头山、板凳垭—九里川地段，一般沉积厚度 2~3m，最大厚度可达 9m。

（二）第二磷层（Ph_2）

第二磷层（Ph_2）又称中磷层，位于陡山沱组胡集段底部，是区内又一重要工业磷层（图 3-30）。

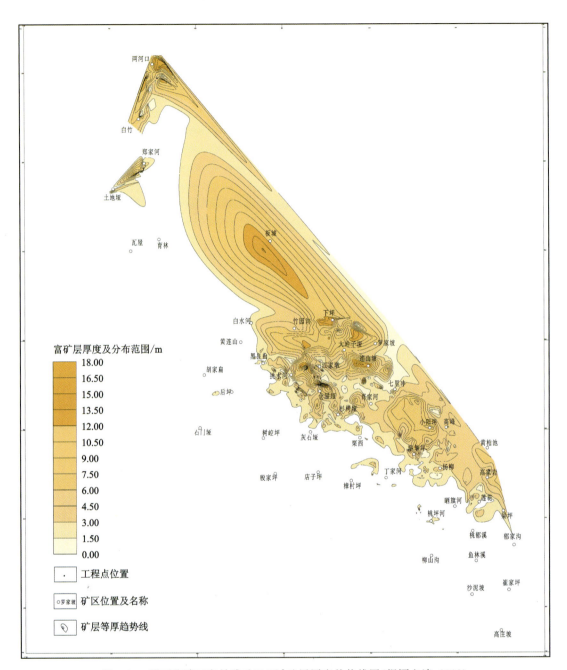

图 3-30　鄂西聚磷区宜昌磷矿田 Ph_2^2 矿层厚度趋势线图（据谭文清，2012）

宜昌矿田 Ph_2 矿层顶底板岩性标志明显，上部为灰色—浅灰色薄层状泥质泥云岩，下部为浅灰色厚层状亮晶砂屑云岩，但在白竹和保康矿田马桥中坪、九里川、石灰山等矿区，由于缺失 $Z_1d_2^1$ 或相变等原因，顶部界线标志不清。宜昌矿田具有两种不同剖面结构类型，以郑家河—黑良山—挑水河—仓屋垭—杉树垭—栗西—浴华坪—杨柳—高家岩为界，其北矿层结构简单，主要为一分（Ph_2^1 或 Ph_2^2）和两分（Ph_2^1、Ph_2^2），矿石类型主要由条带状硅质砂砾屑磷块岩及泥晶磷块岩组成，矿石品位高，P_2O_5 品位变化大，为 21.00%～33.00%，平均达 23%，矿体呈层状,厚度较稳定,据864个工程厚度数据,矿层平均厚4.11m,最小0.10m,最大为18.68m,形成宽15~25km、长大于66km、呈北西向展布的富集带。

在上述富集带南侧,桃坪河、丁家河、樟村坪一带Ph_2矿层三分,矿石类型及品位也有变化。由下而上依次为:

(1)Ph_2^1,硅质砂砾屑磷块岩,后期硅化交代较强烈,P_2O_5品位0~35%,平均达20%,但厚度薄,变化大,厚0~1.57m,无工业价值。

(2)Ph_2^2,泥质白云岩或云质泥岩,夹少量砂屑磷块岩条带及分散状磷质砂、砾屑颗粒,厚0~4.91m,平均厚2m,P_2O_5含量4%~8%,一般仅5%左右。

(3)Ph_2^3,主要由硅化砾、砂屑磷块岩或少量核形石磷块岩组成,厚0~1.97m,P_2O_5含量12%~25%,平均在17%,可构成大小不等的透镜状工业矿体。

上述三分结构的Ph_2矿层(图3-31),全层厚2.88~6.88m,能构成一定规模的工业矿体仅有Ph_2^3分层。该分层不仅普遍厚度较薄,而且常尖灭消失(或被磷硅质层所代替),仅局部地段可构成呈北西向展布、大小不等的工业矿体。

在桃坪河、丁家河、樟村坪、灰石垭黄连山以东,Ph_2矿层则二分。由下而上依次为:

(1)Ph_2^1,灰黑色致密块状、条带状硅质磷块岩、砂屑磷块岩夹粉晶云岩条带,其顶板为下亚段下分层($Z_1d_2^{1-1}$)中厚层状泥晶云岩夹泥质云岩,底板为樟村坪段下亚段($Z_1d_1^3$)厚层状粉晶云岩。P_2O_5品位0~31%,平均达20%,厚度变化大,为0~11.15m,平均2.51m,为宜昌磷矿北部的次要工业矿层。

(2)Ph_2^2,以灰黑色致密块状、条带状硅质磷块岩、砂屑磷块岩为主,夹少量云岩条带,顶板为下亚段上分层($Z_1d_2^{1-2}$)中厚层状泥晶云岩夹泥质云岩,底板为下亚段下分层($Z_1d_2^{1-1}$)中厚层状泥晶云岩夹泥质云岩。厚0~16.94m,平均5~6m,P_2O_5品位22%~24%。在矿层发育齐全地段,Ph_2^2具有明显的三分结构,即上分层(Ph_2^{2-3})、中分层(Ph_2^{2-2})和下分层(Ph_2^{2-1}),以竹园沟-下坪为例简介如下:①上分层(Ph_2^{2-3})。由夹白云岩条带泥晶磷块岩、夹含磷砂砾屑泥晶磷块岩呈不规则状互层组成。厚0~13.64m,平均2.42m,P_2O_5品位0~28.50%,平均品位21.75%。②中分层(Ph_2^{2-2})。主要由致密条带状泥晶磷块岩和夹含磷砂砾屑泥晶磷块岩相间组成。厚1.00~4.34m,平均2.59m,P_2O_5品位29.24%~36.32%,平均品位32.12%。③下分层(Ph_2^{2-1})。由夹白云岩条带泥晶磷块岩、夹含磷砂砾屑泥晶磷块岩呈不规则状互层组成。厚0~10.28m,平均4.95m,P_2O_5品位0~25.43%,平均品位23.28%。

总而言之,Ph_2矿层具有明显分带特征,以郑家河—黑良山—挑水河—灰石垭—栗西—浴华坪—杨柳—郁家沟为界,以南地区Ph_2矿层发育程度、分布范围均不及Ph_1^3矿层,以北地区则相反,Ph_1^3矿层发育程度、分布范围均不及Ph_2矿层。这种差异反映成矿富集作用随时空演化而逐渐向北部迁移(图3-30),具有北富南贫特点。北部Ph_2矿层富集地段,矿体厚度较大、品位较富且以层状产出为主;南部碑垭、樟村坪、丁家河、桃坪河等则由品位低、厚度小、分布不稳定、大小不等的透镜状矿体构成贫矿带。北部保康矿田则出现Ph_2与Ph_1^3矿层平分秋色的格局,不同矿带表现出不同的结构,最突出的特征是普遍缺失樟村坪段下部含钾页岩及Ph_1^{3-1},这也是北部潮坪潟湖相带的成矿特点,反映成磷期的沉积体系总体是退积式沉积。

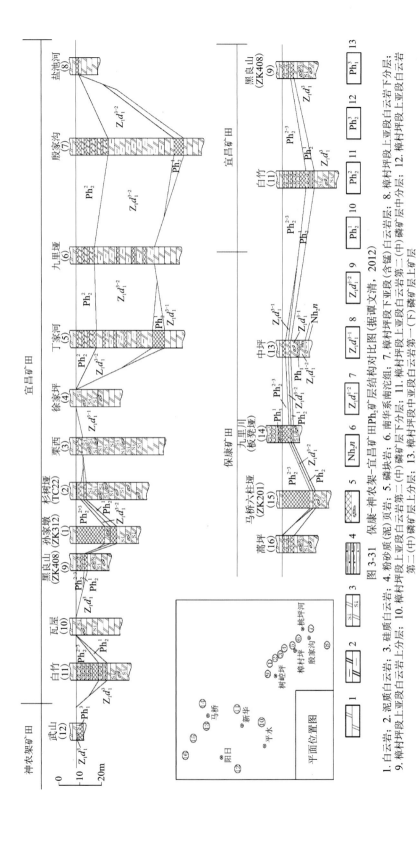

图 3-31 保康-神农架-宜昌矿田 Ph_2 矿层结构对比图（据覃文清，2012）

1. 白云岩；2. 泥质白云岩；3. 硅质白云岩；4. 粉砂质（泥）页岩；5. 磷块岩；6. 南华系南沱组；7. 樟村坪段上亚段下亚层（含锰）白云岩层；8. 樟村坪段上亚段上亚层白云岩下分层；9. 樟村坪段上亚段上亚层白云岩第二（中）磷矿层下分层；10. 樟村坪段上亚段上亚层白云岩第二（中）磷矿层中分层；11. 樟村坪段上亚段上亚层白云岩第二（中）磷矿层上分层；12. 樟村坪段上亚段上亚层白云岩第二（中）磷矿层第二（中）磷矿层第一（下）矿层；13. 樟村坪段上亚段上亚层白云岩上矿层

（三）第三磷层（Ph_3）

第三磷层（Ph_3）又称上磷层，位于胡集段上亚段中上部和王丰岗段底部之间，是区内次要工业磷层。根据九里川、东蒿剖面划分，此层具有二分结构特点，即 Ph_3^1-Ph_3^2。其中 Ph_3^2 相当于前人划分的"Ph_3""Ph_4"矿层，区域上由夹不规则的豆状核形石磷块岩、泥晶砂屑磷块岩的团块、条带的泥粉晶云岩组成，层厚 0.49～3.60m，P_2O_5 品位一般为 5.80%～32%，多数地段无工业价值，其层位稳定，结构特殊，分布也较普遍，是本区良好的对比标志层。但个别地段出现 Ph_3^1-Ph_3^2 结构时，二者与下部樟村坪段 Ph_2 共同构成一个复合矿层，即 Ph_2-Ph_3^1-Ph_3^2。此层在东蒿、西坡、九里川、白竹等地段相对发育，局部构成工业矿化，剖面类型属九里川型和白竹型。

（四）其他磷层

与区域含磷层对比，本区范围内还可见第四、五、六磷层（Ph_4、Ph_5、Ph_6），分别赋存于陡山沱组白果园段中上部、灯影组石板滩段中部及下寒武统牛蹄塘组底部。

(1) Ph_4 磷层。前人称为 Ph_5 磷层。在白果园、龙洞湾见几厘米砂屑磷块岩夹白云岩中。

(2) Ph_5 磷层。前人称为 Ph_6 矿层、Ph_7 矿层。由薄—中层状含硅磷质条带云岩、核形石云岩或黑色页岩夹条带状泥晶砂屑磷块岩组成。底板为浅灰色厚层状核形石云岩；顶板为深灰色—灰黑色中层状含泥质粉晶云岩，局部见有冲刷沟槽。该含磷层厚 0～2.15m，P_2O_5 品位≤8%～5.38%，部分可构成不连续的小透镜状矿体，如盐池河、白果园及杨家扁等。赋矿层位为灯影组二段（石板滩段）下部。成矿类型与南漳"邓家崖式"相当。

(3) Ph_6 磷层。前人称为 Ph_8 矿层。以富含小壳化石为特征，矿石类型有生物碎屑磷块岩、粉砂质砂屑磷块岩或磷硅质条带，矿层厚 0.05～0.55m，品位变化大，可作为区域磷层对比依据及工作线索。成矿类型与神农架板桥式相当。

第三节 磷块岩特征

一、磷块岩矿物组分及矿物学特征

本区组成磷块岩的矿物共 24 种，可分为磷酸盐矿物和脉石矿物两大类。

（一）磷酸盐矿物

为了研究区内的磷酸盐矿物种类，《鄂西磷矿含磷岩系对比划分及成矿规律研究报告》（肖蛟龙等，2017）在荆襄龙会山、保康宜家坪、宜昌竹园沟、鹤峰江坪矿区采集部分样品采用 X 衍射分析对磷酸盐矿物进行鉴定，结果表明所有样品磷灰石归属氟磷灰石系列（表 3-20），与以往测试为氟磷灰石、碳氟磷灰石的结果基本一致，并且与以往所有差热分析、红外线光谱分析、单矿物化学全分析结果相符。

表 3-20 X 衍射分析结果一览表(据肖蛟龙等,2017)   单位:%

样品编号	氟磷灰石	石英	方解石	白云石	伊利石	高岭石	长石
荆襄磷矿龙会山矿区 Ph_2^2	33.24	19.44	8.76	35.17			3.39
荆襄磷矿龙会山矿区 Ph_2^1	46.97	13.16	5.9	33.97			
荆襄磷矿龙会山矿区 Ph_1^3	40.29	37.22		3.04	14.69		4.76
宜昌磷矿杉树垭矿区 Ph_2^2	60.12	18.16		2.18	11.72	7.82	
宜昌磷矿竹园沟-下坪矿区 Ph_2^2	95.25	4.28		0.47			
宜昌磷矿竹园沟-下坪矿区 Ph_2^1	70.66	9.38	1.1	13.1	5.76		
宜昌磷矿竹园沟-下坪矿区 Ph_1^3	34.31	10.66	3.09	14.35	27.45		10.14
保康磷矿宜家坪矿区 Ph_2	15.99	54.29	0.55	29.17			
鹤峰磷矿江坪河矿区 Ph_4^1	17.59	6.34	34.92	41.15			
鹤峰磷矿江坪河矿区 Ph_4^2	30.57	18.28	22.88	28.27			

上述 10 个样品 X 射线衍射曲线与氟磷灰石接近,属氟磷灰石系列。此外,1974 年湖北省地质局第七地质大队在丁家河矿区勘探工作中也对矿层中磷酸盐矿物做 X 衍射分析,也将其定为氟磷灰石;1986 年湖北省地质局第八地质大队在荆襄磷矿田分析测试 4 组样品,其中 2 组为碳氟磷灰石系列,2 组为氟磷灰石系列。

下面在资料收集的基础上,分别对红外线光谱分析、差热分析、单矿物化学全分析进行分析:

(1)红外线光谱分析。2012 年湖北省地质局第七地质大队同时对上述两个样品进行了红外线光谱分析,光谱曲线除显示 $(PO_4)^{-3}$ 在 $1035\sim1095cm^{-1}$、$598\sim600cm^{-1}$ 和 $315\sim325cm^{-1}$ 处有 3 个吸收带外,在 $1440cm^{-1}$ 和 $1413cm^{-1}$ 处有 1 对尖锐的双峰吸热谷,表明有 CO_2 成分存在。经湖北省地质局中心实验室检查分析样品,发现其中有极少游离白云石矿物,这是造成 CO_2 一对双峰吸热谷的最大可能。1986 年湖北省地质局第八地质大队在荆襄磷矿田同时对上述 4 组样品进行红外光谱分析的结果与 X 射线分析一致。

(2)差热分析。2012 年湖北省地质局第七地质大队采集了宜昌磷矿徐家坪、桃坪河矿区 Ph_1^{3-2} 磷块岩精选后在宜昌地质矿产研究所分析鉴定为氟磷灰石,曲线低值有吸热谷(140℃或 155℃),表示可能含有吸附水,其余数据与典型氟磷灰石一致(图 3-32),而与含 CO_2 成分碳氟磷灰石在 700℃ 有显著吸热谷,具明显差异。另据 1986 年湖北省地质局第八地质大队在荆襄磷矿田采集了 5 组样品进行差热分析,其中 4 组为氟磷灰石系列,1 组为碳氟磷灰石,属于氟磷灰石-碳氟磷灰石系列,而更接近氟磷灰石。

(3)单矿物化学全分析。从本次采集两个样品单矿物化学全分析和贵州 115 队对宜昌磷矿单矿物化学全分析来看(表 3-21),F 含量高,且与 P_2O_5、CaO 含量变化趋于一致;CO_2 虽确实存在,但含量有高有低,其变化与同时存在 MgO 含量变化是一致的,说明 CO_2 主要与 MgO 聚合构成一类,本区应是氟磷灰石。

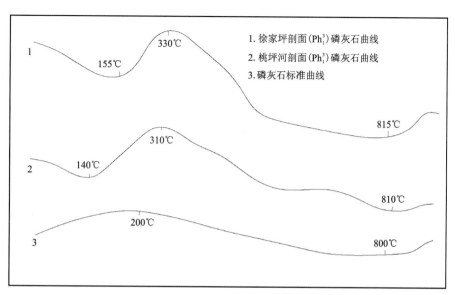

图 3-32　宜昌磷矿磷灰石差热分析曲线图（据金光富等，1987）

表 3-21　宜昌磷矿田磷块岩全分析一览表　　　　　　　　　　　　　单位：%

化学成分	采样编号				
	樟Ⅰ2-2	树同5	Y7(贵州115队)	保康竹下Y1	兴山瓦屋Y2
P_2O_5	38.22	38.30	39.29	37.57	34.27
CaO	52.15	52.65	52.36	51.73	46.10
SiO_2	2.18	1.79		2.89	1.68
Al_2O_3	0.20	0.20	0.48	0.24	1.59
TiO_2	0.05	0.03		0.02	0.11
TFe_2O_3	0.34	0.13	0.16	0.10	0.28
MnO	0	0.02	0.68	0.004	0.006
Na_2O	0.59	0.62	0.88	0.38	0.45
K_2O	0.11	0.22	0.02	0.12	0.82
F	3.44	3.58	3.13	3.14	2.95
FeO	/	/	0.21	/	/
Ce	0.10	0.06	/	0.001 2	0.004 7
I	0.008	0.014	/	/	/
CO_2	2.24	1.89	2.15	1.86	1.98
MgO	0.20	0.25	0.34	0.78	0.46
SO_3	0.43	0.46	/	0.90	0.82
SrO	0.08	0.11		0.10	0.098
BaO	0.02	0.018	/	0.02	0.078
La_2O_3	0.004	0.004	/	0.001 3	0.003 5
Y_2O_3	0.002	0.003	/	0.004 8	0.004 5

注：Y1、Y2 为本次工作采取。

本区磷灰石按结晶形态还可细分为4种类型，具体如下：

(1)泥晶磷灰石(胶磷矿)。在一般偏光显微镜下呈均质体，正交偏光镜下为全消光，$N=1.609$ 镜下见有与层面相垂直的网状收缩裂纹(胶裂纹)，常混有较多的有机质、黄铁矿及黏土矿物，电镜下观察常为 $3\sim5\mu m$ 柱粒状颗粒，颗粒界线清晰，而且具明显面网反映(据中国科学院赵东旭对桃坪河 Ph_1^{3-2} 矿层研究资料，1986)。说明这种在一般显微镜下表现为均质体的胶磷矿实际上是超显微晶质体的集合体，称为泥晶磷灰石。此种磷灰石系在水体能量较弱、受限制的环境中，磷酸盐溶胶以化学作用从海水中析出凝聚而成，是直接海水中沉积物表面以化学方式沉积的。

(2)显微纤柱状磷灰石(即亮晶磷灰石)。该类型磷灰石常绕着由泥晶磷灰石组成的砂(砾)屑颗粒边缘生长，构成磷砂(砾)屑胶结物，一般不具多世代的特点，长轴垂直颗粒边缘生长，晶体本身干净明亮，系由颗粒间磷质溶液浓缩结晶而成，属能量较高、基质淘洗充分的淀晶胶结物。这种纤柱状(粒状)微晶磷灰石颗粒不切入砂、砾屑边缘，$d=5\sim15\mu m$，单偏光下干净明亮，正交偏光下显晶质体光性。

(3)粒状磷灰石。常呈自形—半自形粒状体不均匀散布在泥晶磷灰石条带及颗粒中，晶体大小不等，自形程度各异，颗粒明净，光性特点与纤柱状微晶磷灰石难以区别，但产出形态有明显差异，后者只环绕磷砂、砾屑边缘生长，且不切入砂、砾屑颗粒内，而前者常切入颗粒边缘，呈杂乱散布状态。这种磷灰石是成岩阶段泥晶磷灰石重结晶次生加大结果，含量虽不高，但出现概率甚多。

(4)隐晶质磷灰石。为隐晶质磷灰石集合体，单个晶粒边界模糊不清，难以辨认，因此与胶磷矿不易区别，仅双折射率较胶磷矿略高，为 $0.003\sim0.006$，$N=1.6200\sim1.6294$。有时可见变余胶裂纹，有时含杂质较多。该种磷灰石系由胶磷矿脱水陈化重结晶而成，常与非晶质磷灰石相伴产出。

(二)脉石矿物

组成各类磷块岩的脉石矿物占 $10\%\sim80\%$，大部分为沉积—成岩阶段的同生或自生矿物(图3-34)，少部分为陆源碎屑矿物，颗粒细小多属粉砂级，按含量不同可分为主要、次要及罕见脉石矿物。其中，主要脉石矿物有白云石($10\%\sim80\%$)、水云母($10\%\sim70\%$)、玉髓($5\%\sim10\%$)、石英砂($<5\%$)；次要及罕见脉石矿物为蒙脱石、黄铁矿、有机质、褐铁矿、钠长石、方解石、白云母、长石、重晶石、电气石、锆石等。

脉石矿物的赋存状态大体可分为两类：一类是由主要脉石矿物组成的条纹、条带或薄层，与以磷酸盐矿物为主的条带相互间夹构成各种条带状磷块岩；另一类是在磷酸盐占绝对优势时，脉石矿物呈分散状、团块状混布在磷酸盐岩中，或见于磷酸盐颗粒、泥晶、淀晶中，或集中呈细小条纹夹于磷块岩间。

脉石矿物按主要成分还可分为碳酸盐、黏土、硅质三大类，并以不同比例与磷酸盐岩条带构造出不同的磷块岩组合及自然类型，且在剖面上分布有一定规律，即 Ph_1^3 矿层下部以泥质(黏土)-磷酸盐组合为主，上部以碳酸盐(白云石)-磷酸盐组合为主，而 Ph_2 矿层多以硅质、碳酸盐、磷酸盐组合为主。

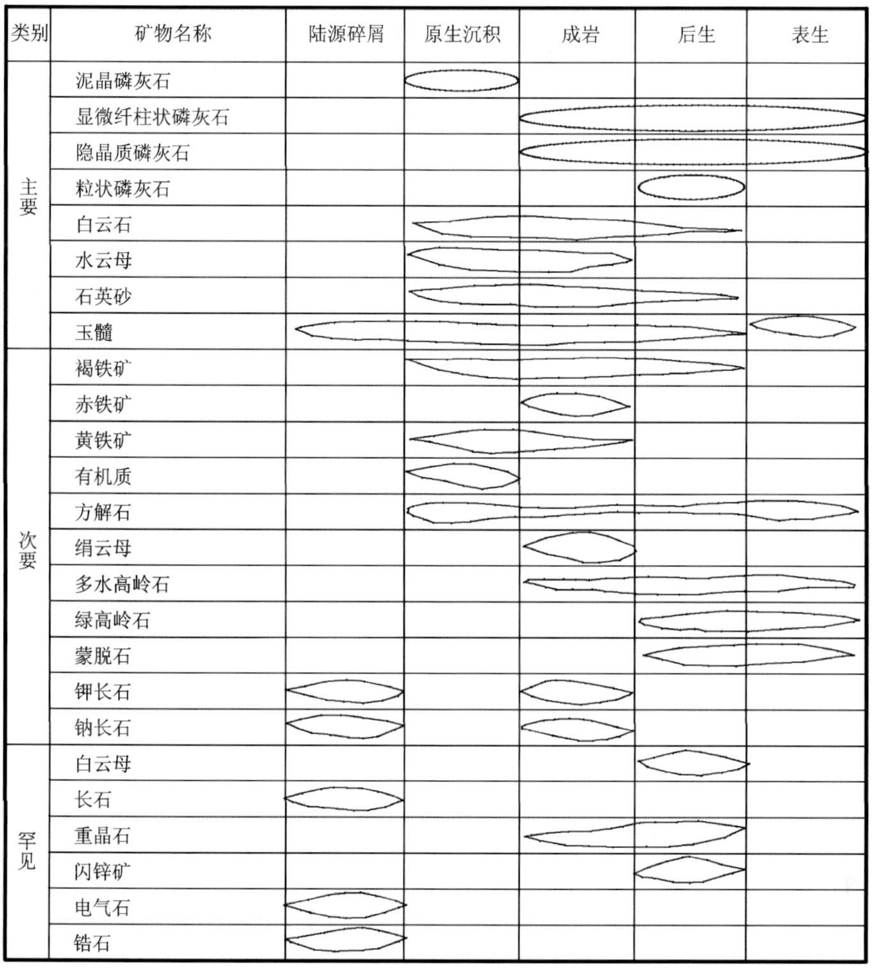

类别	矿物名称	陆源碎屑	原生沉积	成岩	后生	表生
主要	泥晶磷灰石		○			
	显微纤柱状磷灰石			○		
	隐晶质磷灰石			○		
	粒状磷灰石				○	
	白云石		○	○	○	
	水云母		○	○		
	石英砂		○			
	玉髓		○	○	○	○
次要	褐铁矿					○
	赤铁矿			○		
	黄铁矿		○	○		
	有机质		○			
	方解石		○	○	○	
	绢云母			○		
	多水高岭石			○	○	
	绿高岭石				○	
	蒙脱石				○	
	钾长石	○		○		
	钠长石	○		○		
罕见	白云母				○	
	长石	○				
	重晶石			○	○	
	闪锌矿				○	
	电气石	○				
	锆石	○				

图 3-34　磷块岩矿物组分及生成阶段(据肖蛟龙,2017)

二、磷块岩化学组分

(一)磷块岩的主要组分

区内磷块岩主要化学组分含量变化较大,依不同矿层结构、不同岩石类型而不同。从 P_2O_5 含量看,区内磷块岩大部分是低、中品级矿石,而富矿品级矿石所占比例较少。从各矿田来看,荆襄、宜昌与神农架磷矿田 P_2O_5 含量较高,而保康、鹤峰磷矿田 P_2O_5 含量较低。据统计,宜昌磷矿Ⅰ级品(P_2O_5 含量≥30%)占总量的 13%;Ⅱ级品(P_2O_5 含量 20%～30%)占总量的 33%;Ⅲ级品(P_2O_5 含量 12%～20%)占总量的 54%。另外,尚有很可观的低品位矿石(P_2O_5 含量 8%～12%),其资源量约为表内矿的 1/3(弱);荆襄磷矿,Ⅰ级品(P_2O_5 含量≥30%)占总量的 3%;Ⅱ级品(P_2O_5 含量 20%～30%)占总量的 35%;低品位矿石(P_2O_5 含量 12%～17.46%)占总量的 62%。

鄂西地区磷矿石主要组分见表 3-22,可以很清晰地看出,Ph_1 矿层 TiO_2、Al_2O_3、Fe_2O_3、K_2O

表 3-22 鄂西地区磷矿化学组分一览表

单位：%

矿区和矿石类型	元素名称											备注
	SiO_2	TiO_2	Al_2O_3	Fe_2O_3	MnO	MgO	CaO	Na_2O	K_2O	P_2O_5	LOI（烧失量）	总计
*鹤峰磷矿江坪河矿区含砂屑白云质磷块岩 Ph_4^1	6.38	0	0.29	0.23	0	8.73	41.67	0	0.21	10.74	31.39	99.64	带 * 者收集自《鄂西磷矿含磷岩系对比划分及成矿规律研究报告》（肖蛟龙等，2017），其他为本次采集分析所得
*鹤峰磷矿江坪河矿区硅化磷块岩 Ph_4^2	14.35	0	0.37	0.28	0	5.69	40.62	0	0.10	16.76	21.32	99.48	
*荆襄磷矿龙会山矿区云岩条带磷块岩 Ph_3	17.57	0.01	0.39	0.41	0.01	7.80	36.57	0	0.29	16.79	20.57	100.40	
宜昌磷矿麻坪矿区硅质胶结含炭砂屑磷块岩 Ph_2^3	33.98	0.10	0.33	0.96	0.01	0.49	34.43	0.35	0.44	24.17	3.24	98.50	
宜昌磷矿麻坪矿区白云质砂屑磷块岩 Ph_2^2	3.88	0.04	0.17	0.83	0.04	9.82	30.61	0.29	0.18	22.02	19.86	87.74	
宜昌磷矿杨家扁矿区条带状砂屑磷块岩 Ph_2^2	7.16	0.07	0.22	0.42	0.02	3.32	46.62	0.36	0.18	30.39	9.35	98.11	
*宜昌磷矿竹园沟-下坪矿区砂屑磷块岩 Ph_2^2	11.88	0.06	0.91	0.78	0.01	6.19	40.67	0	0.64	24.21	15.18	100.53	
宜昌磷矿杨家扁矿区砂屑磷块岩 Ph_2^1	5.05	0.10	0.53	0.86	0.02	1.54	49.78	0.50	0.29	33.83	5.54	98.03	

续表 3-22

矿区和矿石类型	元素名称											备注
	SiO_2	TiO_2	Al_2O_3	Fe_2O_3	MnO	MgO	CaO	Na_2O	K_2O	P_2O_5	LOI(烧失量)	总计	
*保康磷矿官家坪矿区角砾磷块岩 Ph_2	5.60	0	0.27	0.22	0	10.06	40.39	0	0.10	21.46	21.86	99.97	带*者收集自《鄂西磷矿含磷岩系对比划分及成矿规律研究报告》(肖姣龙等,2017),其他为本次采集分析所得
*宜昌磷矿杉树垭矿区砂屑磷块岩 Ph_1^3	10.50	0.15	2.20	2.84	0.02	0.38	46.09	0.32	0.34	32.69	4.09	99.61	
*荆襄磷矿龙会山矿区砂屑磷块岩 Ph_1^2	2.02	0	0.36	0.27	0	0.49	52.91	0.32	0.21	39.86	3.15	99.58	
*宜昌磷矿竹园沟—下坪矿区泥质条带磷块岩 Ph_1^3	16.11	0.14	3.02	1.23	0	2.51	39.18	0.40	1.94	26.07	8.96	99.57	
*荆襄磷矿龙会山矿区砂屑磷块岩 Ph_1^3	36.54	0.34	2.94	3.24	0.01	0.93	30.04	0	1.15	22.18	2.41	99.78	
宜昌磷矿瓦屋矿区砂屑磷块岩 Ph_2^{3-2}	7.41	0.15	1.06	0.71	0.01	0.86	48.23	0.45	0.71	34.31	3.42	97.32	

相对含量较高,这与其含泥质成分较高具有正比关系,而矿层品位变化与矿层结构、磷块岩的类型有直接关系。

(1)Ph_1矿层。主要分布于宜昌磷矿田、神农架磷矿田、荆襄磷矿田,该矿层含泥质成分较高,其 TiO_2、Al_2O_3、Fe_2O_3、K_2O 相对含量也较高,矿层品位变化与矿层结构、磷块岩的类型有直接关系,该层 SiO_2 含量较高系石英碎屑造成,与其他矿层中 SiO_2 来源有区别。本区 Ph_1 矿层主要有再积砂屑磷块岩、泥晶磷块岩、叠层石磷块岩、泥(页)岩条带磷块岩、云岩条带磷块岩等类型。在砂(砾)屑磷块岩中其砂(砾)屑成分主要有磷灰石、白云石、燧石、泥质岩碎屑等,其胶结物也有白云石、磷灰石等,仔细对磷灰石砂(砾)屑进行观察,其形态主要有自形晶—半自形晶磷灰石组成的集合体和先期形成的胶磷矿两种。对砂(砾)屑磷块岩砂(砾)屑的组成从大至小分为2个层次:①由磷质砾屑和磷酸盐胶结物组成;②由磷质微晶和雏晶组成。

由此推测砂(砾)屑磷块岩的成因可能与洋流上涌有关,其形成过程与由大到小的组成结构的2个层次相反,可以分为2个阶段:①第Ⅰ阶段,磷质晶体、微晶和雏晶颗粒形成阶段;②第Ⅱ阶段,砾屑磷块岩形成阶段。

第Ⅰ阶段:由于气候变暖或其他原因,海水发生对流,富含磷酸盐的深部海水由于洋流上涌作用,被带到陆棚区或盆地斜坡外(大陆坡),这样海水温度升高,海水中流体静压和二氧化碳分压强直降,在 pH 值和 Eh 值较高的环境条件下,溶液中磷酸盐浓度可能达到饱和并结晶析出。然而,由于近岸浅水区,水动力条件不稳定,或受其他因素的影响,海水中的 pH 值、Eh 值和水温随时间和地点的不同而有所变化,可能会影响到磷酸盐结晶析出,而在结晶析出条件较差时,结晶不完全,以磷质雏晶析出。

第Ⅱ阶段:即磷块岩的形成阶段,先期半固结形成磷块岩、白云岩等,被机械破碎形成砂(砾)屑(其中包括陆源碎屑物质、碳酸盐颗粒及其他物质),再次与胶结物结合,经压实、脱水、固结和硬化后形成砾屑磷块岩。这个阶段主要在成岩阶段逐渐完成。

(2)Ph_2矿层。广泛分布于宜昌磷矿田、荆襄磷矿田、保康磷矿田,是鄂西区内主要磷矿层,该矿层含泥质成分较少,其 TiO_2、Al_2O_3、K_2O 相对 Ph_1 含量低,矿石品位变化与矿层结构、磷块岩的类型有直接关系。本区 Ph_2 矿层主要有再积砂屑磷块岩、云质磷块岩、泥晶磷块岩、云岩条带磷块岩等类型,其主体岩性为白云质磷块岩,磷灰石形成也具有多期特点,形成磷灰石鲕粒,再与磷灰石、白云石等胶结物成岩,说明本矿层是一个长时间、多频次的海退-海侵形成环境。

(3)Ph_3矿层。位于陡山沱组王丰岗段底部,区内分布广泛,在荆襄磷矿田形成工业磷矿层,主要有砂(砾)屑磷块岩、云岩条带磷块岩、致密块状磷块岩、硅质磷块岩等类型。SiO_2 含量较高,主要受硅质团块和硅质层影响。该矿层以砂(砾)屑磷块岩为主,具有砂(砾)屑成分复杂、形成期次多的特点,说明其沉积水动力环境动荡,从而决定了本矿层仅在荆襄磷矿田的部分矿区富集。

(4)Ph_4矿层。位于陡山沱组白果园段上部,在宜昌磷矿田、荆襄磷矿田、鹤峰磷矿田均有分布,但仅在鹤峰形成工业矿体。本矿层在鹤峰地区可形成多个矿体,呈层状、似层状产出,磷块岩类型主要为硅质白云质磷块岩、云岩条带磷块岩、泥晶磷块岩等。该矿层烧失量含量较高,主要原因为 H_2O、CO_2 含量较高。鹤峰等地的矿层主要为硅质白云质磷块岩,矿层中含陆源碎屑物质较少,水动力环境较弱,结合岩相分析,反映了 Ph_4 矿层的成矿水深较前三矿层要深。

(二)磷块岩的微量元素与稀土元素

鄂西地区磷矿微量元素含量见表 3-23,从表中可以看出,区内微量元素含量较低,除部分磷块岩 Sr 元素大于中国地壳克拉克值,部分磷块岩极个别 Ba、Li、Be、Zn 元素大于地壳克拉克值外,其他均低于中国地壳克拉克值。从表中还可以看出,大多数元素的含量从 Ph_1→Ph_2→Ph_3→Ph_4 递减,推测主要原因是 Ph_1 泥质含量较高,具有较好的吸附性。

鄂西地区磷矿稀土元素含量及其特征见表 3-24、表 3-25,从表中可以看出,稀土元素总量($\Sigma REE+Y$)如下:Ph_1 矿层在 $(232.81\sim471.88)\times10^{-6}$ 之间,平均 352.34×10^{-6},相比 Ph_2 矿层$(54.02\sim396.97)\times10^{-6}$,平均 208.39×10^{-6},Ph_3 矿层 244×10^{-6},鹤峰 Ph_4 矿层$(49.82\sim128.83)\times10^{-6}$,平均 89.32×10^{-6},总体呈现由下向上稀土元素含量减少的趋势。这说明矿层稀土元素含量与矿层的类型相关,泥质成分含量高的 Ph_1 矿层的稀土元素相对富集,而 Ph_2 矿层、Ph_3 矿层、Ph_4 矿层相对泥质成分减少,含量降低,稀土元素配分模式图可以看出总体呈现左高右低的模式,属于偏碱性环境成因。而经 NASC(北美页岩)标准化处理后,微弱的 HREE 亏损和 MREE 富集的帽型配分形态见图 3-35。

$\Sigma Ce/\Sigma Y$:Ph_1 矿层在 $1.2\sim2.09$ 之间,平均 1.64,相对富集轻稀土,相比 Ph_2 矿层 $0.8\sim2.18$,平均 1.34,略微富集轻稀土,Ph_3 矿层 0.75,富集重稀土,与 1986 年第八地质大队数据有部分出入,鹤峰 Ph_4 矿层 $0.85\sim1.03$,平均 0.94,略微富集重稀土,总体呈现由下向上稀土元素含量减少的趋势。这同时说明泥质成分含量高的 Ph_1 的相对轻稀土富集,而 Ph_2、Ph_4 相对泥质成分减少,轻稀土富集现象减少。

La/Yb:Ph_1 矿层 $1.16\sim1.18$,平均 1.17;Ph_2 矿层 $0.71\sim2.63$,平均 1.37;Ph_3 矿层 0.66;Ph_4 矿层 $0.83\sim0.66$,平均 0.74。

Sm/Nd:Ph_1 矿层 $1.21\sim1.29$,平均 1.25;Ph_2 矿层 $1.07\sim1.36$,平均 1.25;Ph_3 矿层 1.41;Ph_4 矿层 $1.34\sim1.42$,平均 1.38。

$(La/Sm)_N$:Ph_1 矿层 $1.09\sim1.10$,平均 1.09;Ph_2 矿层 $1.11\sim1.32$,平均 1.19;Ph_3 矿层 1.13;Ph_4 矿层 $1.13\sim1.20$,平均 1.17。

$(Gd/Yb)_N$:Ph_1 矿层 $1.90\sim2.26$,平均 2.08;Ph_2 矿层 $1.85\sim3.52$,平均 2.38;Ph_3 矿层 1.97;Ph_4 矿层 $1.86\sim1.91$,平均 1.88。

δCe:Ph_1 矿层 $0.71\sim0.98$,平均 0.84;Ph_2 矿层 $0.71\sim0.88$,平均 0.77;Ph_3 矿层 0.71;Ph_4 矿层 $0.72\sim0.84$,平均 0.78。

δEu:Ph_1 矿层 $0.98\sim1.00$,平均 0.99;Ph_2 矿层 $0.95\sim1.12$,平均 1.03;Ph_3 矿层 0.93;Ph_4 矿层 $0.95\sim1.03$,平均 0.99。

表 3-23 鄂西地区磷矿微量元素含量一览表

单位：10^{-6}

矿区和矿层	Li	Be	Sc	V	Cr	Co	Ni	Cu	Zn	Ga	Rb	Sr	Y	Zr	Nb	Sn	Cs	Ba
荆襄磷矿龙会山矿区砂屑磷块岩 Ph_1	40.20	2.26	4.85	43.50	26.20	6.06	6.77	6.70	18.00	7.48	36.50	776	156	55.2	5.07	0.42	0.75	171
宜昌磷矿竹园沟-下坪泥晶磷块岩 Ph_1^3	7.54	1.29	5.63	24.30	22.90	5.82	10.60	27.50	183.00	4.52	21.00	609	49.7	52.5	4.30	0.42	0.64	451
荆襄磷矿龙会山矿区砂屑磷块岩 Ph_1^2	4.00	0.73	2.56	14.90	17.50	6.13	10.70	11.40	16.10	1.19	7.40	760	136	22.2	1.52	0.14	0.17	78
宜昌磷矿竹园沟-下坪砂屑磷块岩 Ph_1^2	9.42	1.30	1.98	13.80	36.60	3.07	6.02	6.28	32.00	3.44	8.51	645	109	48.3	2.83	0.21	0.31	199
宜昌磷矿竹园沟-下坪砂屑磷块岩 Ph_2^2	7.08	1.17	0.68	7.07	8.48	1.73	4.29	3.70	7.26	0.84	2.78	724	48	12.7	0.87	0.19	0.15	326
保康磷矿宫家坪矿区角砾磷块岩 Ph_2	2.18	0.31	0.90	10.20	7.90	1.47	4.15	13.2	93.40	1.18	4.74	153	28	14.7	0.93	0.17	0.19	96
保康磷矿宫家坪矿区硅质磷块岩 Ph_2	0.98	0.12	0.40	8.10	7.30	4.07	2.69	3.37	13.40	0.29	0.84	134	19	3.7	0.26	0.079	0.04	23
荆襄磷矿龙会山矿区砂屑磷块岩 Ph_3	4.04	0.53	1.15	9.42	18.20	3.85	5.74	2.55	12.90	0.79	3.36	583	105	11.1	0.96	0.10	0.07	39

续表 3-23

矿区和矿层	元素含量																			
	Li	Be	Sc	V	Cr	Co	Ni	Cu	Zn	Ga	Rb	Sr	Y	Zr	Nb	Sn	Cs	Ba
鹤峰磷矿 含砂屑泥晶磷块岩 Ph_4^1	1.52	0.15	0.75	3.86	10.80	2.62	3.89	1.84	26.40	0.35	1.62	972	18	8.2	0.54	0.17	0.06	90
鹤峰磷矿 硅化磷块岩 Ph_4^2	4.07	0.38	0.75	3.79	19.50	5.76	6.51	2.05	68.90	0.62	2.24	1041	50.60	11.50	0.85	0.12	0.33	183
宜昌磷矿 杨家扁矿区 砂屑磷块岩 Ph_2^1	10.40	0.77	4.10	14.10	20.40	6.30	10.20	8.60	31.80	2.00	4.80	802	26.40	22.00	1.80	0.31	0.34	165
宜昌磷矿 杨家扁矿区 条带状砂屑磷岩 Ph_2^2	7.30	0.81	3.60	11.00	8.00	4.40	9.60	3.50	24.30	1.00	2.00	914	31.60	11.10	1.10	0.33	0.09	124
宜昌磷矿 麻坪矿区 硅质胶结含炭砂屑磷岩 Ph_2^2	7.80	0.63	3.60	15.50	10.80	13.50	10.40	5.60	17.10	1.50	5.90	1131	35.10	13.70	1.40	2.06	0.12	670
宜昌磷矿 麻坪矿区 白云质砂屑磷块岩 Ph_2^2	5.50	0.48	3.90	17.20	13.30	4.70	10.00	6.20	15.70	1.00	2.90	763	59.90	11.80	1.00	0.42	0.08	453
宜昌磷矿 瓦屋矿区 砂屑磷块岩 Ph_2^{3-2}	8.70	0.84	4.50	14.90	15.20	4.10	11.40	11.60	19.40	2.90	11.70	973	31.50	36.30	3.10	0.56	0.59	2097
中国大陆岩石圈克拉克值（黎彤 1999）	17.60	1.96	11.60	59.30	17.20	51.30	12.40	38.80	72.40	14.10	60.40	275	11.30	77.40	15.40	2.77	4.31	243

表 3-24 鄂西地区磷矿稀土元素含量一览表

单位:10^{-6}

矿区和矿层	数据来源	La	Ce	Pr	Nd	Sm	Eu	Gd	Tb	Dy	Ho	Er	Tm	Yb	Lu	Y
荆襄磷矿龙会山矿区砂屑磷块岩 Ph_1	a	62.96	79.26	16.54	77.12	17.21	4.10	19.60	2.83	16.93	3.43	8.94	1.06	5.15	0.65	156.09
	b	1.97	1.09	2.09	2.34	3.02	3.31	3.76	3.32	2.92	3.30	2.63	2.12	1.66	1.35	5.78
宜昌磷矿竹园沟-下坪泥晶磷块岩 Ph_1^3	a	31.72	69.26	8.53	38.13	7.98	1.88	8.50	1.23	7.12	1.41	3.79	0.50	2.66	0.36	49.75
	b	0.99	0.95	1.08	1.16	1.40	1.52	1.63	1.44	1.23	1.36	1.12	1.00	0.86	0.74	1.84
荆襄磷矿龙会山矿区砂屑磷块岩 Ph_1^1	a	32.90	41.45	9.38	46.94	11.01	2.74	13.94	2.10	13.00	2.74	7.44	0.91	4.46	0.58	135.94
	b	1.03	0.57	1.19	1.42	1.93	2.21	2.68	2.47	2.24	2.63	2.19	1.81	1.44	1.20	5.03
宜昌磷矿竹园沟-下坪砂屑磷块岩 Ph_1^1	a	62.67	86.08	14.20	64.82	13.71	3.41	15.26	2.05	12.04	2.38	6.02	0.73	3.69	0.48	109.44
	b	1.96	1.18	1.80	1.96	2.41	2.75	2.93	2.42	2.08	2.29	1.77	1.47	1.19	1.01	4.05
宜昌磷矿竹园沟-下坪砂屑磷块岩 Ph_2^2	a	17.29	23.24	4.49	21.66	4.96	1.20	6.09	0.89	5.49	1.13	3.06	0.38	1.96	0.27	48.25
	b	0.54	0.32	0.57	0.66	0.87	0.96	1.17	1.05	0.95	1.09	0.90	0.76	0.63	0.57	1.79
保康磷矿莒家坪矿区角砾磷块岩 Ph_2^2	a	19.80	35.26	4.85	20.96	3.86	1.04	4.31	0.57	3.20	0.60	1.54	0.16	0.73	0.10	28.11
	b	0.62	0.48	0.61	0.64	0.68	0.84	0.83	0.67	0.55	0.58	0.45	0.33	0.23	0.22	1.04
保康磷矿莒家坪矿区硅质磷块岩 Ph_2	a	6.43	9.10	1.78	8.72	1.88	0.54	2.32	0.33	2.00	0.40	1.04	0.12	0.63	0.08	18.66
	b	0.20	0.12	0.23	0.26	0.33	0.44	0.45	0.39	0.34	0.38	0.31	0.24	0.20	0.16	0.69

续表 3-24

矿区和矿层	数据来源	元素含量														
		La	Ce	Pr	Nd	Sm	Eu	Gd	Tb	Dy	Ho	Er	Tm	Yb	Lu	Y
荆襄磷矿龙会山矿区砂屑磷块岩 Ph_3	a	23.0	29.0	6.90	35.0	8.53	2.10	11.2	1.64	10.0	2.13	5.71	0.69	3.36	0.44	105
	b	0.72	0.40	0.87	1.06	1.50	1.70	2.14	1.93	1.73	2.05	1.68	1.37	1.08	0.92	3.88
荆襄磷矿腰子山矿区砂屑磷块岩 Ph_3	a	29.08	39.63	2.13	41.45	9.51	2.39	11.3	1.74	10.17	1.97	4.93	0.6	2.73	0.33	80.77
	b	0.91	0.54	0.27	1.26	1.67	1.93	2.17	2.05	1.75	1.89	1.45	1.20	0.88	0.69	2.99
宜昌磷矿杨家扁矿区砂屑磷块岩 Ph_2^1	a	43.70	37.2	5.6	23.5	4.0	2.9	3.9	0.57	2.9	0.61	1.6	0.19	0.93	0.12	26.40
	b	1.37	0.51	0.71	0.71	0.70	2.34	0.75	0.67	0.50	0.59	0.47	0.38	0.30	0.25	0.98
宜昌磷矿杨家扁矿区条带状砂屑磷块岩 Ph_2^2	a	18.20	20.5	3.6	17.6	3.5	1.4	3.6	0.60	3.4	0.71	1.9	0.24	1.3	0.17	31.60
	b	0.57	0.28	0.46	0.53	0.61	1.13	0.69	0.71	0.59	0.68	0.56	0.48	0.43	0.35	1.17
宜昌磷矿麻坪矿区硅质胶结含碳砂屑磷块岩 Ph_2^3	a	30.50	32.2	5.5	22.9	4.5	1.3	4.3	0.71	3.7	0.74	2.1	0.25	1.2	0.18	35.10
	b	0.95	0.44	0.70	0.69	0.79	1.05	0.83	0.84	0.64	0.71	0.62	0.50	0.40	0.38	1.30
宜昌磷矿麻坪矿区白云质砂屑磷块岩 Ph_2^2	a	27.50	30.7	6.6	29.6	7.1	1.6	6.6	1.20	6.6	1.29	3.5	0.44	2.1	0.31	59.90
	b	0.86	0.42	0.84	0.90	1.25	1.29	1.27	1.41	1.14	1.24	1.03	0.88	0.68	0.65	2.22
宜昌磷矿兴山瓦屋矿区泥晶磷块岩 Ph_1^{3-2}	a	28.10	54.7	7.2	32.2	6.6	1.9	5.5	0.85	4.5	0.85	2.3	0.32	1.7	0.23	31.50
	b	0.88	0.75	0.91	0.98	1.16	1.53	1.06	1.00	0.78	0.82	0.68	0.64	0.55	0.48	1.17
NASC(1984)		32.00	73.00	7.90	33.00	5.70	1.24	5.21	0.85	5.80	1.04	3.40	0.50	3.10	0.48	27.00

注：表中 a 表示样品数据来源于 ICP-MS 测试数据，b 表示样品数据来源于 NASC（北美页岩）标准化数据。荆襄磷矿样品数据来源于湖北省地质局第八地质大队 1986 年资料，本次仅作参考。

表 3-25 鄂西地区磷矿稀土元素特征一览表

矿区和矿层	数据来源	元素特征											
		$LREE/10^{-6}$	$HREE/10^{-6}$	$\Sigma Ce/\Sigma Y$	$\Sigma REE/10^{-6}$	La/Yb	Sm/Nd	Eu/Sm	$(La/Sm)_N$	$(Gd/Yb)_N$	δCe	δEu	Y/Ho
荆襄磷矿˜龙会山矿区砂屑磷块岩 Ph_1	a	257.20	214.68	1.20	471.88								45.47
	b					1.18	1.29	1.10	0.65	2.26	0.71	0.98	
宜昌磷矿˜竹园沟-下坪泥晶磷块岩 Ph_2^3	a	157.50	75.31	2.09	232.81								35.23
	b					1.16	1.21	1.09	0.71	1.90	0.98	1.00	
荆襄磷矿˜龙会山矿区砂屑磷块岩 Ph_2^1	a	144.42	181.09	0.80	325.51								49.70
	b					0.71	1.36	1.14	0.53	1.86	0.71	0.96	
宜昌磷矿˜竹园沟-下坪砂屑磷块岩 Ph_2^2	a	244.89	152.08	1.61	396.97								46.05
	b					1.65	1.22	1.14	0.81	2.46	0.75	1.03	
宜昌磷矿˜竹园沟-下坪砂屑磷块岩 Ph_2^2	a	72.83	67.52	1.08	140.35								42.73
	b					0.85	1.32	1.11	0.62	1.85	0.74	0.95	
保康磷矿˜官家坪矿区角砾磷块岩 Ph_2	a	85.77	39.33	2.18	125.10								46.75
	b					2.63	1.07	1.24	0.91	3.52	0.88	1.11	
保康磷矿˜官家坪矿区硅质磷块岩 Ph_2	a	28.45	25.57	1.11	54.02								46.92
	b					1.00	1.25	1.32	0.61	2.21	0.77	1.12	
荆襄磷矿˜龙会山矿区砂屑磷块岩 Ph_3	a	104.50	139.99	0.75	244.49								49.27
	b					0.66	1.41	1.13	0.48	1.97	0.71	0.93	
NASC(1984)		152.84	47.38	3.23	200.22								25.96

注:表中 a 表示样品数据来源于 ICP-MS 测试数据,b 表示样品数据来源于 NASC(北美页岩)标准化数据。荆襄磷矿样品数据来源于湖北省地质局第八地质大队,1986 年资料,本次仅作参考。

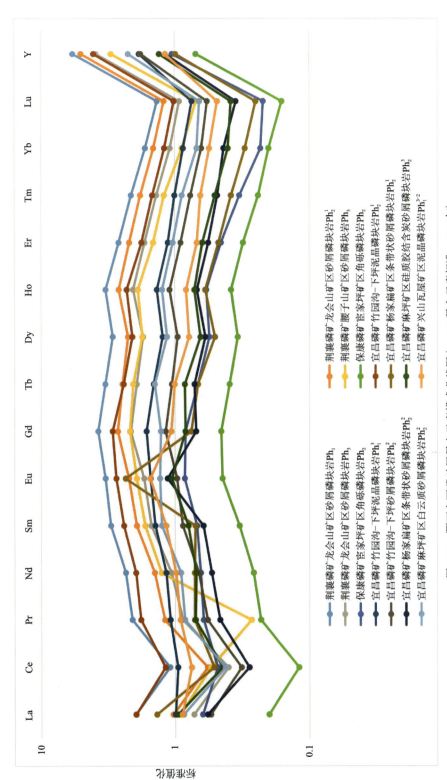

图 3-34 鄂西主要磷矿层稀土元素模式曲线图(NASC 稀土元素标准, 1984年)

Y/Ho：Ph$_1$ 矿层 35.23~45.47，平均 40.35；Ph$_2$ 矿层 42.73~49.70，平均 46.43；Ph$_3$ 矿层 49.27；Ph$_4$ 矿层 43.98~44.67，平均 44.33。

总体来说，鄂西地区磷矿稀土元素特征以轻稀土含量最高，中稀土次之，重稀土最低。这种分布可能与含磷层位有较高的砂泥质有关。而由下至上磷矿层稀土元素总量减少，说明随着时间推移，上部生物成因的磷灰石逐渐增多。全区 δEu 为 0.95~1.12，平均 1.01，处于正常状态，而 δCe 为 0.71~0.98，平均 0.79，说明整个磷块岩的沉积水体为相对缺氧条件，一是较封闭的沉积环境，二是气候由寒冷转为温暖，生物大量出现，生物活动造成局部水体为弱氧条件。Y/Ho 值均在 35.23~49.70 之间，接近现代海水 Y/Ho 值 44，表明陆源碎屑加入较少。综上所述，全区磷矿沉积环境处于一个相对缺氧的环境，由下至上磷矿层的成因中生物因素逐渐加入。

三、磷块岩类型

(一) 磷块岩矿石自然类型

本区磷块岩构造类型简单，脉石矿物成分单一，且相间有一定规律，其矿石自然类型划分与野外自然分层近似一致，由下而上分为夹泥质条带磷块岩、致密条带状磷块岩、夹白云质条带磷块岩及硅化砂砾屑磷块岩 4 类（表 3-26）。

表 3-26　鄂西地区磷矿磷块岩自然类型一览表

矿石自然类型	组分	P$_2$O$_5$ 品位/%	层位	分布范围
硅化砂砾屑磷块岩	由硅化条带状砂、砾屑磷块岩、核形石磷块岩、泥晶磷块岩组成	12~35	Ph$_1$、Ph$_2$、Ph$_3$、Ph$_4$	鄂西磷矿全区
夹白云质条带磷块岩	泥晶砂屑磷块岩条带和白云岩条带（或团块）互层相间组成	9~28	Ph$_1$、Ph$_2$、Ph$_3$、Ph$_4$	鄂西磷矿全区
致密条带状磷块岩	泥晶磷块岩、泥晶砂屑磷块岩、亮晶砂屑磷块岩、砂砾屑磷块岩等条带（或透镜体）呈韵律叠置而成，夹少量云质、泥质条纹	28~36	Ph$_1$、Ph$_2$	鄂西磷矿全区，主要分布在宜昌磷矿、神农架磷矿、荆襄磷矿
夹泥质条带磷块岩	泥晶磷块岩、砂屑磷块岩、砂屑泥晶磷块岩条带（或透镜体）与泥质条带相间组成	12~28	Ph$_1$	遍布宜昌磷矿、荆襄磷矿

(1) 夹泥质条带磷块岩。遍布宜昌磷矿、荆襄磷矿的 Ph$_1$ 矿层中，由泥晶磷块岩、砂屑磷块岩、砂屑泥晶磷块岩条带（或透镜体）与泥质条带相间组成。条带常为波状起伏，磷条带一般宽几毫米到 2cm，泥质条带宽为 0.5~3cm。磷条带占 25%~70%，矿石 P$_2$O$_5$ 品位 12%~28%，平均 16%~17%。

(2) 致密条带状磷块岩。主要分布在宜昌磷矿、神农架磷矿、荆襄磷矿的 Ph$_1$、Ph$_2$ 矿层中,为泥晶磷块岩、泥晶砂屑磷块岩、亮晶砂屑磷块岩、砂砾屑磷块岩等条带(或透镜体)呈韵律叠置而成,磷条带宽 0.5~2cm,大者可达 5cm,条带间有夹泥质或云质条纹。脉石矿物含量一般小于 20%,矿石 P_2O_5 品位多在 28% 以上。

(3)夹白云质条带磷块岩。鄂西磷矿全区 Ph_1、Ph_2、Ph_3、Ph_4 矿层常见,多由泥晶砂屑磷块岩条带和白云岩条带(或团块)互层相间组成,磷条带宽 1~5cm,见分叉复合现象;白云岩条带主要为亮晶砂屑结构,宽从 1cm 到 13cm 不等。两种条带相间形态都呈不规则断续延伸,其中磷条带占 35%~65%,矿石 P_2O_5 品位 9%~28%,平均 17%~19%。

(4)硅化砂砾屑磷块岩。鄂西磷矿全区 Ph_1、Ph_2、Ph_3、Ph_4 矿层常见,由硅化条带状砂砾屑磷块岩、泥晶磷块岩组成。条带一般宽 0.3~2cm,均为后期不均匀状硅质所交代,进而使磷质降低,硅质成分增加,脉石矿物除微量黏土、白云石外,以石英为主,含量为 15%~40%,矿石矿物含量则在 60%~85% 之间,P_2O_5 品位 12%~35%,平均 20%。

(二)磷块岩结构-成因类型

磷块岩的结构构造可以反映磷块岩的成因类型,区内磷块岩结构、成因类型多种多样,大体有化学、生物化学、盆内颗粒再沉积、后生交代等成因类型,以生物化学作用及盆内颗粒再沉积(同期或准同期)成因类型为主。

区内磷块岩按直接形成的原因及形态分成四大类:①粒屑磷块岩,包括内碎屑(砂屑、砾屑、砂砾屑)、核形石、鲕(豆)粒磷块岩等;②生物化学沉积磷块岩,包括层纹石磷块岩、叠层石磷块岩;③化学沉积磷块岩,以泥晶磷块岩为主;④部分受交代磷块岩,前述各类磷块岩被后期硅化形成硅化磷块岩,如硅化粒屑磷块岩等。

在粒屑磷块岩中先根据粒屑的百分含量划分成 4 个等级,即≥75%、75%~50%、50%~25%、<25%,而粒屑含量小于或等于 25% 时可忽略不计,当作化学岩处理。这样填隙物的含量在划定粒屑界线的前提下也被相应确定了,就宜昌磷矿所见矿石类型,一般亮晶胶结物小于或等于 25%,亮晶成分多为磷灰石、白云石;填隙物在 25%~50% 之间,则多为黏土基质和泥晶磷灰石所充填;填隙物在 50%~75% 之间,则主要由泥晶磷灰石和少量黏土基质组成。

在分类定名中又依次列为云亮晶×××磷块岩、磷亮晶×××磷块岩、泥基×××磷块岩、云基×××基岩、磷基×××磷块岩,其中磷亮晶、磷基在实际运用时仅称为亮晶、泥晶,如磷亮晶砂屑磷块岩、磷基粒屑磷块岩,称为亮晶砂屑磷块岩、泥晶砂屑磷块岩等。

根据上述划分原则,孟祥化教授磷块岩结构-成因分类,将鄂西磷矿结构、成因分类分为 16 亚类如表 3-27 所示。

表中成分排列是含量少者在前、多者在后,为了简单明了,众多的过渡类型都未表示,现将本区常见的主要类型特点分述如下。

1. 泥晶磷块岩

泥晶结构磷块岩是本区主要结构类型之一,也是 Ph_1、Ph_2 磷层最重要的组分之一。泥晶磷块岩极少单独构成矿体,常是呈宽 0.1~2cm 的条(纹)带与云质、泥质及其他结构类型的磷条带相间组成不同类型的条带状磷块岩。

表 3-27　鄂西地区陡山沱组海相磷块岩结构-成因分类表

粒屑百分数	主要填隙 含量	主要填隙 成分	经过波浪及流水搬运、沉积的（异地的）磷块岩							原地生成的磷块岩		交代残余磷块岩
			磨蚀粒屑	加积-凝聚粒屑				化学、生物化学或物理粒化		化学或生物化学形成的凝胶结构	由有机质黏结形成的藻黏结构	
			内碎屑（砾屑、砂屑）	团（球）粒	包粒（核形石、豆粒）	团块	壳粒	变形粒（凝粒、凝块）	3种以上粒屑的混杂物			
≥75%	亮晶<25%，泥晶≤25%	白云石	云亮晶砾屑磷块岩	亮晶团粒磷块岩	亮晶豆粒核形石磷块岩	亮晶团块磷块岩						硅化粒屑磷块岩：硅化砂屑磷块岩、硅化泥屑含砾砂屑磷块岩、硅化云基砂屑砾屑磷块岩、硅化云基豆、砾磷块岩
			亮晶内碎屑磷块岩									
		磷灰石	亮晶砾屑磷块岩									
			亮含砾砂屑磷块岩									
75%~50%	泥晶25%~50%	白云石	云基含砾砂屑磷块岩									
			云基砾屑磷块岩									
		泥质	泥基砂屑磷块岩								层纹石磷块岩	
			泥基砾屑磷块岩									
			泥晶内碎屑磷块岩									
		磷灰石	泥晶砂屑磷块岩	泥晶团粒磷块岩	泥晶核形石豆粒磷块岩	泥晶团块磷块岩	泥晶壳粒磷块岩	泥晶变形粒磷块岩	泥晶粒屑磷块岩		叠层石（藻）磷块岩	
			泥晶砾屑磷块岩									
			泥晶豆粒屑磷块岩									

续表 3-27

| 粒屑百分数 | 主要填隙 | | 磨蚀粒屑 | 经过波浪及流水搬运、沉积的(异地的)磷块岩 | | | | 化学、生物化学或物理粒化 | 3种以上粒屑的混杂物 | 原地生成的磷块岩 | | 交代残余磷块岩 |
| | 含量 | 成分 | 内碎屑(砾屑、砂屑) | 加积-凝聚粒屑 | | | | 变形粒(凝粒、凝块) | | 化学或生物化学形成的凝胶结构 | 由有机质黏结形成的藻黏结结构 | |
				团(球)粒	包粒(核形石、豆粒)	团块	壳粒					
50%~25%	泥晶 50%~75%	泥质	砂屑泥基磷块岩									
		磷灰石	内碎屑泥晶磷块岩	团粒砂屑磷块岩	核形石泥晶磷块岩		壳粒泥晶磷块岩	变形粒泥晶磷块岩	粒屑泥晶磷块岩			
<25%	泥晶>75%	磷灰石	含内碎屑泥晶磷块岩	含团粒泥晶磷块岩	含核形石泥晶磷块岩		含壳粒泥晶磷块岩	含变形粒泥晶磷块岩	含粒屑泥晶磷块岩	凝胶(泥晶)磷块岩		

泥晶磷块岩在相对安定、水体近于静止环境中沉积，并在该环境中得以保存，这与其基本组分泥晶磷灰石富含黄铁矿、有机质相适应，形成于浪底面之下或平潮期潮间低能带环境中。

2. 泥晶砂屑磷块岩

泥晶砂屑磷块岩砂屑颗粒含量在 50%～75% 之间，砂屑成分为泥晶磷块岩，其形态多呈浑圆、椭圆、次圆等，酷似假鲕，粒径 0.15～0.8mm，少数不及 0.1mm，或可达 1.8mm，砂屑颗粒长轴多顺层分布，颗粒间则为泥晶磷灰石（或有少量黏土混入）呈基底式或孔隙式充填胶结。

泥晶砂屑磷块岩是区内磷块岩重要的结构-成因类型之一，常组成条带（条纹）与其他组构类型磷条带或其他成分（白云石、黏土）条带相间，很少单独构成矿层。

泥晶砂屑磷块岩包括前人习称的砂屑磷块岩，是假鲕状磷块岩的绝大部分。

3. 砂屑泥晶磷块岩

砂屑泥晶磷块岩是磷质砂屑颗粒散布在以泥晶磷灰石为主的基质上的一种类型，磷砂屑含量在 25%～50% 之间，多呈圆—椭圆状，由泥晶磷灰石组成，基质为泥晶磷灰石局部含微量黏土质及有机质。

砂屑泥晶磷块岩亦是本区重要成因类型之一，在 Ph_1^{3-1} 矿层中呈条带与泥晶磷块岩及泥晶砂屑磷块岩条带相间。

4. 泥晶砂、砾屑磷块岩

砾石成分主要由泥晶磷块岩、泥晶砂屑磷块岩等组成，多呈圆状、椭圆状及竹叶状，砾石大小在 (0.2cm×0.5cm)～(0.7cm×3.5cm) 之间，砾石长轴常具明显的定向排列。砾间填隙物主要由磷砂屑及泥晶磷灰石组成，其间常含有少量长石、石英砂，并与磷砾屑呈基底式胶结，其中砂、砾屑含量为 50%～75%（砾屑＞砂屑），基质占 25%～50%。按照砾屑与砂屑、填隙物等的含量变化，泥晶砂、砾屑磷块岩可进一步划分成泥晶含砾砂屑磷块岩、砂砾屑泥晶磷块岩等。

泥晶砂、砾屑磷块岩主要见于 Ph_1^3 富矿层中，呈小透镜状及条带状产出，成层极不稳定。

5. 泥晶豆、砾屑磷块岩

粒屑由磷质豆粒、砾屑、少量砂屑及鲕粒组成（砂屑、鲕粒含量少呈充填物）。颗粒含量为 50%～75%，其中，豆粒一般呈扁圆状，粒径 2～3mm，具同心环带构造，环带多由有机质渲染及结晶程度不同而表现出来。砾屑多为椭圆状，砾径 2～4mm，长轴多顺层分布，成分由泥晶磷块岩、泥晶砂屑磷块岩构成。

豆粒及砾屑混杂组成较粗大的颗粒，颗粒间的填隙物主要以泥晶磷灰石为主，含少量砂屑、鲕粒，并以孔隙式胶结为主。

泥晶豆、砾屑磷块岩为 Ph_2 矿层的重要组构之一，且往往遭受后期硅化而变成硅质磷块岩，但始终保持着原来粒屑形态不变。

6. 亮晶砂屑磷块岩

砂屑颗粒含量大于或等于75%，成分主要由泥晶磷灰石组成，偶尔可见磷质核形石，鲕粒及叠层石碎屑和少量的长石、石英碎屑，砂屑磨圆度好，多为滚圆—椭圆状，粒径小者小于0.4mm，大者可达1.2mm，一般在0.4～0.6mm之间。颗粒间则由亮晶磷灰石呈孔隙式胶结。亮晶胶结物常绕颗粒边缘呈薄壳式胶结，并且仅具一个世代的特点。

亮晶砂屑磷块岩常呈细的条带（纹）产出，与其他结构的磷条带交互出现，但这种条带为数不多，分布局限，多见于Ph_1^{3-2}矿层中，是能量较高、淘洗较充分的产物。

7. 亮晶含砾砂屑磷块岩

粒屑总量大于75%，以磷砂屑为主（特点如上述），砂屑次之（总量<25%），含少量磷鲕粒，砂、砾屑成分均由泥晶磷灰石组成，砾屑呈次圆状、椭圆状，粒径一般大于2mm，与砂屑常明显地分为大小两群。胶结物由亮晶磷灰石（<25%）组成，常绕砂砾屑颗粒边缘呈薄壳或栉亮状胶结，一般仅具一个世代特点。

亮晶含砾砂屑磷块岩多见于Ph_2矿层，Ph_1^3富矿中亦偶见及，属高能带产物。

8. 云亮晶砾屑磷块岩

粒屑含量达80%，以磷砾屑为主，亦有部分白云岩的砾石，砾间尚见少量磷砂屑颗粒，砾径一般在1～4cm之间，呈滚圆状、椭圆状及部分竹叶状，磷砾屑由泥晶磷块岩、泥基砂屑磷块岩组成，云砾屑则主要由砂屑云岩组成，胶结物多为白云石，含少量磷砂屑，因细晶化作用，胶结物白云石与云砾屑往往由于重结晶边界不甚明显。

云亮晶砾屑磷块岩分布局限，仅于Ph_1^3上部白云质磷块岩中局部可见，并常见较大的冲刷面及交错层以及锐角对称波痕等，表明其形成于较典型的高能环境。

9. 泥基砾屑磷块岩

粒屑含量50%～75%，以砾屑为主，含少量磷砂屑及长石、石英岩屑，砾屑成分由泥晶磷块岩、泥基砂屑磷块岩组成，多呈圆状、椭圆状、次圆状及竹叶状，砾径0.25～8cm，砾石长轴均顺层分布，砾间则由含少量磷砂屑和极少量陆源碎屑的泥晶状钾长石、水云母等黏土矿物呈基底式胶结。

泥基砾屑磷块岩多呈小透镜状或条带状分布于Ph_1^3富矿层中，同时在Ph_1^3矿层下部泥质磷块岩中亦较常见。

泥基砾屑磷块岩中的磷砾石尤以具泥基砂屑结构的砾石为主，常见清楚磨蚀现象，且磨圆度较好，表明其不仅具有多世代的特点，而且沉积介质能量较高、较稳定，砾屑与泥质的混杂沉积说明能量通变偏低。

10. 泥基砂屑磷块岩

砂屑含量50%～75%，其成分为泥晶磷块岩，砂屑多呈滚圆状、椭圆状，少数为次棱角状，粒径以 0.2~0.4mm 居多，少数小于 0.2mm，或达 1mm 以上，砂屑颗粒间为水云母、泥晶状钾长石等泥质呈基底式胶结，局部为孔隙式胶结。

泥基砂屑磷块岩是 Ph_1^3 下部泥质条带状磷块岩的主要组成部分之一，常与泥质条带相同，在磷砂屑颗粒含量少难以集中成条带时，多分散于泥（页）岩中。

11. 云基（含）砾砂屑磷块岩

粒屑含量 50%~75%，粒屑主要以磷砂屑为主，其次为具泥晶砂屑结构的磷矿石（<15%），砂屑一般以次圆状、椭圆状为主，粒径在 0.2~0.4mm 之间，砾屑则以次圆状为主，砾径大于 2mm，粒屑间填隙物主要为泥晶白云石，且大多具粉晶化特点，胶结形式则以基底式充填胶结为主。

云基（含）砾砂屑磷块岩多呈条带状分布于 Ph_1^{3-3} 夹白云质条带磷块岩中，该类型磷块岩还具有不同成分的物质各自相对集中呈条的特点。

12. 云亮晶豆状核形石磷块岩

云亮晶豆状核形石磷块岩为本区 Ph_4 含磷层特有的结构类型。粒屑以核形石为主，成分则由隐晶质石英及泥晶磷灰石组成，其粒径一般在 2~8mm 之间，外形呈豆状，具不规则的同心环带构造，环带中尚见藻丝体；粒晶由亮晶白云石胶结，局部亦可由隐晶—微晶石英胶结或泥晶白云石（后期粉晶化）胶结。

该类型磷块岩在区内常呈透镜状或条带状分布于白云岩中，一般厚 0.1~1.72m，P_2O_5 含量变化大，在 1.02%~27.32% 之间，无工业价值，但因结构特殊、分布较普遍且层位稳定构成良好的对比标志层。

13. 含砂屑鲕粒泥基磷块岩

颗粒含量 40%~50%，由鲕粒和砂屑组成。砂屑及鲕粒外观均呈圆状、椭圆状，粒径 0.2~0.4mm，基本成分均为泥晶磷灰石，其中鲕粒具圈层构造，一般可见 3~8 个层圈，并不同程度受有机质渲染，鲕粒最大可达 1.5mm，其种类较多，常见有正常鲕、薄皮鲕、偏心鲕、放射鲕等，以薄皮鲕为主。粒屑分选性差，排列杂乱，由水云母黏土及泥晶状钾长石呈基底式充填胶结。

含砂屑鲕粒泥基磷块岩为 Ph_1^2 及 Ph_1^3 矿层下部主要矿体组分，常见条带与水云母黏土条带磷块岩。

14. 砂屑泥基磷块岩

砂屑泥基磷块岩是磷砂屑比较少时，砂屑不集中成条带分散在黏土质基底中形成的，磷砂屑含量在 30%~40% 之间，多为圆状、椭圆状，外形较均一，粒径一般为 0.2~1mm，磷颗粒本身均为泥晶磷灰石，磷砂屑颗粒少时则向含磷页岩过渡，基质以水云母黏土为主，泥晶状钾长石次之，基质中常含少量黄铁矿。

该类型磷块岩分布局限且不常见，主要在 Ph_1^2 及 Ph_1^{3-1} 矿层底部的局部地段见及。

15. 核形石泥基磷块岩

核形石颗粒含量在50%左右,一般粒径为0.2~0.6mm,多呈椭圆状,具不规则的同心环带构造,环带层圈一般为2~4个,且宽窄不一,宽的层圈中可见磷颗粒及少量陆源屑;窄的普遍结晶较细,核形石中普遍可见藻丝体及有机质渲染,外壳常见黑色暗化边,暗化边藻丝缠绕极为明显。核形石颗粒由水云母黏土矿物及泥晶状钾长石呈基底式胶结,胶结物含量50%~60%。

核形石泥基磷块岩主要分布在斜坡相带中(晓峰 Ph_1^3 下部),核形石本身层圈少且与泥质共生,因此形成时介质能量不高。

16. 层纹石磷块岩

由泥晶磷灰石纹层与磷粒屑纹层相间反复叠加而成,宏观上纹理以平直平行为主,波状平行纹理次之,泥晶纹层宽小于1mm,磷粒屑纹层宽小于3mm,二者之比为(1:8)~(1:10);后者本身因粒屑大小,填隙疏密不同亦可显纹层构造,其中偶然可见残留的微古化石,而普遍可见的暗色有机质包裹粒屑或藻丝体缠绕颗粒显示生物参与作用的特点。

层纹石磷块岩区内分布不普遍,多见于 Ph_1^{3-2} 矿层上部。

17. 叠层石磷块岩

由暗色富藻泥晶磷灰石纹层和浅色富屑(磷粒屑)纹层反复叠置而成,暗色富藻纹层宽小于1mm,多由藻丝体、泥晶磷灰石及少量有机质组成,浅色富屑纹层宽1~3mm,主要以0.02~0.5mm粒径的磷砂屑为主,见少量核形石、藻丝体及微量陆源屑。二者之比约为(1:5)~(1:10),其间局部含少量云质、泥质细小条纹及微量星点状黄铁矿。二者经反复叠加构成形态多样的叠层石磷块岩,常见有水平状、波状、集云状、半球状、柱状等。

叠层石磷块岩主要见于 Ph_1^{3-2} 富矿层顶部或上过渡带中,分布不稳定,多呈孤立个体产出,局部地段(树腔坪、徐家坪)由水平波状叠层石与柱状叠层石相间可构成"斑礁"。另外,Ph_1^1 矿层中零星见短柱状叠层石大多已硅化。

18. 硅化粒屑磷块岩

硅化粒屑磷块岩为 Ph_2 矿层的主要类型,亦是泥晶含砾砂屑磷块岩、泥晶砂屑磷块岩、云基砂屑鲕粒磷块岩及云基豆砾屑磷块岩等后期硅质(石英)交代的总称,主要表现为石英有明显交代磷酸盐矿物并保留原生结构的特点。

第四章　研究区陡山沱期岩相古地理

第一节　古地理概况

一、古地理

本区处在古扬子板块北缘与华北板块接合部位,从地质演化特征看,古扬子板块属被动大陆环境,受到东古太平洋、甘青藏洋板块和华北板块的共同作用,其古大陆边缘形成一系列的岛弧,残余岛弧及弧后拗陷组合形成扬子地区的正、负相间的古构造格局,这其中包括扬子板块北西缘断续出露的宝兴、汉南、武当、大洪山、淮阳古陆(岛)和北淮阳北秦岭活动带,以及北淮阳深断裂和桐柏-新洲大断裂,古扬子板块南、东缘则依次出露的武陵-黔中褶断隆起、鄂湘黔褶断拗陷、江南褶断隆起、南华弧后拗陷、南华残余岛弧,以及西缘有康滇残余岛弧。上述古岛和隆起与拗陷对陡山沱期沉积基底古地形地貌具有十分重要的控制作用。鄂西聚磷区主要为陆表海,北邻武当古岛,东邻大洪山、淮阳古陆(岛),其间分布有规模不等的水下隆起,包括神农架、梨花坪、黄陵、荆襄水下隆起,它们在本区构成天然障壁,形成半封闭台地的内海或海湾环境。从陡山沱组的沉积厚度及沉积建造看(图4-1),保康磷矿田陡山沱组厚度变化很大,神农架、宜昌磷矿田厚度变化很小,但是总体厚度在70~140m之间,而晓峰或长阳以南地区的沉积厚度则明显增大(200~439.33m),并且沉积厚度是由北向南呈现逐渐增厚的态势,反映南部地区沉降幅度明显大于北部地区(保康-宜昌),说明二者属不同的沉积环境。磷块岩沉积区无论是岩石组合、生物组合,还是岩相特点,主要反映出潮间带、潮下高能或潮下潟湖的浅水沉积特征,磷块岩富集环境主要是浅海氧化界面以上的高位体系域。从基底类型及古构造看,鄂西聚磷区古地貌与古地理受黄陵结晶基底和神农架褶皱基底控制十分明显,区内主要构造线方向具有继承性特点。古断裂活动对沉积区地貌和地形影响不可忽略。研究区由北向南依次排列的阳日湾、新华、高岚、樟村坪、雾渡河、板仓河和天阳坪古断裂,控制基底地形地貌由北向南梯度式降低。古基底拗陷和隆起是磷矿沉积区的主要样式。由于鄂西地区基底类型南北的差异,南部沉降速度明显大于北部。这与华南板块活动性质有关。黄陵结晶基底主要表现为稳定地块性质,但早期北西向、近东西向和北东向褶皱或隆起,以及结晶基底断裂形成的微板块相对升降运动,构成了本区次级隆坳相间的古地貌和高低不平的地形。它们随时间演化而发生迁移,对磷矿沉积与富集产生很大影响,其中包括肖家河隆起、唐家营隆起和白竹凹陷、孙家墩凹陷、樟村坪凹陷。这些隆起与凹陷规模不大,呈北东向延长,但隆、拗带总体呈北西向分布,并控制磷块岩沉积相带的分布。因此本区古地形总体表现为北高南低、西高东低的古地貌轮廓。

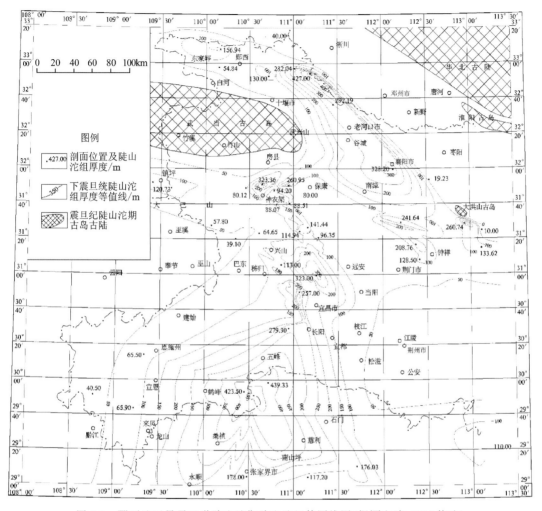

图 4-1 鄂西地区早震旦世陡山沱期陡山沱组等厚线图(据谭文清,2012 修改)

二、古气候

南沱期属全球性冰期之一,气候寒冷,这是目前公认的事实。形成这种气候有多种原因,并不能简单地解释为高纬度(极地冰川)或高地形(大陆高山冰川)。从南沱冰碛岩层广泛分布这一现象分析,主要原因是全球周期气候场变化。至陡山沱期,"雪球地球"开始消融,全球气候已逐渐由寒转暖,表现在:①白云岩沉积大量出现,且局部与下伏(冰期沉积物)纹层状粉砂质黏土岩渐变过渡;②早期沉积白云岩中可见少量"悬浮"成因的"漂砾";③有陆源碎屑物掺合,且易风化钾长石细碎屑量偏大;④沉积物中断续见有石膏、重晶石、天青石等膏盐类矿物。这些都说明了陡山沱期气候不仅温暖,而且干燥。对比现代气候环境,造成这种既温暖又干燥的气候条件只可能是在受季风影响的海岸带。

根据朱鸿等众多研究者的资料（表4-1），华南南沱期在北纬18°左右，而陡山沱期则在北纬10°左右，灯影组在北纬25°左右。湖北省鄂西地质大队在宜昌磷矿树崆坪、樟村坪、桃坪河3个矿区5个采样点上采集磷块岩（Ph_1^{3-2}富矿层）古地磁样品17块，共68个小样，分析结果如下：树崆坪矿区古纬度24.01°（N），樟村坪矿区古纬度17.70°—2.50°（N），桃坪河矿区古纬度－3.56°——15.29°（S）。另外，湖北省地质局第八地质大队在钟祥大峪口陡山沱组Ph_1磷层和钟祥放马山陡山沱组Ph_3磷层采样测试，其古纬度分别为13.9°（N）、－22.40°（S），这与扬子地区其他成磷区基本相同。总的来看，古纬度数据比较集中，都表明新元古代末期鄂西地区处于北纬低纬度区域，南沱冰期后则处于北半球热带-温带气候环境。本区震旦纪，特别是陡山沱初期磷质沉积处于中低纬度。

表4-1 研究区及附近南华纪、震旦纪地层古纬度数值表

采样地区	采样点位置		采样地层	古纬度	平均值	资料来源
	东经/(°)	北纬/(°)				
湖南石门	110.80	29.90	南沱组	19.90		朱鸿,1986
湖南石门	110.80	29.90	南沱组	12.30		朱鸿,1986
湖北长阳	110.20	30.60	大塘坡组	28.50		朱鸿,1985
湖北峡东	111.20	30.80	南沱组	25.20		张惠民等,1983
湖北神农架	110.24	31.46	南沱组	9.78		张惠民等,1985
湖北神农架	110.24	31.46	古城组	0.92	18.29	张惠民等,1985
湖北神农架	110.24	31.46	大塘坡组	28.10		张惠民等,1985
湖北神农架			南沱组	21.86		
湖北峡东			南沱组	19.60		
湖北神农架			莲沱组	9.78		
湖北峡东			莲沱组	25.20		湖北省地质科学研究院孟宪鋆整理提供,1990
湖北神农架			陡山沱组	11.65	10.63	
湖北峡东			陡山沱组	9.60		
湖北神农架			灯影组	22.44		
湖北峡东			灯影组	9.70	24.80	
峡东天柱山			灯影组	23.40		
湖北荆襄			灯影组	43.64		

三、海侵方向

现代海洋学研究表明，南、北两极冰川是控制全球洋流系统的重要条件。洋流运动实际是由暖流与寒流对流形成的。洋流系统由两部分构成：一部分是全球性的，受全球一级构造体系和地形地貌单元、气候分带控制；另一部分受局部性的次级构造体系和地形地貌单元、气

候分带控制。纵观扬子地区的地质演化历史,南华纪时期有两次间冰期,该冰期不仅影响到中国南方地区,而且涵盖全球其他地区,近几年许多学者提出"雪球"新概念,认为南华纪南沱期整个地球被冰川封冻。这种认识虽然还缺少更多的证据,但目前研究的成果表明,扬子地区南沱组的冰碛岩普遍存在,说明该地区冰川作用影响范围很大。鄂西聚磷区和其他相邻地区震旦系和南华系古纬度测试结果表明,鄂西聚磷区处在中低纬度地带,与扬子成磷区其他矿带基本一致,反映成磷期洋流达到聚磷区具有相似的时间点和纬度带。扬子地区古海洋环境受到岛弧、残余岛弧及弧后拗陷的控制,形成了不同的古地理单元,其中包括我国南方的鄂黔海槽、湘桂海槽、浙赣海槽和神农架-钟祥台地、武陵台地、黔中台地、雪峰台地、鄱阳台地,这些古地理单元使扬子地区洋流系形成分流、合流的运动特点,特别是台地内部隆起和凹陷的微地貌变化,使得洋流海侵达到沉积区的时间点和动力条件发生分带现象,致使磷块岩的层序结构、生物组合等诸多方面不同。例如,台地区陡山沱组普遍存在冲刷或部分缺失,在鄂西北西缘断续见有陡山沱组沉积缺失区,呈现陡山沱组由南往北依次超覆沉积在南沱组、神农架群或崆岭群之上,而海槽沉积厚度巨大,连续沉积,并有火山沉积或海底热流沉积特点;陡山沱组生物群由南东向北西表现为以浮游球状体为主到以底栖丝状体为主等生物-沉积构造的不同分区,表明了海水南深北浅变化,海浪主要由南向北涌进。从陡山沱组岩性组合特征方面看,北西以陆源碎屑岩沉积为主,南东则以碳酸盐岩沉积物为主,且剖面上也大体按这一变化(比例)由南东向北西递增。从上述证据可以认为,早震旦世气候由寒转为温暖,大陆冰川融化的水是海水主要来源,冰川融化起始点是中低纬度带,随着温带范围向南北两极高纬度扩大,大规模的较高密度冰水下沉,在古太平洋及其海槽形成上升暖流—海侵。海侵方向基本上是由南东涌向北西达到本区的。

根据陡山沱组各段沉积特征的研究结果,陡山沱期有 3 个海侵成磷旋回:第一个海侵旋回为陡山沱组早期,并远远超过了上述聚磷区范围,而且持续了相当长的时间,进而造成了宜昌磷矿(Ph_1、Ph_2)及相邻矿区樟村坪段岩性、厚度及剖面结构变化近乎一致的沉积环境;第二个海侵旋回为陡山沱中期胡集段(Ph_3)沉积时,但规模小、持续时间短,在本区保康地区演化为局限台地潮坪环境,形成局部工业矿层,而南部宜昌广大地区则为半封闭的海湾或深水潟湖环境,富含磷硅质结核和磷质内源砂屑;第三个海侵旋回为陡山沱晚期王丰岗段-白果园段(Ph_4)沉积时,随着碳酸盐岩沉积向上隆升,岩性厚度及剖面结构差异就相对显著,而且持续时间较长,影响范围较大。

整个鄂西地区的海侵及海平面变化规律,总体是随时间演化由南向北逐渐抬升,因此南北沉积环境有差异。

第二节 鄂西聚磷区陡山沱期岩相古地理

早震旦世鄂西聚磷区总体处于陆表浅海环境,北缘有汉南、武当、大洪山等古陆,东、西两侧分别有南华古岛链和康滇古岛链,呈弧形环绕扬子浅海。在扬子浅海范围内,自北而南有鄂西、东山峰以及潘阳、雪峰、黔中等处地势稍高的浅海台地零散分布。陡山沱期的沉积相和磷块岩的形成严格受这个时期的古地理环境控制。

一、岩相划分主要依据

岩相划分主要依据岩石组合及岩石的物质组分、结构构造等特征。

(一)岩石组合、沉积类型分区

根据区内不同结构岩石地层剖面,鄂西聚磷区及其相邻地区大致可分为三大沉积类型(区)和 7 个岩石组合(小区)(图 4-2、图 4-3)。

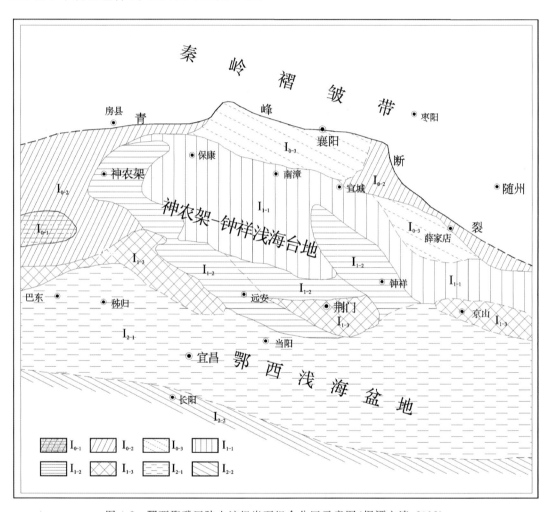

图 4-2　鄂西聚磷区陡山沱组岩石组合分区示意图(据谭文清,2012)

I_0.滨岸外缘白云岩、细碎屑岩沉积区:I_{0-1}木鱼小区粉砂岩、泥质粉砂岩;I_{0-2}九冲-大洪山小区白云岩、粉砂岩、粉砂质泥岩组合;I_{0-3}薛家店-襄阳小区灰质云岩、含磷砂泥岩组合。I_1.浅海台地泥质岩、磷块岩、白云岩沉积区:I_{1-1}保康-南漳小区泥质白云岩夹磷块岩、白云岩组合;I_{1-2}樟村坪-胡集小区磷块岩、泥页岩、含硅白云岩组合;I_{1-3}柴家坪-荆门、京山小区藻云岩、含磷泥质岩、含硅白云岩组合。I_2.浅海盆地含硅质白云岩、云质灰岩沉积区:I_{2-1}庙河小区含硅云岩、灰质云岩组合;I_{2-2}长阳小区泥页岩、灰岩组合

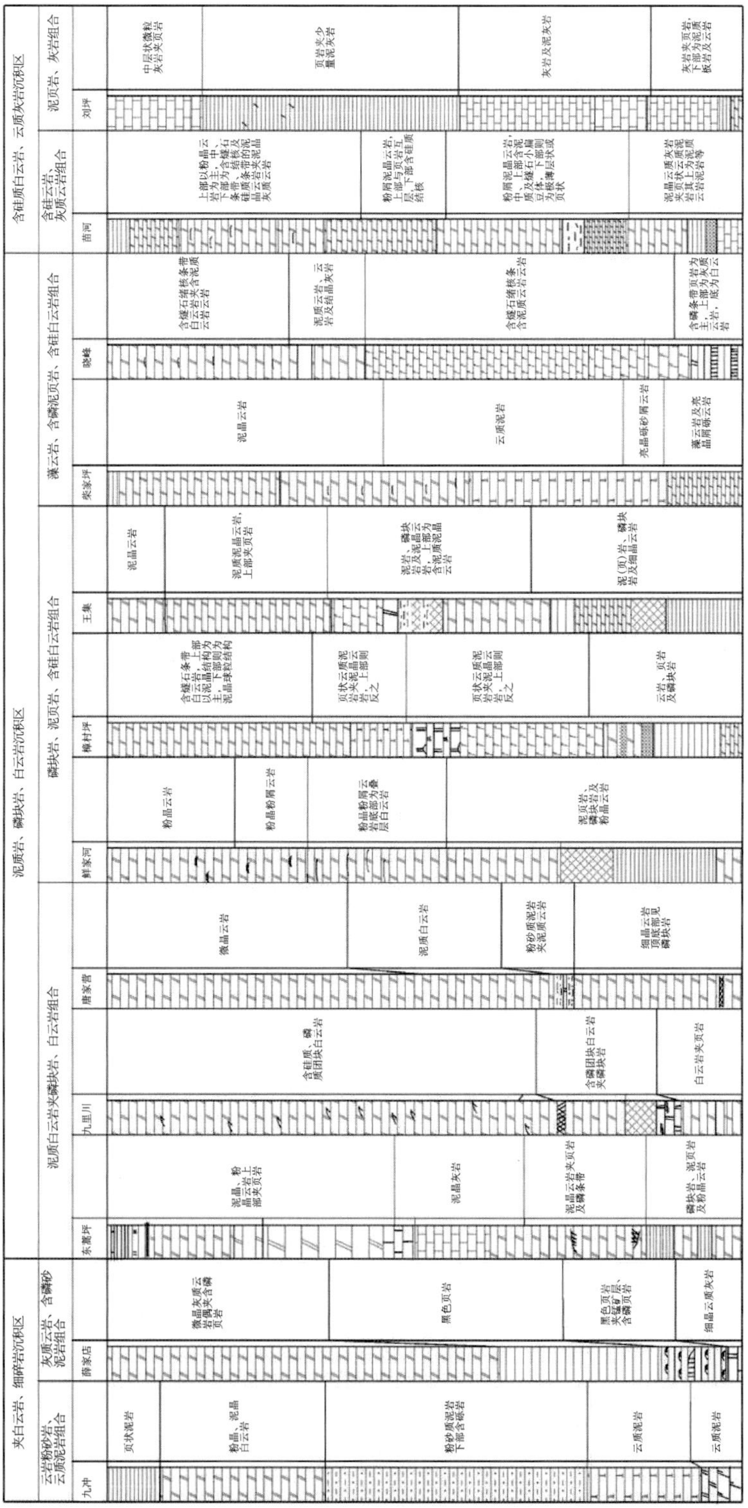

第四章 研究区陡山沱期岩相古地理

图 4-3 鄂西聚磷区陡山沱组岩石组合及分区图（据谭文清，2012）

1. 白云岩、细碎屑岩沉积区

该区濒临武当古岛、大洪山古岛外缘分布,以碎屑岩沉积为主体,夹少量碳酸盐岩,以不含磷和微含磷为特征,具体如下:

(1)九冲-大洪山小区(I_{0-2}白云岩、粉砂岩、粉砂质泥岩组合)。九冲小区位于神农架—九冲一带,呈带尾的扇形展布,以灰色、灰绿色粉砂质泥岩、泥岩、云质泥岩为主,夹薄层细粉晶白云岩。北西碎屑岩含量高,局部夹少量云质砂岩、细砾岩。南东即渐变为以白云岩相为主,厚度变化大,有零点亦有厚区,一般为40~60m。大洪山小区于聚磷区东缘大洪山一带,细碎屑岩量高,沉积厚度为0~10m。

(2)薛家店-襄阳小区(I_{0-3}灰质云岩、含磷砂泥岩组合)。由随县薛家店断续延伸至襄阳铁帽山至谷城南河。薛家店剖面厚260.70m,岩性为浅灰色灰质云岩、灰黑色含碳质页岩、深灰色云质灰岩、页岩夹少量锰矿层及磷条带。灰质云岩中局部可见薄层含磷页岩,其碎屑岩比(碎屑岩厚度与总厚度之比,下同)为36%,襄阳铁帽山剖面厚328.60m,由细—粉晶云岩、页岩夹磷块岩条带、黏土质砂岩、砂泥岩,夹磷硅质结核云质灰岩及白云岩组成,碎屑岩比14%,岩石为灰色—深灰色,薄—中层状相同,水平层理发育,南河剖面具相同岩性且细碎屑岩比高。

2. 泥质岩、磷块岩、白云岩沉积区

该区位于细碎岩区内侧,以广泛云质碳酸盐岩沉积为特征,夹有不等量的泥质、硅质及磷质岩层,依不同岩性组合大致可分如下3个小区:

(1)保康-南漳小区(I_{1-1}泥质白云岩夹磷块岩、白云岩组合)。主要出露于保康—南漳一带,呈北西向舌状展布,岩性单一,中下部以薄—中厚层状泥粉晶云岩为主,掺合不等量泥质、含锰条带及团块状重晶石(后生),中上部为厚层白云岩夹磷块岩,厚薄不一,变化较大,沉层不稳定。沉积厚度一般较小,为60~100m,横向上岩性与邻区渐变过渡。

(2)樟村坪—胡集小区(I_{1-2}磷块岩、泥页岩、含硅白云岩组合)。分布在保康-南漳小区南侧周缘,剖面中上部以含磷硅质扁豆体、结核白云岩为主,中下部相间以泥(页)岩(含钾)层磷块岩为特征,沉积厚度相对稳定,一般变化在18~100m之间变化,其中泥(页)岩厚度百分比多在10%~17%之间,磷块岩厚度百分比在3%~15%之间。其剖面结构较复杂,岩序变化大,据硅磷质含量及泥质岩多少亦可进一步细分为东蒿坪、鲜家河、樟村坪及胡集等区段,其中东蒿坪下部岩石色浅,粉砂岩量大;鲜家河上部岩石色浅,以泥粉晶白云岩过主,表现为沉积过渡类型。

(3)柴家坪-荆门、京山小区(I_{1-3}藻云岩、硅泥质岩、含硅质白云岩组合)。断续分布于兴山柴家坪、荆门或京山一带。其中柴家坪小区依附九冲小区呈舌状展布,剖面下部白云岩叠层石构造、砾屑结构发育,中上部为白云岩含硅质条带和不规则状硅质团块,且夹薄层泥质云岩。外缘晓峰剖面中下部还可见原生硅质岩,夹磷块岩条带黑色(含磷)页岩,磷块岩中常见圈层少而小的核形石。

3. 含硅白云岩、云质灰岩沉积区

(1) 庙河小区（I_{2-1}泥硅质岩、灰质云岩组合）。分布于兴山雪峰山—宜昌莲沱以南、长阳一线以北，大体呈北西西向展布。岩石多为过渡类型，沉积厚度变化在130～300m之间，下部一般以薄—中厚层含泥质白云岩为主，间夹粉砂质泥岩或灰质云岩。前者由北向南趋薄，后者则相对增厚，偶见硅质磷块岩透镜体及结核；中上部多为中厚层状泥粉晶云岩，含磷硅质扁豆体或条带。岩石水平层理发育，底部可见大波状水平层理，顶部少见缓倾角的斜层理。

(2) 长阳小区（I_{2-2}泥页岩、灰岩组合）。分布在长阳刘坪以南，岩石主要为云质灰岩、泥质灰岩、微粒灰岩及泥页岩，含少量泥硅质结核及星散状黄铁矿，泥页岩中有机质含量较高，局部尚可见薄层石膏及少量磷屑，岩石色深，以厚—中层状构造为主，水平层理发育。

（二）岩石的结构、构造

1. 岩石物质组分

陡山沱组中主要岩石物质组分除同生矿物外，尚有外来的陆源屑，前者主要为白云石、胶磷矿、方解石、玉髓及少量磷灰石、黄铁矿、有机质，后者多为水云母、钾长石、石英及少量岩屑。此外，由于成岩后生作用，尚可形成一些后生矿物。

2. 岩石结构

岩石结构有原生结构（粉砂泥质结构、含陆源碎屑泥粉晶结构、泥晶结构、内碎屑结构、藻黏结构）和后生结构（交代残余结构、重结晶作用）。原生结构是划分岩相的主要依据，泥晶结构在区内白云岩中普遍见及，砂泥质结构主要见于粉砂质泥（页）岩以及部分白云岩中。内碎屑结构是本区云岩、磷块岩的常见结构，按其颗粒大小可分为砾屑、砂屑、粉屑三级。藻黏结构系由化学-生物化学凝聚作用形成，受环境和水动力条件影响而形成各类生长构造，按形态可分藻屑、凝块石、层纹石、叠层石、核形石、团块等。内碎屑结构、藻黏结构是相、亚相的重要指示标志。

3. 岩石构造

区内沉积构造较发育，按其成因及形态大致可分为机械沉积构造、层面构造、生物沉积构造3类。

(1) 机械沉积构造。层理构造类型多样，水平层理为本区主要沉积层理类型，形成于弱而稳定的水动力条件下。波状层理在区内分布广泛，多为舒缓波状平行层理，常与水平层理组成水平波状层理。斜层理比较常见，但各处发育不等，常见单斜层理（斜交层理）、交错层理。局部可见波状、楔状、槽状等交错层理，既可同时共生，也可独立显示。交错层理形成于水浅流急、动荡高能的沉积环境，个别地段可见序列变化，自下而上为"之"字形交错层理、冲洗层理、槽状交错层理及波状交错层理等。脉状、透镜状层理较常见，往往与波状层理伴生，前者

是砂屑磷块岩条带夹断续分布脉状泥质条纹,后者是泥质条带间夹砂屑磷块岩透镜体,反映水体的强弱变化,为一种典型的潮汐层理。粒序层理多局限在致密条带状磷块岩中,粒度具下粗上细的正粒序特点。细层厚2~5mm,分布不稳定,常在短距离内递变消失,反映了小范围内水体能量高低的逐步变化。揉皱层理较少见,分布亦较局限,仅见于下含磷层(Ph_1^3)上、下过渡带、下白云岩及胡集段($Z_1d_1^2$)底中段。平行层理在上白云岩($Z_1d_1^3$)局部地段见及,砂屑组成细层与层系平行延伸,构成平行层理,细层宽一般为3~4mm,延伸较远,分布稳定,与各种类型的交错层伴生,并置于其顶,反映水体能量强而稳定的沉积环境。

(2)层面构造。主要见有波痕、收缩纹、冲刷面、滑塌、滚落石及潮汐沟等。区内大小波痕均可见及,亦较普遍,较大的波痕(砂垄)多位于岩性突变的下层面上,小者以层内居多,且多属对称型。收缩纹仅在个别地段中磷层中部泥质泥粉晶云岩中见及,其规模小,裂痕浅,充填物为磷砂屑或泥质、云质,层面多呈网纹状。冲刷面主要见于上白云岩、Ph_1^{3-3}、Ph_1^{3-2}(富矿层)及Ph_2矿层中一般规模较小,下切幅度不大,延伸不远即消失而被其他层理代替,冲刷面上往往充填一些粗粒的砂、砾屑物质。潮汐沟较少见,仅在矿区北部殷家沟一带下磷层中见有宽1.4m、深0.5m的潮沟,两壁颇陡,其中为磷质砂、砾屑混杂堆积,底部略粗,砾屑含量向上减少。

(3)生物沉积构造。叠层石构造区内较为发育,形态复杂多样,其中以上白云岩最富集,下磷层居次,下白云岩断续见及,空间上有一定分布规律(与岩相带关系密切),一般呈单体和连体出现,很少构成群体,仅在矿区西部的上白云岩中集中成层,分布稳定,如"层礁"。它的形态一般多为水平状、波状、半球状、集云状、锥状、锥柱状、柱状、球状少见,在局部地段(下磷层中)不仅发育成层,且有序变化(如徐家坪),自下而上为水平叠层石、波状叠层石、柱状叠层石,范围小,类似"点礁"。核形石构造:核形石系一种球状叠层石,直径1~10mm,常位于樟村坪段中下部,可分高能和低能两种,前者均为亮晶所胶结,层圈多,后者层圈少且多为泥晶(基质)所填隙,无论是潮间高能浅滩还是潮下低能带均有分布,既是生物作用标志,也是水动力条件变化"浮尺"。但它的发育程度具有选择性,一般在浅滩环境最富集,而且成层分布,其他地段均以混入出现,且往往与粒屑相伴。凝块石构造分布较局限,主要见于下磷层的致密条带磷块岩中。层纹石构造以下白云岩中最为发育。

二、岩相划分

参考威尔迩及我国刘宝珺、关士聪等岩相划分方案,结合本区岩石特征(颜色、结构、构造、特征矿物、古生物化石、岩比、组合类型、沉积等厚线及其主要含磷段特征)将鄂西聚磷区划分为三大岩相区、4个岩相带及15个相(亚相)环境(图4-4)。

三、各相带的基本特征

鄂西聚磷区岩相可以划分为滨海相区、浅海台地相、浅海盆地相区三大相区。其中,滨海相区位于北部;浅海台地相区位于中北部,是本区磷矿的主要沉积相,浅海盆地相区分布于南部区域(图4-5)。

岩相组合	相组		相区		相带	相		亚相(岩石组合)
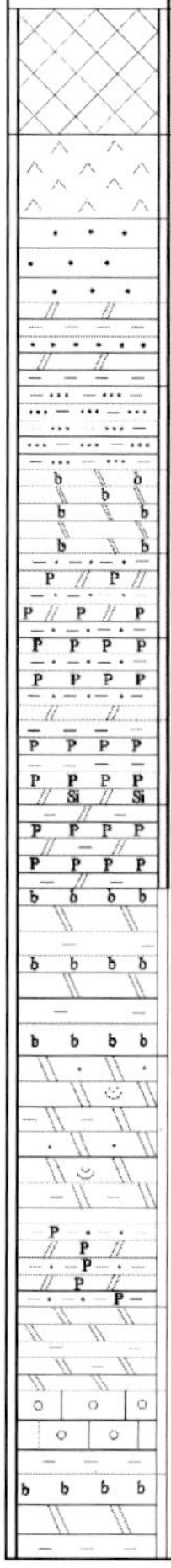	陆相组		古陆			华北古陆		陆源区
						武当古岛		
						大洪山古岛		
	海相组	扬子陆表海相组	滨海相区(Ⅰ)		滨岸相带($Ⅰ_0$)	海滨火山岩相($Ⅰ_0^1$)		火山岩亚相
						大洪山、武当古岛滨岸相($Ⅰ_0^2$、$Ⅰ_0^3$)		滨岸潮坪含碳酸盐岩、砂岩、泥(页)岩亚相($Ⅰ_0^2$)
								滨岸潮坪砂岩或粉砂岩、砂质泥(页)岩、碳酸盐岩亚相($Ⅰ_0^3$)
			浅海台地-台地边缘相区(Ⅰ)	神农架-钟祥浅海台地	半闭塞台地相带($Ⅰ_1$)	浅海台地台坪相($Ⅰ_1$)	台地潮坪相($Ⅰ_1^1$)	岸沿潮坪(外)白云岩、粉砂岩、泥(页)岩亚相($Ⅰ_1^{1-1}$)
								滩间潮坪(潮坪-鲕滩)含磷块岩条带白云岩亚相($Ⅰ_1^{1-2}$)
							台地潟湖相($Ⅰ_1^2$)	岸缘潟湖粉砂质泥岩、含磷条带白云岩、灰质白云岩亚相($Ⅰ_1^{2-1}$)
								潮坪潟湖磷块岩、泥岩、白云岩亚相($Ⅰ_1^{2-2}$)
								滩缘潟湖泥(页)岩、磷块岩、含硅质白云岩亚相($Ⅰ_1^{2-3}$)
								滩间潟湖磷块岩、泥质白云岩亚相($Ⅰ_1^{2-4}$)
					台地边缘相带($Ⅱ_2$)	浅海台地边缘滩相($Ⅰ_2^1$)	粒屑白云岩、藻黏白云岩、泥质白云岩相	浅滩-藻丘云质叠层石亮晶砂砾屑白云岩亚相($Ⅰ_2^{1-1}$)
								水下隆起粉砂质页岩、粒屑白云岩亚相($Ⅰ_2^{1-2}$)
						台地斜坡含磷质、粉砂质泥岩、白云岩相($Ⅰ_2^2$)		
			浅海盆地相区(Ⅱ)	三峡浅海盆地	鄂西盆地	盆地后缘泥岩、硅质灰岩、泥质白云岩、灰质白云岩相($Ⅱ_1$)		
						浅水盆地泥(页)岩、泥灰质白云岩、云质灰岩相($Ⅱ_2^1$)		
						后期台地磷块岩、泥质白云岩相($Ⅱ_2^2$)		

图 4-4　鄂西聚磷区陡山沱期岩相分区图(据谭文清,2012)

(一)滨海相区($Ⅰ_0$)

1.华北古陆滨海火山盆地相($Ⅰ_0^1$)

海滨火山岩相分布于本研究区的北部,是本研究区北部边缘相区,亦是扬子陆表海北部边缘相区的一部分,呈北西-南东向展布。北邻北淮阳北秦岭活动带,南部边缘大致以青峰大断裂和襄阳-广济大断裂为界。该相区东北部是一个北西向展布的古海滨火山发育区,形成一套火山岩系。它相当于陡山沱期扬子陆表海域或扬子地块中段北缘受断裂控制的线性火山活动产物,或称为滨海火山盆地相。

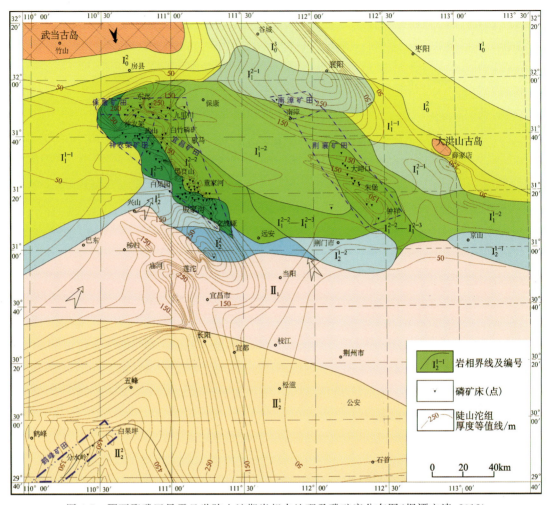

图 4-5　鄂西聚磷区早震旦世陡山沱期岩相古地理及磷矿床分布图（据谭文清，2012）

2. 大洪山、武当古岛滨岸相（I_0^2、I_0^3）

大洪山、武当古岛滨岸相分布于陡山沱期武当山至陕西安康一带，以及东南部的大洪山北坡一带，都是高出海面的古岛。环绕古岛外缘的是滨岸相分布区，并与北部滨海火山盆地相紧邻，其中包括南、北两个滨岸潮坪含碳酸盐岩、砂岩、泥（页）岩亚相，与它们之间所夹的滨岸潮坪-砂岩或粉砂岩、砂质泥（页）岩、碳酸盐岩亚相。

1）含碳酸盐岩、砂岩、泥（页）岩亚相（I_0^2）

（1）分布具有一定的规律性。一是在滨岸相分布区北缘沿古陆边缘呈北西向带状分布；二是在滨岸相分布区西南部沿古岛周缘呈环带状分布。

（2）剖面厚度具有由海向陆（或岛）由厚变薄的变化规律。剖面厚度变化两极值为0～120m或140m，一般厚0～80m或100m。

（3）剖面岩石组合的特征是以陆源沉积岩为主。大部分剖面主要由细—中粗粒石英砂岩或含长石石英砂岩与泥(页)岩组成,时夹10%左右的泥灰岩、石灰岩、泥灰质白云岩或白云岩薄层。有时剖面中根本没有碳酸盐岩,只有含砾粗粒石英砂岩、泥质砂岩夹泥(页)岩。有时剖面中夹有极少量碳酸盐岩小透镜体。剖面底部的砂岩中常含有泥质岩石、砂岩、绿泥片岩或流纹斑岩等小砾石。泥砂质岩石中时见交错层理。岩石组合总的应划为含碳酸盐岩、砂岩、泥(页)岩组合。在郧阳区大堰等局部剖面的下部,可能含有少量火山岩夹层,在郧西县板桥一带,剖面顶部夹有磷块岩薄层或透镜体,磷矿层下部时见海绿石砂岩,磷矿层沿走向有相变成海绿石砂岩或硅质岩的现象,局部尚有下部磷块岩呈团块状产于海绿石砂岩中的现象。

(4)剖面岩石粒度具有下粗上细的变化规律。在剖面岩性层序上,表现为底部由砂岩组成,向上变为泥(页)岩,时夹碳酸盐岩薄层。局部剖面底部或下部可出现石灰岩薄层。

(5)该亚相的剖面与其他亚相的剖面可以对比,但分段对比难度大。

综上所述,该亚相地处古陆、古岛附近,厚度不大,以陆源物沉积为主,偶有内源物混入的滨岸潮坪环境,是一种比较典型的滨海边缘相沉积。

2)砂岩或粉砂岩、砂质泥(页)岩、碳酸盐岩亚相(I_0^3)

(1)该亚相分布在谷城、均县、郧阳、郧西县至陕西省南部一带,大致呈北西-南东向带状展布,南、北两侧均与滨岸潮坪含碳酸盐岩、砂岩或粉砂岩、泥(页)岩亚相为邻。南东端在青峰大断裂和襄阳-广济大断裂北侧附近与浅海盆地-泥(页)岩、碳酸盐岩亚相形成相变。

(2)剖面厚度具有南北两侧边缘带薄、中间带厚、东厚西薄的变化规律。厚度变化两极值大致为50～427m。在郧西县东家坪、郧阳大堰和均县马坡—郭家沟一带,形成3个大小不等的呈北西向串珠状展布的椭圆形沉积中心。

(3)剖面岩石组合的特征是碳酸盐岩稍占优势(60%左右),砂岩或粉砂岩与砂质泥(页)岩共占40%左右。其中陆源碎屑岩与泥质岩石的比例时有变化。例如,郧阳谭家湾、青龙山—白头垭、英花沟—李家湾至均县马坡一带,剖面中的砂岩与砂质泥(页)岩几乎相等或前者大于后者。其他地段的砂质泥(页)岩含量则往往大于砂岩或粉砂岩。该区8条剖面统计结果显示,岩石组合总的应划为砂岩或粉砂岩、砂质泥(页)岩、碳酸盐岩组合。此外,郧阳英花沟—李家湾和均县马坡等地,剖面中可能有火山岩夹层。

(4)剖面岩石粒度具有下粗上细的变化规律。在岩性层序上,表现有一、二段(Z_1d_{1+2})以陆源沉积岩为主,而上段(Z_1d_{3+4})具有内源沉积岩占优势的变化规律。大部分地段以郧西东家坪下口均县马坡剖面为代表,自下而上岩性序列为砂岩或粉砂岩与砂质泥(页)岩互层、偶夹碳酸盐岩($Z_1d_1^2$)—砂岩与泥(页)岩互层偶夹碳酸盐岩,或砂质泥(页)岩与碳酸盐岩互层偶夹粉砂岩($Z_1d_2^{1+2}$)—碳酸盐岩($Z_1d_3^1$)—砂质泥(页)岩含碳酸盐岩夹层($Z_1d_3^2$)—含泥质碳酸盐岩夹泥(页)岩薄层($Z_1d_3^3$)—粉砂质泥(页)岩含碳酸盐岩夹层(Z_1d_4)。此外,需要特别提及的是,在郧阳谭家湾、青龙山—白头垭、英花沟—李家湾至均县马坡一带,剖面一段(Z_1d_1)几乎全由石英砂岩组成或占绝对优势。

(5)该亚相剖面特征与川滇古陆东缘康滇地区剖面极为相似,完全可以对比。与本研究区的浅海台地相剖面亦基本可以对比。

综上所述,该亚相位于滨海相区滨岸潮坪向海的一侧,经常处于低潮线之上、浪基面之上的滨岸潮坪极浅—较浅水高—低能环境,或称为滨岸潮坪砂岩或粉砂岩、砂质泥(页)岩、碳酸盐岩亚相。

此外,从郧西九龙寺、碾盘沟、郧阳大堰、谭家湾、青龙山—白头垭、英花沟—李家湾、均县马坡至陕西省商南县赵川田家凹一带,剖面下部的石英砂岩和长石石英砂岩比较发育,陡山沱期早期可能存在一个滨岸沙洲(砂坪)。

(二)浅海台地-台地边缘相区(I)

1. 半闭塞台地相带

浅海台地台坪相(I_1)实为关士聪所述凹槽台地、开阔台地、半闭塞台地、综合过渡相带。地理环境较为复杂,台地上既有深凹陷,又有浅凹陷,既有粒屑滩,又有潮坪。

1)台地潮坪相(I_1^1)

该相分布于夹白云岩细碎屑岩区大部及泥质岩、磷块岩、白云岩沉积中段,具有岩性单一、剖面结构简单、浅水沉积构造标志明显、含磷块岩量少且变化大的特点。

(1)岸沿潮坪(外)亚相(I_1^{1-1})。分布于九冲和大洪山一带,岩石组合以白云岩、粉砂岩、云质泥岩为主,碎屑岩比一般大于80%,岩石多为灰色、暗灰色、灰绿色,粉砂-泥质结构(泥岩)或泥-粉晶结构(云岩),水平波状层理发育,见波痕、沙纹、小的单斜层及交错层等。含星点状黄铁矿,偶见石膏或天青石(?),一般沉积厚度小且变化较大,不含磷,生物化石或生物-沉积构造极少见及,该亚相整体反映为一种近古陆(岛)沿岸潮坪的浅水弱氧化中低能环境。

(2)滩间潮坪(潮坪-鲕滩)亚相(I_1^{1-2})。主要分布于保康—南漳(小区)一带;岩石色浅,灰色—浅灰色局部可见紫色层。岩性单一,以中厚层状泥粉晶-细晶白云岩为主,次为薄层泥质云岩夹磷块岩,含锰,见"后生"重晶石条带及团块;磷块岩以砂屑泥晶结构为主,厚度变化大,藻叠层石构造发育,但分布不均衡。南部边缘可见小范围鲕滩,横向分布不连续,剖面中分布较局限(仅分布在剖面中下部),岩石类型以鲕粒白云岩、亮晶核形石白云岩、粒屑白云岩为代表,如肖家河剖面下部核形石白云岩常呈条带及团块;朱堡埠剖面中部云岩中所见核形石亦分布不均,其整体反映为浅水中低能弱氧化潮坪环境,局部水体能量相对增高。

2)台地潟湖相(I_1^2)

岩石组合以泥质岩、磷块岩、白云岩和云质灰岩为主,碎屑岩比一般为5%~50%,见有层状、丛状的藻类丝状体及生物叠层石构造。据岩性组合特征及磷块岩发育程度可进一步细分如下:

(1)岸缘潟湖亚相(I_1^{2-1})。见于薛家店、襄阳一带,沉积厚度大,剖面岩性差异亦大,由下而上依次为粉晶云岩或灰质白云岩-砂泥岩、碳质页岩-白云岩灰岩。其中细碎屑岩比为30%~50%,岩石颜色下浅上深,页岩、云质灰岩或灰质云岩中夹少量砂屑泥晶磷块岩条带或磷硅质结核,含星散状黄铁矿、碳质及重晶石,水平层理发育,总体表明水体能量低、闭塞,属弱氧化-还原半深水潟湖环境。

(2)潮坪潟湖亚相(I_1^{2-2})见于南津-保康(小区)或九冲小区之间,可以东蒿坪、鲜家河及白竹磷矿剖面为代表,岩石为过渡类型,即北面宋洛、东蒿坪、武山一带中下部见粉砂岩、泥质白云岩、细粉砂质泥岩,含碳泥岩及磷块岩,粉砂岩中含重晶石结核,磷块岩沉积厚度小且变化大;中上部发育含磷硅质条带泥粉晶白云岩、粉—细晶白云岩或黑色泥岩,含有机质、星散状黄铁矿及银钒矿化,岩石水平层理发育,兼有潮坪潟湖沉积过渡岩石(相)类型。而南东兴山鲜家河一带,剖面下部泥页岩夹磷块岩虽厚度大,但分异性差,泥质岩中含钾1.5%~2%;磷砂屑含量不均匀,磷块岩中见有较多的泥云质条纹,局部还可见被褐铁矿包围的鲕状方解石颗粒(浅水氧化标志);中上部以粉晶白云岩、泥质泥晶白云岩为主,极少见硅质条带及结核等。岩石颜色下部略深,中上色浅,水平、水平波状层理发育,是一种由浅水潟湖向潮坪变化过渡的岩石(相)类型。东侧白竹一带介于上述两种过渡岩石(亚相)类型之间,以潮坪滩间潟湖沉积的白云岩、泥质白云岩夹磷块岩(相)为主。总的来看,地貌平缓凹陷,其间起伏不平,水体能量低—中低,主要表现为弱氧化-弱还原的潮坪潟湖环境。

(3)滩缘潟湖亚相(I_1^{2-3})。分布于兴山鲜家河南,宜昌磷矿樟村坪至荆襄磷矿胡集一带,中间似被内潮坪-鲕滩亚相所隔,东西两侧均呈北西向带状展布,宜昌磷矿范围内岩石沉积类型较复杂,旋回结构清楚,一般可划分为2~3个半旋回。下部白云岩、泥页岩、磷块岩相间,并逐渐以黑色页岩(微相)为主过渡为以白云岩(微相)为主;上部含硅质结核(或条带)球粒泥粉晶白云岩,夹薄层云质泥岩,泥岩岩性相对单一,局部地段见磷块岩或含银钒矿化黑色页岩。岩石水平、水平波状、透镜状层理发育,可见楔形层理、槽状交错层理、再作用面及水冲蚀沟渠等,岩石以灰色—深灰色为主,普遍含星散状黄铁矿、有机质,见丝状体微古植物组合或藻叠层石构造。总体反映其沉积环境较闭塞,复水较深(半闭塞海湾或潟湖),水体以宁静还原条件为主。其间有水体较浅、水动力条件增强、弱还原-弱氧化条件相间变化进程。荆襄磷矿所赋存岩相与宜昌磷矿近于一致,不同的是其剖面或纵向上浅水沉积岩性(亚相)序列变化更明显,沉积旋回相对增多(多Ph_3成磷旋回),藻叠层石构造发育,似表现为以滩缘潟湖亚相逐渐向潮坪潟湖亚相沉积过渡类型。

(4)滩间潟湖亚相(I_1^{2-4})。这种岩相是在内潮坪-鲕滩基础上,或潮坪潟湖及滩缘潟湖向上变浅过程中发展起来的,在剖面上占据较重要位置,平面分布范围局限,且常和上述岩相(环境)共生,其岩石组合特征为磷块岩与泥质白云岩相同,横向上或纵向上底部均可见粒屑白云岩及藻云岩等,如宜昌磷矿栗西矿区Ph_2矿层、荆襄磷矿Ph_3矿层及白竹磷矿层等,均表现了这一岩相类型特征。

2. 台地边缘相带(I_2)

台地边缘相带发育不全,岩相标志不甚明显,似由岛状边缘浅滩(相)和不规则斜坡(相)相依组成。

1)浅海台地边缘滩相(I_2^1)

浅海台地边缘滩相分布在雾渡河(古)断裂北侧,兴山两河口、罗家埫、柴家坪一带。可断续延伸于宜昌交战垭处,或出露在荆门、京山一带,就宜昌磷矿资料分析,其最大特征是陡山沱组下部沉积了一套颜色浅、结构粗、藻粒屑发育的白云岩、叠层石白云岩及砾屑白云岩,或局部见沉积缺失,大多地段无黑色页岩和磷块岩沉积,中上部分别沉积了色浅的泥质泥晶白云岩或色深的含硅质结核球粒泥晶白云岩,与全区岩石差异不大,对成磷岩相起控制作用的主要是陡山沱组下段,岩性(相)条件变化所致。因而以此特征岩性(相)代表本段陡山沱组岩性(相)变化,并根据其沉积特征差异,进一步划分了浅滩-藻丘亚相($Ⅰ_2^{1-1}$)和水下隆起亚相($Ⅰ_2^{1-2}$)2个亚相。

2)台地斜坡相($Ⅰ_2^2$)

此岩相同样也是主要依陡山沱组下段岩层岩性、结构、构造、岩比、自生矿物及沉积等厚线来划分,位于边缘滩东南侧水下隆起外缘,北起崔家山,南至莲沱北(朝天咀附近),特征如下:

(1)底部砂质粉屑云岩见较多的陆源细砾,大型单向斜层理,斜波状层理及小交错层理常见,偶见"落石"构造(砾石分布随机,长轴与层理方向有较大的交角)。

(2)黑色含钾页岩沉积厚度由北向南减薄,于朝天咀相变为浅灰绿色粉砂质泥岩,其钾长石、水云母黏土矿物相应为蒙脱石、水云母黏土矿物所取代,尚出现少量海绿石沿层分布。

(3)磷块岩呈细条带主要夹于含钾页岩中上部,由(南)硅质泥晶结构过渡为(北)泥晶砂屑结构,磷质核形石结构。

(4)在姜家坡陡山沱组下部(相当Z_1d_3—Z_1d_2)见滑动构造,其下部于晓峰一带见大型揉皱、滑塌构造,除上述特点外,此处陡山沱组厚度相对增大,变化亦大,一般厚250m,最厚达273.6m,这也是划分斜坡相的另一参考因素。

(三)浅海盆地相区(Ⅱ)

盆地后缘-盆地相带相当关士聪划分的浅海陆棚相带,而陆棚内缘斜坡相带不宜划出,其岩相分区界线渐变过渡,晚期还可进一步发展为台地(潮坪)潟湖相。

1)盆地后缘相($Ⅱ_1$)

盆地后缘相由莲沱向南至三斗坪田家园子、长阳北向西接雪峰山-庙河等地。岩石为泥岩-泥质白云岩-灰质云岩等过渡类型。断续见磷硅质条带或结核、星散状黄铁矿或少量碳质泥岩,沉积厚度相对变化大,岩石色深,以中厚层状为主,水平、水平波状层理发育,微古植物组合以漂浮球状体为主。这表明本相带处于较深水、弱还原的潮下低能环境。需要指出的是,雪峰山一带陡山沱组中上部以薄层青灰色含泥质泥晶白云岩为主,见条带(豆粒状)磷硅质岩,可能是由于陡山沱组晚期受沉积构造作用或碳酸盐岩向上建造影响而形成的浅水潮坪环境。

2)浅水盆地相($Ⅱ_2^1$)

浅水盆地相分布在长阳刘坪以南,沉积厚度相对稳定,泥质分散,灰质集中。岩石以含硅质结核或条带的泥灰质云岩、云质灰岩为主,含星散状黄铁矿、磷砂(粒)屑,局部地段可见数层薄石膏层(条带),部分泥岩中有机质含量偏高。岩石色深,深灰—灰黑色,水平层理发育,中下部见残余砂粒屑结构,中上有藻粒屑、球粒结构。灰岩重结晶程度较白云岩高,多为细晶结构,白云岩则以泥粉晶结构为主。总体反映了一种较深水、安定而相对闭塞、还原条件的潮下低能浅海盆地环境。

3) 后期台地相($Ⅱ_2^2$)

后期台地相已超出本聚磷区范围,据鹤峰白果坪实地测制的陡山沱组(岩相)剖面,其中下部岩性(岩相)基本同前述浅水盆地,唯上部岩性(岩相)发生变化,即在深灰色中厚层含燧石结核及颤藻球粒泥晶云岩之上相间灰黑色泥晶核形石磷块岩、深灰色亮晶砾砂屑白云岩、砂屑泥晶白云岩及黑色页状含钾页岩,薄—中厚层状,具缓-陡单斜层理、包卷层理,砾砂屑结构中相间生物叠层石构造,是一种由(早期)浅水盆地向(晚期)潮坪潟湖过渡的岩相类型。

第三节 主要矿层磷块岩沉积微相特征

鄂西陡山沱组中含有4个磷矿层,但成磷建造主要与陡山沱组樟村坪段—胡集段第Ⅰ及第Ⅱ旋回相关。第Ⅰ及第Ⅱ旋回为主要矿层(Ph_1、Ph_2、Ph_3)的赋存部位,本区大多数工业矿床主要分布在第Ⅰ以及第Ⅱ旋回中。就其沉积环境和层序结构均反映出成磷的独特建造特征,主要工业矿层赋存于层序的中上部,与胡集段$Z_1d_2^1$紧密相接,其间潮汐、波浪冲刷和暴露现象较发育。向上胡集段上亚段($Z_1d_2^2$)仅在保康磷矿田和宜昌磷矿田北部边缘白竹一带赋存Ph_3贫矿,但根据岩相剖面对比,白竹与瓦屋之间应是胡集段内部南北沉积相的重要分界线,南部宜昌磷矿田分布区主要为第Ⅱ旋回的闭塞海湾和深水潟湖,北部则是浅水潟湖边缘向潮汐带过渡的潮坪环境。两者似乎有相似的层序特点,但从剖面结构、岩石组合等诸多方面对比,樟村坪段至胡集段底部Ph_2或下亚段具有非常明显的分层结构特点,反映沉积分异作用明显,主要表现在岩相组合、沉积韵律结构等发育完整。胡集段上亚段($Z_1d_2^2$)在本区的含磷建造主要为含(粉砂)泥质硅质白云岩-硅质磷块岩组合,以富含粉砂质、泥质、硅质为特点,从沉积旋回结构看,似乎相当于樟村坪段下部Ph_1^1、Ph_1^2、Ph_1^{3-1}的含泥质磷块岩建造,向上缺少白云岩-磷块岩建造组合。从上述对比情况看,胡集段上亚段在本区含磷层序及结构类型发育不完整(荆襄磷矿发育完整)。但是,目前的研究工作仅限于地表剖面和少量的深部工程,保康-宜昌以东地区,即与荆襄磷矿的过渡带,如杨家扁勘查区出现豆粒状磷块岩密集互层现象,初步推测白竹向东至杨家扁一线,可能是宜昌磷矿田与保康磷矿田潮坪-海湾边界线,该边界地带可能代表宜昌至荆襄沉积区胡集段上亚段沉积时的潮坪通道。因此,对胡集段沉积时期的岩相古地理研究有着十分重要的地质意义。

一、陡山沱组沉积旋回及剖面结构特征

陡山沱组根据沉积建造组合、沉积(粒)序列、层序界面、磷块岩成因组合及旋回结构特点等,陡山沱组划分为3个沉积旋回(图4-6~图4-9)。

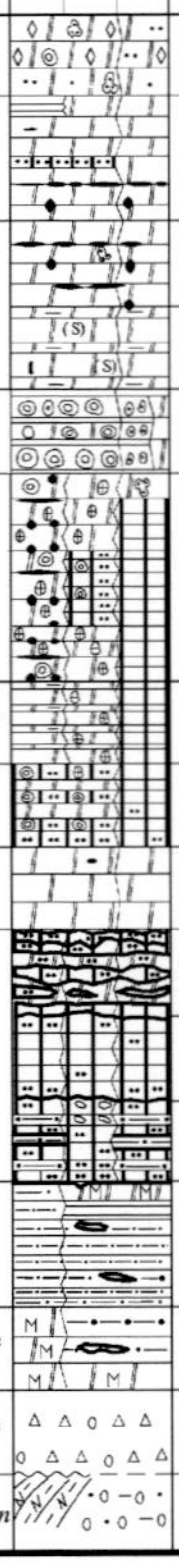

图 4-6 鄂西聚磷区浅海台地相陡山沱期岩相特征及沉积环境分析表（一）（据谭文清，2012）

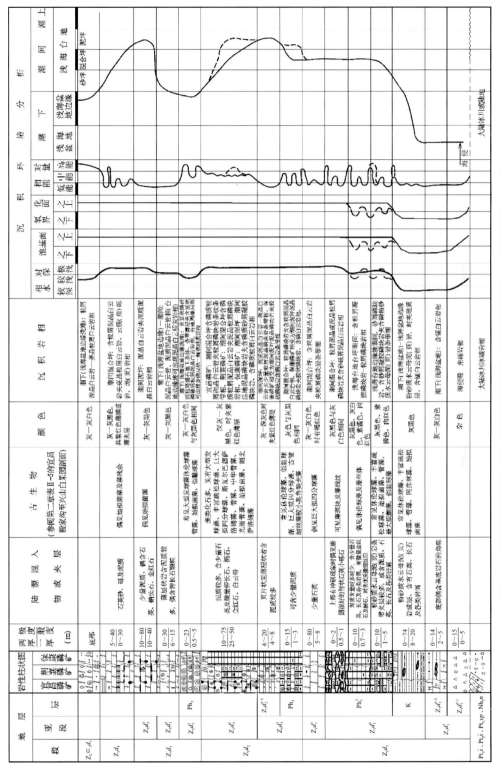

图 4-7 鄂西裂陷区浅海台地陡山沱期岩相特征及沉积环境分析表(二)(据谭文清，2012)

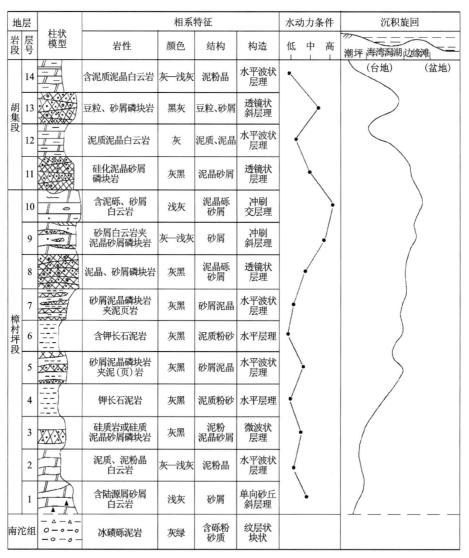

图 4-8 鄂西聚磷区保康-宜昌矿带陡山沱组樟村坪段—胡集段下亚段($Z_1d_1—Z_1d_2^1$)岩序综合柱状模式图(据金光富等,1987)

(一)第Ⅰ沉积旋回

第Ⅰ沉积旋回由樟村坪段—胡集段下亚段构成,可进一步划分为含磷页岩-磷块岩-白云岩($Ⅰ_1$)和硅质白云岩-硅质磷块岩($Ⅰ_2$)两个亚旋回,其间若干白云岩或页岩与磷块岩互层,或为薄层、条带、条纹、透镜体状反复出现组成的韵律结构层。当韵律结构层中磷块岩分布密度及厚度增大形成富集层时可构成工业矿体。本旋回因沉积环境有异,岩性层序及其发育程度不同,可出现各种不同的剖面结构类型。

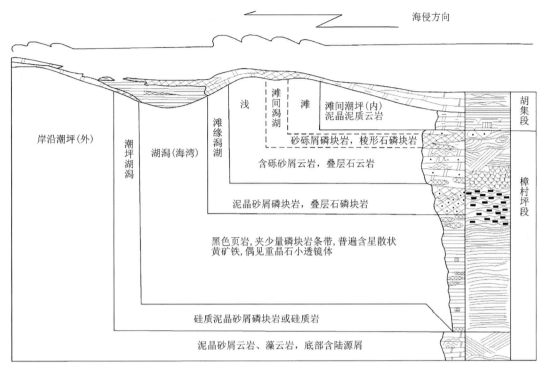

图 4-9 樟村坪段—胡集段下亚段($Z_1d_1^1$—$Z_1d_2^3$)纵向岩序与横向环境关系图(据金光富等,1987)

(1)一元结构。$Z_1d_1^1$—$Z_1d_1^3$,主要为一套白云岩组合,似由上、下白云岩层归并而成,厚4~16m,较局限于矿区,中南部及北西缘(罗家堉—榛子一带),岩石浅水沉积标志明显。

(2)二元结构。$Z_1d_1^1$—K,由下白云岩层与(含钾)页岩叠复组成,也有缺失下白云岩层而出现上白云岩层的(K—$Z_1d_1^3$)情况。全段厚2.7~23m,主要分布于宜昌磷矿田南西侧,反映由浅水—较深水过渡的沉积类型。该类型含矿性差。

(3)三元结构。该结构类型有以下两种亚类型:①$Z_1d_1^1$—$Z_1d_1^3$—Ph_2,由下白云岩层与上白云岩层、中磷层叠复组成,②$Z_1d_1^1$—Ph_1^3—$Z_1d_1^3$,由下白云岩层与下磷矿层、上白云岩层叠复组成。在保康磷矿田和神农架磷矿田西部和北部常见。

(4)四元结构。该结构类型有以下两种亚类型:①$Z_1d_1^1$—K—Ph_1—$Z_1d_1^3$,由下白云岩层与(含钾)页岩、下磷层、上白云岩层叠复组成,Ph_2缺失或不发育。如瓦屋矿区出现该结构类型;②$Z_1d_1^1$—K—$Z_1d_1^3$—Ph_2,由下白云岩层与(含钾)页岩、上白云岩层、中磷层叠复组成。Ph_1缺失或不发育,宜昌磷矿田北部见及,如孙家墩东北矿段出现该结构类型。在保康磷矿田和神农架磷矿田西部和北部常见。

(5)五元结构类型。$Z_1d_1^1$—K—Ph_1^3—$Z_1d_1^3$—Ph_2,结构相对复杂。宜昌磷矿田中部及北东部最发育,且沉积厚度大,岩石分异明显,颜色由浅—深—浅相同,下部多见沙波状或单向斜层理,中部以水平、水平波状层理为主,上部发育交错层及冲刷沟槽,反映一种由浅—深—浅(水)渐变的沉积类型。

上述三、四分层结构类型实为一、五元层结构的过渡类型,含矿性不尽相同,主要与矿层结构类型有关。其中五元结构类型的层序和岩石组合发育完整,其岩性特征自下而上有规律地变化,表现为颜色从浅—深—浅,结构由较粗—细—粗,层理由单向、沙丘斜层状—水平—波状、透镜状—交错层,能量从中高—低—高(或中低),沉积环境由岸沿潮坪—潟湖(或海湾)潮坪浅滩(或凹陷)。这一纵向上岩序旋回与横向上沉积环境的演化也是一致的,反映宜昌磷矿田中部及北东部下震旦统陡山沱组沉积时地势相当夷平而导致广泛的海侵和相对持久稳定的沉积环境。

(二)第Ⅱ沉积旋回

第Ⅱ沉积旋回由胡集段上亚段—王丰岗段底部(Ph_3)构成,可进一步划分为含磷粉砂质页岩-泥质白云岩-泥质磷块岩($Ⅱ_1$)和泥质白云岩-硅质白云岩-硅质磷块岩两个亚旋回,其间磷块岩具有韵律结构特征。本区有下列几种剖面结构类型:

(1)一元结构。$Z_1d_2^1$—$Z_1d_2^{1-2}$—$Z_1d_2^2$,为一套含磷白云岩或硅(泥)质白云岩-硅质岩组合,不含或含少量磷块岩条带及磷质粒屑,缺失 Ph_2^2、Ph_3 矿层。

(2)二元结构:$Z_1d_2^{1-2}$—$Z_1d_2^2$,主要在 $Z_1d_2^2$ 内部发育极小层的磷矿层,呈现多元结构,但整体呈一个旋回,主要为一套含粉砂质泥岩-磷块岩-磷(泥)质白云岩或硅质白云岩-磷块岩-硅质岩组合,东蒿坪、西坡一带发育,缺失 $Z_1d_2^2$ 或 Ph_3 矿层。

(三)第Ⅲ沉积旋回

该旋回由王丰岗段-白果园段(Ph_4)构成,主要为泥质白云岩-白云岩-含碳页岩-硅质岩-磷块岩建造,是本区第Ⅲ成磷旋回。总体为海退层序组。

二、樟村坪段

樟村坪段与胡集段下亚段组成陡山沱组第Ⅰ成磷旋回,赋存 Ph_1 含磷层。其中宜昌磷矿田剖面发育完全。Ph_1 位于樟村坪段中亚段,在樟村坪、桃坪河、殷家坪、殷家沟、店子坪等矿区发育好。

(一)岩性、层序及沉积环境

1. 代表剖面列述

1)晓峰剖面

胡集段(Z_1d_2):灰色薄—中层状粉晶云岩夹薄层云质泥岩。

—————— 整合 ——————

樟村坪段(Z_1d_1):　　　　　　　　　　　　　　　　　　　　　　　　总厚11.07m

⑧灰色含磷砂屑泥质粉晶云岩夹少量砂屑磷块岩条带及磷砾屑,偶见核形石,底部具斜层理。

厚0.30m

⑦浅灰—灰白色粉砂质泥(页)岩夹砂屑磷块岩,二者以条带相间,含少量核形石,局部夹硅质条带。其中泥、磷比约3∶1,P_2O_5含量10.90%,具波状层理及小型斜层理,顶部可见冲刷构造。

厚1.70m

⑥灰黑色含磷质核形石粉砂质泥(页)岩,核形石,藻丝缠绕明显,圈层构造清晰。水平层理发育,局部可见揉皱。

厚3.47m

⑤灰黑色含磷质核形石页岩。 厚1.68m

④灰黑色页岩夹砂屑磷块岩条带,可见褐铁矿斑点,含核形石,P_2O_5含量13.54%。

厚1.12m

③深灰色薄层状含粒屑泥—粉晶硅质岩,水平层理发育。 厚0.70m

②浅灰色薄层状泥—粉晶白云岩,含少量石英砂,单斜层理发育。 厚0.80m

①浅灰色块状含陆屑粉晶砂屑云岩,陆屑由陆源砾屑(1cm×2cm~25cm×50cm)和长石、石英砂组成,含量一般为5%~10%,局部可达20%~30%,多为次圆、次棱角状,其中陆源砾长轴多与层面斜交乃至垂直呈"似冰坠石"构造。岩石单斜层理发育。 厚1.30m

------平行不整合------

南沱组(Nh_3n):灰绿色冰碛砾泥岩。

2)姜家坡剖面

胡集段(Z_1d_2):浅灰色中厚层状微晶云岩,水平微细层理发育。

------整合------

樟村坪段(Z_1d_1): 总厚16.75~19.1m

⑧青灰色薄板状云质泥岩,含少量石英、长石粉砂,偶见砂屑磷块岩条带,普遍含星散状、结核状黄铁矿。水平层理发育。 厚0.75m

⑦灰黑色鲕状磷块岩,鲕粒粒径为0.5~0.7mm,可见2~7个圈层,层圈由有机质集中呈环显示,鲕粒常集中呈条带状产出,含星散状黄铁矿,水平层理发育。 厚0.13m

⑥青灰色泥质泥粉晶云岩,含星点状黄铁矿,水平层理发育。 厚0.06m

⑤黑色泥晶砂屑磷块岩与页岩呈条带或薄层相间。磷砂屑偶见圈层构造,含星散状黄铁矿,具波状和水平波状层理。 厚0.50m

④黑色页岩夹泥晶砂屑磷块岩条带。具水平和水平波状层理(磷泥比1∶5)。 厚2.75m

③黑色含磷砂屑页岩,磷砂屑多呈浑圆状,分散产出,局部具定向排列,偶见集中成条带或小透镜体,具波状—水平层理、透镜状层理。 厚0.70m

②黑色页岩。含粉砂泥质结构,偶见泥晶砂屑磷块岩条带,普遍含星散状黄铁矿,其中上部夹白云岩小透镜体,具水平—波状层理,下部则为水平层理。 厚11.86m

①浅灰—灰色中厚层状泥粉晶白云岩,局部可见残留砂屑结构,沿层硅化(后期)较强烈,偶见藻迹(?)。 厚0~2.35m

------平行不整合------

南沱组(Nh_3n):灰黄绿色冰碛砾泥岩。

3）柴家坪剖面

胡集段（Z_1d_2）：灰色中厚层状粉屑云岩。

———————整合———————

樟村坪段（Z_1d_1）： 总厚7.9m

⑤灰色藻云岩，具富屑、富藻层结构，呈层状、锥状、半球状藻叠层石构造，其中半球状叠层石宽1.20m，高0.60m，球体核心为砂屑云岩。藻纹层内部形态复杂多变，波状、指状、短柱状均可见及。 厚1.2m

④浅灰色块状亮晶砾屑云岩，砾屑以云质为主，具中—粗砂屑结构，呈次圆状，粒径在0.2～0.8cm之间。砾屑外缘由纤柱状亮晶白云石、石英环绕生长形成皮壳状构造，局部砾屑孔隙间尚可见细小的水晶和方解石。 厚1.70m

③浅灰色块状亮晶砾屑硅质云岩，砾屑为云质，胶结物则为亮晶白云石、石英等。 厚1.60m

②浅灰色块状亮晶砾屑含硅白云岩，砾屑多呈次棱角状，无序排列，粒径在0.5～0.6cm之间，由亮晶白云石、石英呈孔隙式胶结，砾间可见完好的水晶和方解石晶体，中部可见直径达25cm的次棱状片麻岩"漂砾"。 厚3.40m

———————平行不整合———————

南沱组（Nh_3n）：灰绿色、灰褐色冰碛砾泥岩。

4）桃坪河剖面

胡集段（Z_1d_2）：灰白色中层状泥质云岩。

⑭灰黑色条带状硅磷胶结砂屑磷块岩夹泥岩。 厚1.27m

⑬灰色薄层状泥质泥晶云岩，局部含磷条带，底部见一层厚0.1～0.5m土褐色含磷屑膏岩。 厚1.20m

⑫黑色砂屑磷块岩（Ph_2）。 厚0.50m

———————整合———————

樟村坪段（Z_1d_1）： 总厚33.78m

⑪粉屑细晶云岩，底部夹砂屑磷块岩条带，下部1.2m为白云质与磷质相间的云质磷块岩（Ph_1^{3-3}）。 厚5.20m

⑩灰黑色砂屑磷块岩，具波状层理，顶部见波痕（Ph_1^{3-2}）。 厚0.53m

⑨黑色砂屑磷块岩与黑色页岩互层。多以薄层相间，波状水平层理发育（Ph_1^{3-1}）。 厚7.40m

⑧灰黑色页岩，具波状水平层理。 厚3.70m

⑦灰黑色含磷硅质砂屑粉砂质泥岩夹硅磷质鲕状磷块岩。 厚1.20m

⑥灰黑—黑色页岩，含黄铁矿结核及细条带。 厚5.40m

⑤黄灰色条带状含铁质硅质岩，具波状水平层理及小型斜层理。 厚2.04m

④灰黑色致密块状黏土质硅质岩夹黑色、黄色泥岩及砂屑云岩。 厚1.15m

③灰黑色中厚层锰质粉屑云岩，具大型斜层理及透镜状层理。 厚2.10m

②黄灰色含硅铁质砂屑云岩,具小波痕构造。 厚0.96m

①灰色中厚层状粉屑云岩,顶部见硅质岩(1.00m)。 厚4.10m

-------- 假整合 --------

南沱组(Nh_3n):含冰碛砾砂泥岩。

5)樟村坪剖面

宜昌樟村坪剖面

上覆地层为上震旦统灯影组:灰色、灰白色厚层状至块状泥晶核形石白云岩,藻黏白云岩。

-------- 整合 --------

下震旦统陡山沱组: 总厚146.78m

㉚浅灰色中厚层状含黑色燧石条带泥晶云岩,水平层理发育。 厚14.79m

㉙浅灰色中厚层状泥晶云岩与灰黑页状泥质泥晶云岩互层。 厚7.76m

㉘浅灰色薄—中厚层状含黑色燧石结核泥晶球粒云岩,局部见透镜状层系。 厚24.73m

㉗浅灰—灰白色中厚层状含球粒泥晶云岩夹灰色页状云质泥岩,具水平层理,上部见波状层理,底部含少量燧石条带。 厚7.56m

㉖深灰色—灰黑色页状云质泥岩夹浅灰色中厚层状泥晶云岩。 厚13.73m

㉕浅灰色中厚层状泥晶云岩,水平层理发育。 厚1.62m

㉔~㉒灰色中厚层状泥晶云岩夹黑色亮晶豆粒(核形石)磷块岩(Ph_3^2)。 厚0.88m

㉑灰色中厚层状泥晶粉屑云岩局部含少量磷块岩条带。 厚1.75m

⑳~⑲深灰色中厚层状粉屑泥晶云岩夹灰黑色薄层状云质泥岩,含少量燧石条带和扁豆体,具水平层理和缓波层理。 厚8.37m

⑱灰黑色薄—中厚层状含硅质扁豆体含泥质泥晶云岩,中部夹少量黑色页状泥岩条带,具水平—微波状层理。 厚33.57m

⑰~⑯深灰色厚层状泥晶云岩。 厚3.30m

⑮黑色条带状泥晶磷块岩与灰色细晶云岩互层。 厚0.55m

⑭-2 灰黑色薄—页状含磷砂屑灰质泥岩。 厚0.39m

⑭-1 灰黑色块状亮晶砾屑硅质磷块岩(与上两层共同组成Ph_2)。 厚0.40m

⑬灰色块状亮晶砂屑云岩,夹少量条带状泥晶砂屑磷块岩、碎块及云岩砾屑。 厚4.37m

⑫灰黑色条带状泥晶砂屑磷块岩与浅灰色细粉晶云岩互层(Ph_1^{3-3})。 厚0.50m

⑪灰黑色块状条带泥晶磷块岩与泥晶砂、粒屑磷块岩互层,条带间夹少量云质泥岩,可见竹叶状磷块岩砾屑(Ph_1^{3-2})。 厚1.70m

⑩~⑨灰黑色条带状泥晶砂屑磷块岩、泥晶磷块岩及钾长石泥岩(Ph_1^{3-1}) 厚0.55m

⑧黑色页状钾长石泥岩夹泥晶磷块岩条带,具不规则缓波状层理,其中部磷条带相对集中(1/3~1/2)(Ph_1^2)。 厚10.46m

⑦含磷粒屑黑色页状钾长石泥岩。 厚2.24m

⑥黑色页状钾长石泥岩,含量散状黄铁矿,有机质,具规则水平层理。 厚2.20m

⑤灰黑色薄层状硅化泥晶磷块岩(Ph_1^1)。 厚0.50m

④~③深灰色块状细晶云岩,硅化强,具葡萄石积云状晶腺构造,底部见0.15m深灰色云质细砾岩。 厚4.86m

————～～～角度不整合～～～————

下伏地层为古元古代水月寺岩群:灰—深灰色块状长英质均质混合岩。

6)徐家坪剖面

胡集段(Z_1d_2):灰色中厚层细晶粉屑云岩。

————————整合————————

樟村坪段(Z_1d_1): 总厚20.15m

⑩灰色块状含磷硅质岩,泥晶结构,含少量磷砂屑及核形石,其底部为砂屑云岩,含少量磷粒屑。 厚1.00m

⑨灰—浅灰色厚层状砂屑云岩,上部普遍夹硅质条带和团块,交错层及单斜层理发育,水平波状纹层也较常见。顶部偶见硅磷质核形石条带断续分布。 厚11.00m

⑧浅灰色厚层状含磷砂-砾屑条带云岩,磷质多为泥晶结构,呈砾状及条带状产出,前者多沿层分布,但因水流冲刷排列无序,局部亦可见云质砾屑及冲刷沟槽(宽约0.3m,高约0.15m),分选磨圆差,分布不均匀,并可见交错层等。 厚0.70m

⑦深灰色叠层石磷块岩,具富屑、富藻层结构、砂屑结构、叠层石构造。自下而上为水平叠层石、波状叠层石及柱状叠层石磷块岩。其中柱状叠层石,柱高0.45m,宽0.15m。顶部尚存在一个冲刷面。 厚1.05m

⑥深灰色纹层状含云质条带叠层石磷块岩,其中云质条带(宽约0.5cm),约占整体的5%。底部夹有一层断续分布的云质小透镜体,大小为16cm×10cm,叠层石纹层以水平平行为主略具波状弯曲。 厚0.40m

⑤深灰色叠层石磷块岩,具纹层状,自下而上为云质砾屑磷块岩、细平行微层凝块石磷块岩、水平纹层状叠层石磷块岩、波状叠层石磷块岩。 厚0.60m

④灰黄色薄层状夹磷条带粉砂质泥岩,水平层理发育,磷条带以砂屑结构为主,条带宽0.5~2cm,含量很少,下部局部地段尚可见少量浑圆状乳白色硅质结核(粒径3~4cm),该层顶面呈波状起伏。 厚0~2.10m

③浅黄色薄层状粉砂质泥岩,水平层理发育,底部偶见磷砾屑。 厚0.70m

②浅灰—灰色厚层状叠层石白云岩,砂屑结构,叠层石主要为波状,局部为指状及锥状,偶见硅质条带。 厚0.60m

①浅灰色块状砂屑云岩,具亮晶砂屑结构,局部含少量陆源砾石,后期硅化强烈,上部可见小型交错层及平直纹层。 厚2.00m

————------平行不整合------————

南沱组(Nh_3n):灰黄色、土黄色冰碛砾砂泥岩。

7)肖家河剖面

胡集段(Z_1d_2):灰黑色含燧石扁豆体粉晶云岩。

⑥深灰色含硅、云质砂屑磷块岩(Ph_2)。 厚0.07m

―――――――― 整合 ――――――――

樟村坪段(Z_1d_1)：   总厚＞19.9m

⑤浅灰—灰色厚层块状粉晶云岩，含硅质条带及团块，中部见磷砾石和条带组成斜层理，层系厚约0.10m，并见小的揉皱及冲刷构造。   厚6.40m

④浅灰色厚层状粉晶云岩，含硅磷质粒屑和核形石团块及条带。   厚1.50m

③浅灰色厚层状含粒屑粉晶云岩。   厚1.50m

②浅灰色厚层状细—粉晶白云岩，局部含少量砂屑磷条带。   厚3.50m

①浅灰色—硅化强烈，晶脉构造较发育，上部还可见藻黏云岩之结构。   厚＞7.0m

(未见底)

2. 岩段层序及结构类型

上述樟村坪段底界是清楚，顶部与胡集段下亚段底部($Z_1d_1^2$)云岩或Ph_2属渐变过渡，自下而上可分为3个岩性亚段及4个岩性层。

(1)下白云岩亚段($Z_1d_1^1$)。下白云岩层遍布全区，仅局部因基底隆起而缺失，岩性特征为灰色—浅灰色泥粉晶结构，亮晶砂屑结构及少量砂屑结构，呈厚层—块状产出，本层一般厚3～5m。下部含片岩、片麻岩、石英等陆源砾石。砾石多为次棱角状不规则分布，砾径一般为0.5～5cm，含量5％～15％，局部可达20％～25％。顶部偶见星点状黄铁矿及其斑块，局部可见小型波状、水平、积云状等叠层石构造；水平层理、单斜层理和小型交错层理较发育。晓峰—朝天咀一带，白云岩近顶部见有厚0.7～1.2cm的(原生)硅质岩，色浅、质纯。

(2)含钾页岩-磷块岩亚段($Z_1d_1^2$)。下白云岩的继后沉积，由含钾页岩和磷块岩相间组成。

含钾页岩层(K_1、K_2)：黑—灰黑色，泥质—粉砂质结构，成分以水云母、蒙脱石为主，混杂有石英、长石、岩屑等碎屑物，局部尚可见高岭石、海绿石，普遍含磷砂屑、细小磷条带及有机质和星点、星散状黄铁矿等，其中在矿区中部东侧岩屑含量可高达20％～30％，大多地段磷屑及磷条带可相对集中，常于页岩层底部或中部构成Ph_1^1、Ph_1^2磷矿层。水平状、水平波状层理发育，层厚一般为5～25m。研究区宜昌磷矿田内部受基底隆起构造影响，局部地段出现缺失，如肖家河(剖面)、栗西、杨家扁、白竹、黑良山、挑水河等矿区，可见到Ph_1^{3-2}～Ph_1^{3-3}矿层或上白云岩亚段($Z_1d_1^3$)与下白云岩亚段($Z_1d_1^1$)直接接触，之间具有冲刷特征，神农架磷矿田西、北部的边缘滩和保康磷矿田潮坪相带上，广泛缺失含钾页岩，仅在潮汐沟(道、池)向南与海湾连接部位有含钾页岩沉积。

下磷层(Ph_1矿层)：应包括上述黑色钾页岩层中Ph_1^1、Ph_1^2矿层，但通常较发育。它是含钾页岩层上部与上白云岩下部相同的Ph_1^3矿层，为宜昌磷矿田中、南部的主要工业矿层，层位稳定，遍布全区。矿层厚0～15.4m，P_2O_5品位12％～36％。在发育完全地段，内陆有3个不同矿石类型的自然分层，自下而上为夹泥质条带砂屑泥晶磷块岩(Ph_1^{3-1})、致密条带状砂屑磷块岩(Ph_1^{3-2})和夹云质条带泥晶砂屑磷块岩(Ph_1^{3-3}矿层实属上白云岩下部过渡岩性分层)。

Ph_1^{3-1}矿层：灰黑色，由粉砂-泥质结构的泥(页)岩与砂屑泥晶结构磷块岩呈条带相间组成,水平波状、透镜状层理发育。与含钾页岩呈渐变关系,故称为下过渡带。Ph_1^{3-2}矿层为深灰色、紫绛色,以砂屑、泥晶砂屑和泥晶结构为主,砂砾屑、鲕粒叠层石结构次之;具致密条带状构造,局部夹泥质、云质条纹,水平波状、透镜状层理发育。因含磷品位高,故称为富矿层。Ph_1^{3-3}矿层为浅灰—深灰色,由砂屑结构白云岩条带与泥晶砂屑结构磷条带和少量砾屑相间组成,具水平波状、透镜状层理,揉皱变形层理及冲刷构造亦较发育,常与富矿层为冲刷接触,与上白云岩呈渐变关系,故称为上过渡带。

(3)上白云岩亚段($Z_1d_1^3$)。由上白云岩层或含磷白云岩层叠复而成。上白云岩层浅灰色、厚层块状,具砂屑结构、鲕粒结构、核形石结构等,孔隙式亮晶白云石胶结,大型斜变层理及各种类型的交错层理十分发育,底部揉皱现象亦较普遍,冲刷构造极其多见,但下切较浅。西部叠层石构造发育,成层较稳定。本层在宜昌磷矿田厚度一般为6~9m,向北至神农架磷矿田西部、保康磷矿田中南部厚度有所增大,向南(晓峰)厚度减薄,相变为青灰色泥质云岩—浅灰绿色云质泥岩或深灰色页岩、云质灰岩等。

(三)岩相类型及其特征

本次根据岩相标志、岩石组合、层序、岩比及磷矿层发育特征,对陡山沱期樟村坪段—胡集段下亚段沉积时的岩相作了进一步微相划分,主要为了重点反映与成磷条件关系密切的岩相类型及其变化规律(图4-10)。

1. 台地潮坪(I_1^1)

该相带与成磷条件关系密切,主要为滩间潮坪(潮坪-鲕滩)亚相(I_1^{1-2}),位于宜昌磷矿区最北缘,出露少,仅以肖家河剖面为例,其主要特征如下:

(1)剖面结构简单,岩石组合单一,全段均为云质沉积,局部含磷块岩砾屑及小透镜体。

(2)颜色普遍较浅,白云岩均为浅灰—灰白色。

(3)结构单一,上部以粉晶结核为主,普遍含砂屑,局部可见少量砾屑结构(多位于冲刷面上)。下部则为粒屑结构,以核形石、鲕粒结构居多,为亮晶白云石,以孔隙式胶结为主。

(4)岩层以厚层为主,斜交层理、交错层理亦可见,局部尚见小揉皱。

(5)见有层内冲刷,其下切浅,延伸颇短。

据上可知,该带(相)形成于水浅、动荡、氧化的潮间较高能环境。

2. 台地潟湖(I_1^2)

该相(带)与成磷条件关系密切主要为滩缘潟湖亚相(I_1^{2-3}),该亚相占据宜昌磷矿田中北部广大地区,总体呈北西向带状展布。基本特征为岩石组合复杂,剖面结构多样,岩相标志明显,含磷普遍但发育程度不等。据此,该亚相又可进一步分为以下几个微相。

1)潟湖隆起微相(I_1^{2-3a})

此微相为开阔台地海湾-潟湖相内相对隆起的部位,大体呈北西向带状展布,主要特征如下:

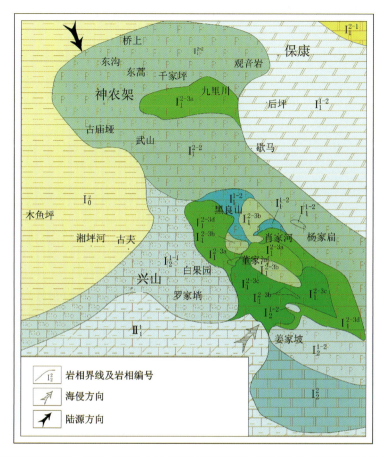

图 4-10 鄂西聚磷区保康—宜昌矿带陡山沱期樟村坪段沉积时岩相古地理图（据谭文清等，2012 改）

一、大洪山、武当古岛滨岸相（I_0）

I_0^2 滨岸潮坪含碳酸盐岩、砂岩、泥（页）岩亚相

二、浅海台地台坪相（I_1）

（一）台地潮坪（I_1^1）

I_1^{1-1} 岸沿潮坪（外）白云岩、粉砂岩、泥（页）岩亚相；I_1^{1-2} 滩间潮坪（潮坪-鲕滩）含磷块岩条带白云岩亚相

（二）台地潟湖（I_1^2）

I_1^{2-1} 岸缘潟湖粉砂质泥岩、含磷条带白云岩、灰质白云岩亚相；I_1^{2-2} 潮坪潟湖磷块岩、泥岩、白云岩亚相；

I_1^{2-3} 滩缘潟湖泥（页）岩、磷块岩、含硅质白云岩亚相；I_1^{2-3a} 磷质叠层石、磷块岩、白云岩隆起微相；

I_1^{2-3b} 夹页岩、白云岩条带泥晶砂屑碎块岩滩缘微相；I_1^{2-3c} 夹砂屑泥晶磷块岩条带，黑色页岩凹陷微相；I_1^{2-3d} 白云岩、页岩、磷块岩潟湖边缘微相

三、台地边缘相带（I_2）

（一）浅海台地边缘相粒屑白云岩、藻黏白云岩、泥质白云岩相（I_2^1）

I_2^{1-1} 浅滩-藻丘云质叠层石亮晶砂砾屑白云岩亚相；I_2^{1-2} 水下隆起粉砂质泥页岩、粒屑白云岩亚相

（二）台地斜坡含磷质、粉砂质泥岩、白云岩相（I_2^2）

四、鄂西盆地（II_1）

II_1^1 盆地后缘泥岩、硅质灰岩、泥质白云岩、灰质白云岩相

(1)全段为一套白云岩、磷块岩组合,以前者为主,岩比大于70%,后者呈夹层或透镜体产于其中,占10%～20%,部分地段见有泥质岩,岩比一般小于20%。

(2)结构普遍较粗,除泥质岩为粉砂、泥质结构外,磷块岩、白云岩均为泥晶砂砾屑结构、砂屑结构、砾屑结构、藻黏结构等。

(3)颜色相对较浅,白云岩为浅灰—灰白色,磷块岩为灰黑色,部分含钾页岩除黑色外亦见黄褐色。

(4)层理极发育,磷块岩普遍具透镜状层理、波状层理,云岩以交错层理最为发育,泥(页)岩则多为水平(波状)层理。

(5)层面构造虽不多见,但很典型,含磷层中可见强烈流水作用形成的冲坑,其中见磷砾石及白云岩砾石,下白云岩顶面具大的砂垄。

(6)含磷普遍,其中下磷层(Ph_1^3)厚度变化大(0～3.69m),多以夹泥、云质条带磷块岩为主,局部为透镜状致密条带状磷块岩(Ph_1^{3-2}富矿),中磷层(Ph_2)发育程度好,多为致密条带状磷块岩,厚度较稳定(1.8～4.13m),呈层产出。

(7)藻类生物繁盛,多衍生于隆起地形周缘,磷块岩中最为常见,其生态主要为叠层石,外形随水的能量高低而有序变化,自下而上依次为水平、波状、柱状,且具两个旋回,构成小的"点礁"。此外,尚有核形石和层纹石不均匀产出,以云岩最为普遍。

(8)次生矿物主要为石英,多交代白云石呈不规则集块产出。其次为重晶石,或以原生条带夹于页岩中,或交代白云石呈团块,结核产出。

(9)沉积厚度,一般变化在0～25m之间。

该亚相形成于浅水、动荡、弱碱性、氧化的潮间高能环境。

2)潟湖滩缘微相(I_1^{2-3b})

此微相主要分布于潟湖隆起微相南缘或西侧,东起宜昌殷家沟、桃坪河,西经樟村坪、店子坪,止于兴山树崆坪,呈北西向展布。该微相为富磷层赋存的主要地段,其基本特征如下:

(1)剖面常为五元结构,岩石组合稳定,自下而上依次为下白云岩、页岩、下磷层、上白云岩、中磷层。

(2)泥质含量均在30%～50%之间,云质小于40%,磷质一般在15%～20%之间。

(3)下磷层三分明显[即下过渡带(Ph_1^{3-1})、富矿层(Ph_1^{3-2})、上过渡带(Ph_1^{3-3})],规模较大,且西部厚度相对变化大,中磷层同样以东部为好,具一定规模,中、西两部见零星分布,无工业价值。

(4)颜色深浅分明,页岩与磷块岩均为灰黑色,仅东部下磷层呈暗紫绛色,上、下白云岩均为浅灰色至灰白色。

(5)结构从下至上由细到粗有序变化,特别是含磷层中依次为泥晶砂屑结构、砂屑结构、泥晶砾、砂屑结构,或亮晶砾、砂屑结构。另外,上白云岩为层岩石结构,普遍较下白云岩粗。

(6)层理发育,自下而上见水平层理、波状层理、透镜状层理、斜交层理及交错层理等。其中波状、透镜状层理主要发育于磷块岩层中,斜层理、交错层理普遍见于云岩中。

(7)冲刷构造比较常见,多发育于富矿层(Ph_1^{3-2})顶部上过渡带中,在上过渡带中普遍见揉皱变形层,小冲坑及片块状砾石。

(8)生物构造主要为叠层石,多见于富矿层顶部及上过渡带中,其形态一般为水平波状集云状、锥柱状或穹状,局部受水体作用搅动而位移拉开。

(9)自生矿物主要为黄铁矿,多呈星散状分布于页岩中,极少呈线状沿层产出,其他层位偶有见及,另在中磷层之顶局部可见(桃坪河)白色膏盐层。

(10)沉积厚度变化一般在25m左右。

该相带早期处于安定、滞流、还原的潮下低能环境,晚期转化为浅水、动荡的潮下-潮间中高能环境,富而稳定的下磷层主要发育于这一转折、过渡时期,中磷层则属于高能环境末期衰期转折阶段的产物。

3)潟湖凹陷微相(I_1^{2-3c})

此微相为潟湖相内沉积低地,主要特征如下:

(1)剖面四元结构清楚,岩序稳定,自下而上依次为下白云岩、页岩、磷矿层(Ph_1^3)、上白云岩。

(2)磷矿层缺失富矿层(Ph_1^{3-2})仅由下磷层"上、下过渡带"($Ph_1^{3-1}+Ph_1^{3-3}$)组成,具有厚度较大、泥质配比大、品位偏低(多为中贫矿)、分布亦较稳定的特点。中磷层(Ph_2)极不发育,时隐时现,仅具层位意义。

(3)颜色深浅有别。上、下白云岩均为浅类、灰白色,页岩及磷块岩主要为黑—灰黑色。

(4)自下而上,结构变粗,颗粒增多。依次为泥晶结构、泥质结构、泥晶砂屑结构、含砾亮晶砂屑结构及亮晶砂屑结构。

(5)层理类型多且较发育,下部以水平层理微细波状水平层理、缓倾斜的单斜层理为主。中部以波状层理、透镜状层理(主要见于泥质、云质条带磷块岩中)为主,上部以波状交错层理、楔形斜层理为主。

(6)层面构造少见,仅在上过渡带中见冲刷构造。

(7)自生矿物主要为黄铁矿,呈星散状、结核状产于页岩中。

(8)沉积厚度较稳定,一般在30m左右。

该亚相总体处于安定、闭塞、滞流、还原的潮下低能环境,末期转化为浅水、动荡的潮下-潮间高能环境。

4)潟湖边缘微相(I_1^{2-3d})

此微相分布在台地边缘滩-水下隆起后侧及内潮坪-鲕滩亚相前缘,主要特征如下:

(1)剖面以四元结构为主,五元结构次之,自下而上依次为下白云岩、页岩、磷矿层(Ph_1^3)及上白云岩(局部地段如董家河北部可见Ph_2矿层)。其中页岩配比小、变化大,局部可见零值区使剖面变为三元结构。

(2)磷块岩厚度变化大(Ph_1^3矿层厚从1.1m变到15.5m),品位低,并以砂屑鲕粒结构较发育为特征,鲕粒大小均一,一般在0.5mm左右,常见2~3个层圈。鲕粒由泥质、云质胶结,且与泥质条带相间。地表风化呈白色圆点(鲕粒),这是本微相与凹陷微相的最主要区别,北侧边缘Ph_2磷矿层可形成稳定富矿带(1.8~7.4m)。

(3)在鲕粒中见较多藻丝体及有机质渲染暗化边及暗色层圈。

(4)沉积厚度相对变化大。

该微相无论是在沉积环境、古地理位置,还是岩矿石特征都是一个过渡带,水体除局部有潮汐作用影响外,主要还是受"沿岸"微弱底流牵引,形成鲕粒加积作用,又因复水浅,藻生物较发育,总体能量为中低能。

3. 边缘相(I_2^1)

该相带与成磷条件关系密切。

1)浅滩-藻丘亚相(I_2^{1-1})

此亚相分布于矿区中南部西端,主要特征如下:

(1)剖面结构简单,岩石组合单一,整个樟村坪段由一套白云岩组成,泥质含量几乎为零,局部可见薄层夹于层间。

(2)磷质含量极低,所见者均呈砂屑零星分布,很少构成集合体向北渐增,可以条带产出。

(3)颜色浅、结构粗,均呈浅灰色、灰白色,以砾屑结构为主,砂屑结构次之,均为孔隙式亮晶胶结。

(4)斜层理发育,单斜层理、楔形层理、槽状交错层理相伴共生。

(5)藻类生物繁盛,含磷段顶部均为稳定成层的叠层石,类似"层礁",形态主要为半球状、穹状和锥柱状,其次为波状和丘状。

(6)自生矿物主要为黄铁矿,以溶蚀交代形成,局部可构成一定规模的矿床。

(7)沉积厚度小且较稳定,一般均在 5~10m 之间,向北有增大的趋势。

该亚相形成了浅水、动荡、碱性、氧化的潮下-潮间高能环境,水流循环好,筛选作用强,气候温暖,阳光充足,为碳酸盐沉积和藻类繁衍的有利地带。

2)水下隆起亚相(I_2^{1-2})

此亚相位于矿区中南部东侧,北与潟湖边缘、凹陷微相渐变,南与斜坡相过渡,主要特征如下:

(1)剖面以二元结构为主,南缘(雾渡河一带)仅见下白云岩及页岩,其中下白云岩分布极不稳定(0~2.25m),局部缺失;北缘(黄木岗南 Tc502、Tc504)仅见下磷层及上白云岩,局部亦可见下白云岩。

(2)南缘以泥质为主,北缘以云岩为主。其中前者泥、页岩中钾长石含量甚丰,最高可达 60%~70%,多呈泥晶状与黏土混布,少数呈棱角状及柱状粉砂。

(3)磷质含量少,南缘磷质多呈砂屑,或由磷砂屑组成的小扁豆体,细小条带稀疏分布于页岩中,向北磷质含量增多,呈较密集的磷条带,并逐渐过渡为薄而稳定的下磷层。

(4)层理较发育,南缘以水平层理为主,北缘则见波状、透镜状、单斜状、槽状交错等层理。

(5)自生矿物主要为黄铁矿,呈星散状零星见于泥页岩中。

该亚相在樟村坪早期曾不同程度处于水上隆起,接受风化剥蚀,致使不同程度缺失下磷矿层以下的白云岩及部分页岩沉积,中晚期随海侵加剧而没入海底,处于水下隆起,由于暗岛密布,水体受阻沉积了页岩,对海水起阻挡分流作用。

4. 斜坡相（I_1^3）

该相带位于矿区南部东端，主要特征如下：

(1)剖面总体为两元结构，即下部为白云岩，上部为粉砂质页岩，其间常夹有一层硅质岩，厚度0.70～1.80m，页岩中上部含泥晶砂屑磷块岩细条带。

(2)沉积物配比稳定，泥质岩大于50%，云岩在20%～30%之间，磷块岩小于10%。

(3)磷质核形石，具2～7层圈，富藻层丝状体缠绕明显，常与磷质砂屑不均匀散布于页岩中。

(4)层理发育，页岩普遍为水平、水平波状层理，云岩主要为大型单向斜层理及斜波状层理，偶见滚落石构造，分布随机，长轴与层理、层面明显斜交。

(5)可见大型滑塌现象，层理变形，层面虚脱、挤压、揉皱、包卷甚为典型。

(6)自生矿物南以海绿石为特征，北以星散状黄铁矿为代表。

(7)沉积厚度一般变化在10～25m之间，等厚线走向与斜坡倾斜方向一致。

该相带属水能量中等、弱氧化弱还原环境，地处向广海倾斜的斜坡地带。

5. 盆地后缘相（II_1^1）

此相带见于宜昌磷矿区南西角，即兴山青石垭—宜昌莲沱一线以南，主要特征如下：

(1)剖面以二元结构为主，下部为云岩、含灰质云岩；上部以水云母页岩为主，局部夹云岩、灰岩透镜体，向南则为页岩与灰质云岩互层或页岩夹薄层泥灰岩。

(2)含磷极其稀少，仅在页岩中偶见少量磷砂屑及细小条带。

(3)颜色单调、结构单一。泥质岩以灰绿色为主，碳酸盐岩则以灰色为主，前者为泥质结构，水平层理发育，后者为泥、粉晶结构，薄－中层状，以水平微细层理发育为代表。

(4)微古植物较常见（局部），以浮游球状体种类为主。

(5)自生矿物以星散状黄铁矿为主。

该相带形成于水流循环差、复水深、还原条件较强的潮下低能环境。

另外，保康磷矿田总体处在潮汐带上，属高位体系域，兼有波浪沉积特点，大部为潮坪或潮间潟湖（I_1^{2-2}）。本次未进一步划分微相。

（四）同沉积构造作用与磷质聚集条件

研究区岩相和岩性分区除受区域古构造、古地理控制外，另一个重要因素就是同沉积构造作用，这一作用现象具体表现在樟村坪段岩层沉积等厚线差异变化，或同一时期不同岩性剖面结构的岩相差异。

1. 岩层沉积等厚线变化

岩层沉积等厚线往往是沉积环境和同期构造共同作用的产物，特别是在基底近于夷平的较稳定"陆块"沉积区，岩层沉积等厚线差异变化更能说明同沉积构造的作用。如前所述，本磷区在陡山沱期沉积时"陆块"相对稳定，基底亦相对夷平，全区下白云岩分布广泛、岩性单一、厚度均衡而相差不大的事实，可进一步得到佐证。但是，自黑色（含钾）页岩沉积时，区内出现了沉积厚度差异,其厚度变化 0~28.49m。由于同沉积构造作用影响,北西向古断裂活动和北东向凹陷逐步加强,从而形成了以北西向为主、兼之北东向的沉降中心(图 4-11),特别是宜昌磷矿田北部白竹矿区以北、神农架磷矿田武山矿区以西及保康磷矿田范围,出现(含钾)页岩缺失,反映该沉积区处在极浅的潮坪或边缘滩环境,而宜昌磷矿田的中、南部则处在海平面之下,这一变化特征较好地指示北高南低的古地貌态势。下富磷层(Ph_1^{3-2})沉积时,又相对稳定,其厚度变化 0~4.23m,则主要受限于沉积环境差异。图 4-12 所示宜昌磷矿田上白云岩沉积等厚线厚度又明显不同,这与碳酸盐岩向上建造有一定关系,但总体反映沉积时海平面上升,台地海岸线向北迁移的古地理环境。因此,上白云岩($Z_1d_1^3$)及其 Ph_2 矿层在宜昌磷矿田北部或以北地区普遍发育。

图 4-11 鄂西聚磷区保康-神农架-宜昌磷矿田陡山沱组樟村坪段含钾页岩
(一段 $Z_1d_1^2$)等厚线图(据谭文清,2012 修改)

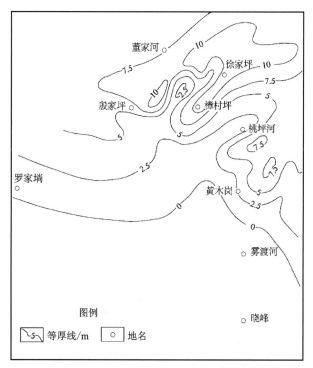

图 4-12　宜昌磷矿田南部陡山沱组樟村坪段上白云岩($Z_1d_1^3$)沉积等厚线图(据金光富等,1987)

2. 磷块岩的沉积环境变化控制

同沉积构造作用的不均匀性还表现在对本区磷块岩和胡集段下亚段沉积环境变化的控制,通过对陡山沱组樟村坪段及胡集段下亚段的岩性、层序、沉积旋回分析,初步归纳出 5 种主要的不同岩性结构剖面组合,实际上也就代表了 5 种主要的不同岩相剖面结构类型,即一元结构为浅水岩相类型,下为岸沿潮坪相,上为边缘滩相组合;二元结构类型下仍为岸沿潮坪相,上为斜坡边缘相;三元结构类型下仍为局限台地潮坪潟湖相,是保康磷矿田较为独特的剖面结构类型;四元结构与五元结构类型则代表了一种由岸沿潮坪—潟湖(或海湾)—潮坪浅滩(或凹陷)—滩间潮坪相过渡渐变环绕,也是宜昌磷矿田较为独特的剖面结构类型。

横向上一元结构与二元结构相比,下部岩性、岩相相似。上部岩性、岩相差异甚大。具体分析这一变化除主要受限于基底地形、古地理环境及海进递变速率外,同沉积构造作用也有一定影响,反映在二元结构东、西两翼中上层岩相标志不同,泥岩层沉积厚度相关较大,磷块岩分布不均一,局部可构成透镜状的工业矿体。而一元结构与五元结构相比,下部均存在沉积环境一致的下白云岩层,上部又有岩相类型相似的上白云岩层,仅缺中部黑色(含钾)页岩和磷块岩层。

这种既不缺失上(层),又不缺失下(层),剖面上岩相变化与横向上不尽协调的沉积作用(现象)表明,同一地台沉积岩相环绕的反复或不反复应受控于古地理和同沉积构造作用的双重影响,且磷块岩则聚集在既相对稳定又有变化的环境中。

横向上岸沿潮坪—潟湖(或海湾)—潮坪浅滩—滩间潮坪,其旋回曲线不均匀变化,磷块岩沉积多处在岩相条件变化部位。樟村坪段下部(Ph_1^1、Ph_1^2)沉积速率快、环境单一、水动力条件简单,磷质成层性差;樟村坪段中上部(Ph_1^3)至胡集段下亚段底部(Ph_2),沉积环境相对稳定、持续时间长、水动力条件亦较强,磷质成层性好。从沉积旋回曲线分析,其正处在海进与海退拐点的始末,前者(Ph_1^3)为海进行将终止的较稳定期(环境),后者(Ph_2)为(短暂)海退开始的半稳定期(环境),这也似乎说明同沉积构造作用经历了一个由产生、发展到逐步稳定的过程,同沉积构造作用相对稳定或减弱时,取而代之是碳酸盐岩向上变浅序列的发育。

3. 向上浅滩化意义

与詹姆斯在《碳酸盐中向上变浅的序列》文中所列纽约州曼利厄斯组几个向上变浅序列的实际顺序相比(图4-13),樟村坪段向上变浅岩相序列是明显的,由下白云岩—黑色(含钾)页岩—上白云岩顺序变化,实际就相当于其中下部岩层(相)序列的变化。特别是台地内部樟村坪段黑色状含钾长石泥岩,其上下层理构造及结构类型不同,反映水动力条件从下向上由弱增强,沉积环境由较深变浅。再加上台地内上白云岩层广泛分布,高能浅水构造发育,这种碳酸盐向上变浅的岩相序列不仅在剖面上显而易见,同时在平面分布上也是有变化的。与仅在台地边缘分布的浅水较高能下白云岩(罗家塪-柴家坪)相对比,其沉积界线大大地向北(岸)推移,这种在海进进程下,退积型岩相剖面发育程度影响因素是复杂的,是由海水进退、古地理环境、同沉积构造作用或碳酸盐的向上浅滩化相间作用的结果。前者为磷块岩聚集提供物质来源和沉积场所,后者则为磷块岩的富集创造了良好的水动力条件及较稳定环境。根据宜昌磷矿各地樟村坪段岩性及磷块岩分布实际材料编制的平剖面,综合典型岩相剖面及磷块岩分布剖面对比,均证实了这一问题(图4-14、图4-15)。

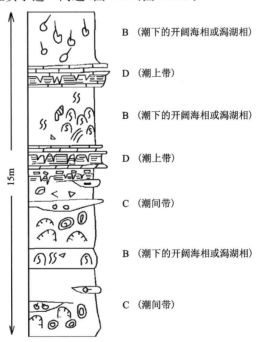

纽约州曼利厄期组几个向上变浅序列的实际顺序

图4-13 碳酸盐岩岩相序列(向上变浅)模型(引自詹姆斯,1979)

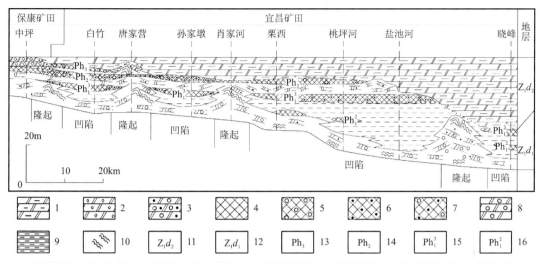

1.泥质云岩;2.粉晶云岩;3.砾砂屑云岩;4.磷块岩;5.砾屑磷块岩;6.砂屑磷块岩;7.砾砂屑磷块岩;8.砾屑云岩;9.泥(页)岩;10.层纹石;11.陡山沱组胡集段;12.陡山沱组樟村坪段;13.第三磷层;14.第二磷层;15.第一磷层上分层;16.第一磷层中分层

图 4-14 樟村坪段、胡集段主要磷矿层与岩相及时间界面的关系(据谭文清,2012)

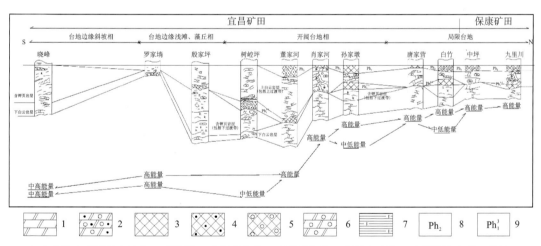

1.白云岩;2.砾砂屑白云岩;3.磷块岩;4.砂屑磷块岩;5.砾屑磷块岩;6.砾屑白云岩;7.含钾页岩;8.第二磷层;9.第一磷层中分层

图 4-15 樟村坪段岩相及矿层柱状对比(据谭文清,2012)

三、胡集段

本段上亚段与王丰岗段底部 Ph_3 组成陡山沱组第Ⅱ成磷旋回,总体为海退层序组。Ph_3 赋存于王丰岗段底部。

（一）岩性、层序及沉积环境

1. 代表剖面列述

1）樟村坪剖面

上覆震旦系下统陡山沱组王丰岗段（三段）：

㉖深灰—灰黑色页状云质泥岩夹浅灰色中厚层状泥晶云岩。 厚13.73m

㉕浅灰色中厚层状泥晶云岩，水平层理发育。 厚1.62m

㉔～㉒灰色中厚层状泥晶云岩夹黑色亮晶豆粒（核形石）磷块岩（Ph_3）。 厚0.88m

——————————整合——————————

下震旦统陡山沱组胡集段（二段）：

上亚段 $Z_1d_2^2$

㉑灰色中厚层状泥晶粉屑云岩局部含少量磷块岩条带。 厚1.75m

⑳～⑲深灰色中厚层状粉屑泥晶云岩夹灰黑色薄层状云质泥岩，含少量燧石条带和扁豆体，具水平层理和缓波层理。 厚8.37m

⑱灰黑色薄—中厚层状含硅质扁豆体含泥质泥晶云岩，中部夹少量黑色页状泥岩条带，具水平—微波状层理。

下亚段 $Z_1d_2^1$

⑰～⑯深灰色厚层状泥晶云岩。 厚3.30m

⑮黑色条带状泥晶磷块岩与灰色细晶云岩互层。 厚0.55m

⑭-2 灰黑色薄—页状含磷砂屑灰质泥岩。 厚0.39m

⑭-1 灰黑色块状亮晶砾屑硅质磷块岩（Ph_2^1）。 厚0.40m

2）东蒿坪剖面（收集剖面）

上覆下震旦统陡山沱组王丰岗段（三段）：

⑩灰色薄—中层状泥质白云岩。

下震旦统陡山沱组胡集段（二段）：

上亚段 $Z_1d_2^2$

⑨灰色泥质云岩夹少量磷块岩条带。磷块岩条带宽2～13cm，泥质白云岩中含磷砂屑或小透镜），下部间夹粉砂质泥岩条带。 厚2.50m

⑧云岩与云质泥岩、磷块岩互层。磷块岩单层厚10～18cm。云质泥岩含砂屑磷与透镜体。 厚0.80m

下亚段（$Z_1d_2^1$）

⑦黑色薄层状含泥质云岩，含黄铁矿，局部聚集成条带或透镜体（厚2mm）。局部含碳质。 厚2.30m

⑥含磷条带云质泥岩（或泥质云岩）。磷条带宽0.5～1.5cm。 厚0.50m

⑤灰色中厚层状含灰质云岩。 厚0.70m

④Ph_2磷块岩夹云岩条带或透镜体。 厚0.40m

下震旦统陡山沱组樟村坪段(一段):

③$Z_1d_1^3$浅灰色云岩,细晶结构,块状—厚层状构造,含磷细条带,宽0.5～2.0cm,局部见磷条带较密集分布。 厚1.20m

②Ph_1^3致密状磷块岩与细晶云岩互层(云岩条带状磷块岩),磷条带宽1～4cm。 厚0.90m

①灰色中厚层(中薄层)状细晶云岩,含黑色锰质结核(下白云岩)。

未见底。

3)九里川板凳垭剖面

上覆下震旦统陡山沱组王丰岗段(三段):

⑱灰色中层状泥晶云岩—粉晶云岩基本层序,间夹灰绿色云质页岩条带或泥质云岩条带与⑰之间界线截然。

⑰灰色薄层状粉晶云岩,含白—灰白色泥晶磷块岩条带。 厚3.00m

Ph_3矿层

⑯上部:深灰色粉晶云岩—褐红色铁质页岩—深灰色砂屑泥晶磷块岩,互层条带状构造。

厚0.90m

下部:灰白—灰色云质泥晶磷块岩夹深灰色粉晶白云条带。 厚3.0m

⑮灰黑色夹泥质云岩条带—粉晶云岩条带砂屑泥晶磷块岩、砾砂屑泥晶磷块岩(麻矿)。

厚2.40m

⑭深灰色薄层状云质泥岩磷块岩(麻矿),其间褐红色铁质页岩条带或薄膜,单磷层厚10cm。 厚1.70m

⑬上部褐色白云泥岩—灰黑色粉晶云岩—灰黑色砂屑泥晶磷块岩—肉红—灰白色硅质泥晶磷块岩基本层序,互层条带状构造。 厚0.60m

下部黄色泥质云岩—灰黑色粉晶云岩—灰白—肉红色含砂屑泥晶磷块岩韵律层构造。

厚0.6m

⑫深灰色薄层—条带砂屑磷块岩—黄灰色泥晶云岩—灰白色薄层—条带硅质泥晶磷块岩互层,或条带状磷块岩。 厚1.90m

下震旦统陡山沱组胡集段(二段):

⑪黄灰色泥质云岩—深灰色粉晶云岩—肉红色硅质泥晶磷块岩互呈条带体层序分布,呈现条带状磷块岩,条带1～5cm,具韵律特征。 总厚1.10m

Ph_2^2矿层

⑩肉红色、灰色角砾状泥晶磷块岩,单层10～15cm。角砾呈透镜状,长条带呈波状水平层理、斜层理分布,层间由泥质云岩相隔,角砾大小1cm×5cm～5cm×15cm,反映浅水冲刷特征。部分为硅质岩,硅质磷块岩砾屑,似断非断连接,总体上岩石呈似角砾状构造,反映水动力条件强烈。 厚1m

⑨$Z_1d_2^{1-2}$浅灰色—灰白—肉红色含磷硅质透镜体(角砾)粉晶云岩。 厚0.60m

Ph_2^1 矿层

⑧上部：含肉红色粉晶白云岩条带磷块岩、致密条带磷块岩。 厚1.70m

下部：黄绿色泥岩、深灰色泥晶白云岩、肉红色磷质粉晶白云岩、深灰色泥晶磷块岩相间组成的条带状磷块岩。底面凹凸不平。 厚0.90m

下震旦统陡山沱组樟村坪段（一段）：

上亚段（$Z_1d_1^3$）：

⑦灰色含磷硅质白云岩，磷质为团块状透镜状砂屑泥晶磷块岩，底部见冲刷构造，呈现角砾状或砾屑结构。 厚2.80m

2. 岩段层序及结构类型

1）胡集段

胡集段上亚段与下亚段界线清楚，其顶部与王丰岗段（Z_1d_3）底部多数情况是以 Ph_3 矿层核形石硅质磷块岩或核形石硅质岩为标志划分，当 Ph_3 矿层不发育时，两者呈过渡关系，岩性上以黑色、深灰色为特征，局部地段含碳质，向上王丰岗段过渡为灰色、浅灰色粉晶白云岩，间夹灰色、灰绿色泥岩条带或薄层。本区胡集段岩相变化较大，北部保康磷矿田分层结构复杂，其中东蒿坪、九里川、白竹等矿段，层序发育较完全，矿层分层结构与荆襄地区可对比；宜昌磷矿田中、南部和神农架地区矿层不发育，岩石组合单一。综合上述剖面，自下而上可分为两个亚段及5个岩性层。

（1）灰色、浅灰色磷块岩—白云岩亚段（$Z_1d_2^1$），即为胡集段下亚段，自下而上划分 $Z_1d_2^{1-1}$、$Z_1d_2^{1-2}$ 两层。

①$Z_1d_2^{1-1}$ 矿层又分为如下两层。

中磷层一矿层（Ph_2^1）为宜昌磷矿田北部、保康磷矿田的主要工业矿层，发育于上白云岩之上，厚度变化极不稳定；宜昌磷矿田中部多以大小不等的透镜体断续分布，至江家墩矿区即为稳定成层。其主要特征为深灰色、灰黑色，砂砾屑结构，含少量核形石，亮晶磷灰石以孔隙式胶结，局部硅化强烈，构成低品位的硅质磷块岩。栗西矿区以北为单一硅化砂砾屑磷块岩，不少地段底部具明显层间冲刷面，与上白云岩纵向上相互叠置，横向上相变过渡。

白云岩层：宜昌磷矿田分布稳定，主要为一套粉晶、泥晶白云岩组合，含少量黑色含燧石扁豆体或黄铁矿，水平层理发育，属局限台地潮下低能带沉积物，仓屋垭、樟村坪等地段可见磷质砂屑，层厚0.1～0.3m；向北至白竹相变为粉砂质页岩或泥质白云岩，保康磷矿田中坪一带其顶板可见冲刷面致使缺失。根据以往剖面资料，该亚段在北部多数地区分层结构特征不明显，这与沉积环境变化相关。南部地区主要为潮下潟湖，北部主要为局限台地潮坪或潮间带。

②$Z_1d_2^{1-2}$ 矿层又分为如下两层。

中磷层二矿层（Ph_2^2）：宜昌磷矿田北部、保康磷矿田的主要工业矿层，主要为砂屑磷块岩、云岩条带磷块岩、致密块状磷块岩、硅质磷块岩等类型，呈层状似层状产出，与顶底板界线不明显，仅根据磷含量多少定义矿层。

含磷泥质白云岩或粉砂质泥岩层：两者互为相变。中东嵩矿区东部矿段主要为粉砂质黏板岩，具有变余泥质—粉砂质结构，成分以水云母、蒙脱石为主，混杂有石英、长石（钾长石）、岩屑等碎屑物，含内源磷质砂屑，局部含碳质、磷质条带。该层在本区可构成第二个成磷旋回下部层序，厚0.5～3m。

(2)$Z_1d_2^2$含磷泥质白云岩或含磷硅质白云岩层。

南部宜昌磷矿田主要为深灰色、灰黑色薄—中层状含燧石扁豆体泥晶白云岩-粉晶泥质白云岩-粒屑粉晶白云岩组合，含少量磷质条带，厚10～26.69m，水平层理，普遍含黄铁矿，局部聚集呈条纹状顺层分布，总体属闭塞海湾或深水潟湖环境沉积物；宜昌磷矿田包括神农架磷矿田北部主要为灰色、深灰色含磷质的硅质岩-硅质白云岩-泥质白云岩-粉砂质泥岩组合，普遍含磷质砂屑、磷质条带和燧石结核。总体上看，本层主要形成于潮间带-潮汐潟湖浅水环境，白竹一带具有闭塞海湾深水潟湖向浅水潟湖—潮汐潟湖的过渡特征。

2)王丰岗段(Z_1d_3)Ph_3含矿层

Ph_3赋存王丰岗段底部，即相当于前人Ph_3矿层，全区发育，主要为灰色、深灰色含磷硅质岩或硅质磷块岩，两者互为变化。成因上与下伏胡集段上亚段磷矿化有紧密联系，即属第Ⅱ成磷旋回顶部结构层。不同沉积区表现不同沉积特点，具体如下：

(1)南部沉积区（宜昌磷矿田）。多为核形石硅质磷块岩-磷质砂屑粉晶白云岩和豆粒状磷质硅岩-泥晶砂屑磷块岩-粒屑粉晶白云岩组合，其中豆粒、核形石粒径2～10cm不等，与白云岩接触面上具有冲刷痕迹，并有溶蚀现象，在董家河、樟村坪一带厚0～2.07m，向北至白竹一带厚0.4～1.0m。根据白竹剖面XSⅢ-14和XSⅣ-11薄片显微鉴定结果，磷（泥）质硅岩中胶磷矿呈团粒状均质体，多数为圆形，为未交代的残留体，个别地段可见磷灰石呈细小晶体产于团粒间孔隙中，晶体形态简单，为短柱状、六方柱状、矩形等，干涉色极低，折光率大于玉髓，为胶磷矿后期重结晶的产物。鲕绿泥石或含铁质的磷酸盐矿物呈黄褐色，土状集合体，为圆粒及充填于粒间空隙之间的胶结物，干涉色为一级暗灰色，比玉髓的干涉色还低；玉髓-石英呈放射状、粒状，交代胶磷矿，成团粒假象，团粒结构，多数为圆形，磨圆度较好，少数呈长棒状；白云石以藻泥晶为主，少数为粗晶（再结晶的结果），为团粒的成分，团粒粒径可达0.4mm。从上述特征看沉积环境属局限台地浅滩-潮汐潟湖或潮坪。

(2)北部沉积区（保康磷矿田）。九里川一带为泥质白云岩—含磷硅质白云岩—球粒状砂砾屑磷块岩构成的韵律层，以富含泥质、硅质为特征，局部构成工业矿层，风化或呈砂砾状，俗称"麻矿"；东嵩坪一带岩相变化很大，主要为粉砂质泥质白云岩-团粒状磷块岩和磷质硅岩-硅质磷块岩组合，多为灰色、深灰色，富含黄铁矿。从上述特征看，北部Ph_3矿层沉积环境总体属潮汐浅滩-潮汐潟湖，局部为潮道或潮池。

（二）岩相类型及其特征

本次根据岩相标志及胡集段岩石组合、层序及磷矿层发育特征，对陡山沱期胡集段上亚段和王丰岗段($Z_1d_2^{1-2}-Z_1d_2^2-Ph_3$)沉积时的岩相作了初步划分（第Ⅱ成磷旋回），重点反映与成磷条件关系密切的岩相类型及其变化规律（图4-16）。

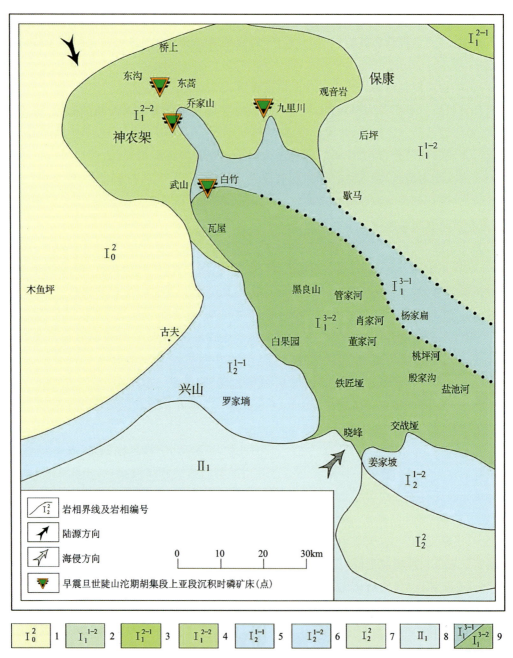

图 4-16 鄂西聚磷区保康-宜昌矿带陡山沱期胡集段 Ph_2 沉积时岩相古地理图（据谭文清，2012）

1.滨岸潮坪含碳酸盐岩、砂岩、泥（页）岩相亚相；2.滩间潮坪(潮坪-鲕滩)含磷块岩条带白云岩亚相；3.岸缘潟湖粉砂质泥岩、含磷条带白云岩、灰质白云岩亚相；4.潮坪潟湖磷块岩、泥岩、白云岩亚相；5.浅滩-藻丘云质叠层石亮晶砂砾屑白云岩亚相；6.水下隆起粉砂质页岩、粒屑白云岩亚相；7.台地斜坡含磷质、粉砂质泥岩、白云岩亚相；8.浅水盆地泥（页）岩、泥灰质白云岩、云质灰岩相；9.局限台地潟湖或半闭塞海湾；I_1^{3-1}.浅水潟湖；I_1^{3-2}.深水潟湖陡山沱期胡集段上亚段和王丰岗段沉积时的古地理环境表现为北高南低的地貌特征,在樟村坪段—胡集段下亚段 Ph_2(第Ⅰ成磷旋回)沉积结束之后,本区经历了一次海退。因此胡集段上亚段—王丰岗段(Ph_3)沉积时又进入了第Ⅱ沉积旋回,其显著特征是下部普遍含陆源粉砂质、泥质,在北部东蒿坪、白竹的矿区,可见到粉砂质泥岩,向上过渡为泥质白云岩-硅质岩组合,磷块岩局部富集成工业矿层。根据白竹、东蒿坪、九里川、杨家扁等剖面对比研究,该沉积时的磷块岩分布受古地理岩相控制十分明显。特别需要引起重视的是,荆襄地区赋存中大型磷矿床。据《鄂西磷矿含磷岩系对比划分及成矿规律研究报告》(肖蛟龙等,2017)保康—宜昌地区胡集段岩相及古地理环境从大区古地理环境切入,结合典型剖面深入研究,得出以下几个方面的认识:

(1)宜昌磷矿田中南部地区胡集段上亚段—王丰岗段 Ph_3 沉积时处在深水闭塞-半闭塞海湾,受边缘滩相(水下隆起带,早期为障壁岛)隔离,仅在长阳至姜家坡、交战垭一线形成洋流和海水通道,并与南部浅海盆地相通。边缘滩(I_2^{1-1}、I_2^{1-2})沿兴山—罗家墘—姜家坡一线向东延伸至荆襄西部地区,受该相带阻挡其南部形成局限海湾或潟湖。潟湖中心区处在樟村坪至黑良山一带(I_1^{3-2}),胡集段上亚段沉积厚度 $29\sim44m$,向东至杨家扁、向北至白竹厚度逐渐变小,其沉积建造组合和成矿特征明显反映出浅水潟湖环境(I_1^{3-1})。北部潟湖边缘沿白竹—东蒿坪—乔家山—中坪南部—九里川—杨家扁一线分布,受其控制形成北部保康磷矿田潮坪潟湖相带(I_1^{2-2})。这反映本区胡集段沉积时海水深度北浅、南深,东西浅、中部深的特征。

(2)神农架磷矿田西部和保康磷矿田大部分地区属于局限台地潮坪(I_1^{2-2}),沉积环境为潮间带-局限潮下带。沉积相组合主要为潮汐浅滩-潮汐潟湖或潮沟(道、池)。

(3)胡集段上亚段—王丰岗段(Ph_3)沉积时磷块岩工业矿化主要沿着闭塞海湾或局限潟湖浅水边缘向上潮坪相带过渡的接合部位分布,其中白竹一带形成了极其重要的古生物群(可能相当于翁安生物群),南部深水潟湖区域磷无明显富集特征,主要为分散的磷质砂屑、磷质藻屑和磷质团粒沉积。随时间演化,该盆地向上逐渐演化为半开阔台地,出现浅滩相 Ph_3 薄矿层。

(4)通过对杨家扁等勘查区进行钻孔剖面研究,初步认为南部潟湖盆地向东逐渐变浅,指示向局限台地潮坪相过渡的特征。

(5)胡集段上亚段—王丰岗段(Ph_3)是北部次要成磷旋回,目前有部分矿山,如白竹、西坡、东蒿、尧治河、南垭、九里川等,进行小规模开采。沉积时的岩相分区与分布主要反映本区第Ⅱ成磷旋回的岩相古地理及与磷矿床分布的空间关系。

四、沉积盆地演化与磷矿的关系

(一)磷块岩沉积体系

本区磷块岩分布受浅海盆地边缘和浅海台地两个沉积体系控制。浅海盆地边缘沉积体系环境属开阔海域,磷块岩沉积部位主要在浅海台地与边缘盆地结合的凹陷地带,沉积深度在波浪面至氧化界面之间,即相当于边缘斜坡相带。本区晓峰磷矿则属于浅海盆地边缘沉积体系磷块岩类型,黑色含磷硅质水云母页岩－硅质岩－硅质灰岩－磷块岩－硅质白云岩建造,在本区不发育。浅海台地为本区磷块岩主要沉积体系,可进一步划分两个亚体系:一个是海湾潟湖-台地边缘滩-滩间潟湖沉积亚体系,黑色含磷(钾)页岩-磷块岩-白云岩建造,以樟村坪、店子坪、桃坪河、瓦屋等矿床为典型代表,控制 Ph_1^3 北西向富矿带分布;另一个是潮坪-潮间潟湖沉积亚体系,硅质白云岩-磷块岩-白云岩建造,以白竹、孙家墩、杉树垭、肖家河等矿床为典型代表,控制 Ph_2 北西向富矿带分布。

(二)沉积盆地演化

根据地质构造演化、陡山沱组沉积建造、岩相古地理、古生物组合及聚磷环境等,将本区聚磷盆地演化划分 3 个阶段。

(1)第一阶段。晋宁期末,扬子准地台全面抬升,形成神农架-黄陵古陆。

(2)第二阶段。南华纪,神农架-黄陵古陆进入莲沱期和南沱冰期,神农架-黄陵古陆退缩,地形北高南低,接受 $Nh_1l—Nh_3n$ 沉积。

(3)第三阶段。早震旦世陡山沱期,发生大规模海侵,海水由南向北入侵,黄陵古陆沦为水下高地,广泛接受含磷岩系沉积,陡山沱组南厚北薄,南部为浅海盆地及边缘斜坡,北部为海湾潟湖-边缘滩潟湖-浅海台地潮坪-潮间和浅海滩间-潮坪相(带),接受页岩-磷块岩(Ph_1)及硅质云岩、白云岩-磷块岩(Ph_2)两个含磷建造沉积,形成巨—大型磷块岩矿床。

第五章 典型矿床

第一节 宜昌磷矿

宜昌磷矿田为鄂西聚磷区的主体磷矿田,至 2019 年底,累计查明磷矿石资源量约 65.68 亿吨,占鄂西聚磷区已查明磷矿石资源量的 82.2%。本次以宜昌磷矿田为主要研究对象,从南至北,根据主要工业磷矿层的区别选取了 5 个代表性的磷矿床进行剖析说明。

本章节图文资料分别来自《湖北省宜昌磷矿樟村坪矿区Ⅰ、Ⅱ矿段详细勘探地质报告》(中化地质矿山总局湖北地质勘查院、宜昌市夷陵区矿山规划设计,2013.6)、《湖北省宜昌市夷陵区杉树垭磷矿区东部矿段勘探地质报告》(湖北省宜昌地质勘探大队,2007)、《湖北省远安县高家岩矿区磷矿普查报告》(中化地质矿山总局湖北地质勘查院,2015)、《湖北省保康磷矿白竹矿区详查勘探地质报告》(湖北省第八地质大队,1982)、《湖北省保康县竹园沟~下坪矿区磷矿普查报告》(湖北省地质局第七地质大队,2014)。

一、宜昌磷矿樟村坪矿区Ⅰ、Ⅱ矿段

(一)矿区概况

矿区位于夷陵区 349°方向,直线距离 59km,矿段面积 4.5km²,地理坐标:东经 111°08′26″—111°10′50″,北纬 31°17′52″—31°18′38″。

矿段位于宜昌磷矿田南部 Ph_1^3 富矿带东南段。大地构造位置处于扬子陆块区上扬子古陆块上扬子陆块褶皱带黄陵台坪变形带黄陵断穹北东翼。

(二)含磷岩系

矿区含磷岩系属下震旦统陡山沱组,为一套砾岩-白云岩-含钾黏土岩-磷块岩-白云岩建造,超覆于前震旦系崆岭群之上,呈角度不整合接触,且有底砾岩产出。

在磷矿分布范围内,陡山沱组的岩性特征明显,标志层发育,旋回结构清楚。根据岩性组合及岩相旋回特点,可以划分为 4 段。

第四岩性段(Z_1d_4):深灰色—灰黑色中厚层状白云岩,以层面具紫红色泥质薄膜为特征。

厚 4.56~15.12m

第三岩性段(Z_1d_3):灰色中厚层状白云岩夹薄层状泥质白云岩,中下部夹燧石条带或透镜体。　　　　　　　　　　　　　　　　　　　　　　　　　　　厚39.35~52.02m

底部的第三含磷层(Ph_3):灰黑色豆粒状硅质磷块岩,品位低,无工业价值。　厚<0.5m

第二岩性段(Z_1d_2):分上下两个亚段、一个含磷层。

上亚段($Z_1d_2^2$):灰黑色中厚层状含燧石扁豆体白云岩,水平层理。　厚15.92~26.69m

下亚段($Z_1d_2^1$):灰色中厚层状白云岩夹薄层状泥质白云岩,偶夹磷块岩条带。
　　　　　　　　　　　　　　　　　　　　　　　　　　　　　　　　厚4.52~9.83m

第二含磷层(Ph_2):由磷块岩夹白云岩组成,层位稳定,厚度品位变化大,无工业价值。
　　　　　　　　　　　　　　　　　　　　　　　　　　　　　　　　厚0~0.94m

第一岩性段(Z_1d_1):块段主要工业矿层赋矿层位,分3个亚段。

上亚段($Z_1d_1^3$):俗称上白云岩,为浅灰—灰白色厚层状白云岩。　厚4.38~20.36m

中亚段($Z_1d_1^2$):空间上相当于第一含磷层(Ph_1),由白云岩、磷块段、页岩组成,是块段内主要工业矿层赋矿岩段,层位稳定,厚度变化较大。　　　　　　　　　厚8~15.5m

下亚段($Z_1d_1^1$):上部为灰白色厚层状白云岩,俗称下白云岩($Z_2d_1^2$),下部为杂色砾岩即底砾岩($Z_1d_1^1$)。　　　　　　　　　　　　　　　　　　　　　　　　　　厚2~6.5m

～～～～～～角度不整合～～～～～～

下伏地层:前震旦系崆岭群(AnZ),杂色片麻岩。

(三)矿层特征

第一含磷层(Ph_1)为本区主要工业矿层,位于陡山沱组底部,产于上、下粒屑云岩之间的黑色页岩中,包括3个磷矿层和2层含钾页岩,即 Ph_1^1、K_1、Ph_1^2、K_2、Ph_1^3,总厚8.32~27.66m,矿段内普遍发育。

(1)Ph_1^1磷矿层。位于黑色含钾页岩底部,呈透镜状产出,矿石类型主要为硅质磷块岩,有时相变为含磷硅质页岩。该磷矿层顶板为黑色含钾页岩,为过渡接触关系,底板为粒屑云岩($Z_1d_1^{1-2}$),其间有一波状冲刷面。此磷矿层厚度小,为0~1.17m,P_2O_5品位一般小于8%,个别工程品位可达20.10%,厚度、品位均不稳定,而且矿段内常常缺失,不能构成连续矿体,无工业价值。

(2)Ph_1^2磷矿层。位于黑色含钾页岩中部,与顶板(K_2)、底板(K_1)均呈过渡接触关系,在K_1缺失地段则直接与$Z_1d_1^{1-2}$云岩接触。矿石为夹磷块岩条带页岩,由磷块岩条带与黑色页岩互层而成。该磷矿层厚0.96~11.70m,平均5.06m,P_2O_5品位一般小于12%,平均品位10.57%。磷矿层在矿段内普遍发育,厚度、品位稳定,可以构成矿体。

(3)Ph_1^3磷矿层。矿段内主要工业矿层,位于黑色页岩的上部,顶板($Z_1d_1^3$)为粒屑云岩,底板(K_2)为黑色含钾页岩,上、下均呈过渡接触关系。

该磷矿层在矿段内普遍发育,厚度、品位稳定,沿走向及倾向矿层厚度及品位变化都大,呈层状产出,结构简单,矿层总厚度2.13~6.90m。矿段内工业矿层厚0.87~5.23m,平均厚3.12m,P_2O_5品位20.21%~32.45%,平均品位26.37%,其底部尚具矿层,呈小透镜体产出。

主矿层Ph_1^3按矿石自然类型又可分为3个分层,分别如下:

(1)Ph_1^{3-1}矿层(称"下过渡带")。上部为夹页岩条带磷块岩,灰黑—黑色,条带状构造,由磷块岩条带与黑色页岩互层而成;下部为夹磷块岩条带页岩,结构特征与上部相同,主要是磷块岩条带含量减少,致使P_2O_5品位降低。

(2)Ph_1^{3-2}富矿。致密条带状磷块岩,位于Ph_1^3中部,矿石呈黑色,风化后表面有蓝灰色针状、网格状薄膜。

(3)Ph_1^{3-3}矿层(称上过渡带)。夹云岩条带磷块岩,位于Ph_1^3上部,由磷块岩条带和云岩条带互层组成。

图 5-1 所示为矿区 Ph_1^3 矿层等厚线。

(四)矿石自然类型及其特征

按矿物成分、结构构造特征,矿石区内分为以下几种类型:

(1)泥晶磷块岩。灰黑色、黑色,风化面呈蓝灰色针状、网格状薄膜,具泥晶结构,层状构造,主要由粒径小于 0.01mm 的泥晶状胶磷矿组成,胶磷矿含量在 95% 以上,混入少量的黏土及石英粉砂等脉石矿物。

(2)砂屑磷块岩。深灰色、灰黑色,具砂屑结构,砂屑呈次圆状,粒径一般为 0.25~1mm,砂屑含量 70%~85%,主要由胶磷矿组成,含有石英、白云石、岩屑等矿物,胶磷矿砂屑间由微晶磷灰石、石英、白云岩、长石等矿物填充,呈接触-孔隙式胶结,矿石中磷酸盐矿物含量 70%~88%,脉石矿物含量 10%~30%,该类矿石以磷酸盐胶结类型的品位为最富。砂屑磷块岩为矿段内主要矿石结构类型,常呈条带状分布。

(3)砂砾屑(或砾砂屑、含砾砂屑)磷块岩。深灰色,砂砾屑结构,砾石成分主要为内屑泥晶磷块岩和砂屑磷块岩,呈扁豆状或不规则条带状,砾石大小不一,砾径 2.5~40mm,分布不均匀,大致顺层分布,砾屑含量不等,占比 10%~40%;砂屑呈次圆状、圆状、粒径 0.1~0.6mm,主要为胶磷矿、石英、长石及岩屑等。胶结物为黏土和泥状钾长石,少量白云石,呈接触-孔隙式胶结。

(五)资源量及丰度

矿段经详细勘探共估算磷矿石资源量 $1\,444.8\times10^4$ t。其中,探明资源量 $1\,008.3\times10^4$ t,控制资源量 433.1×10^4 t,推断资源量 3.4×10^4 t,另估算低品位矿石资源量 $1\,816.5\times10^4$ t。

该矿段面积 $4.5 km^2$,可估算该区内磷矿资源量丰度值为 $724.7\times10^4 t/km^2$。

二、杉树垭磷矿区东部矿段

(一)矿区概况

杉树垭磷矿区东部矿段位于湖北省宜昌市 353°方向,直线距离 75km。矿段面积 $7.73 km^2$,地理坐标:东经 111°09′56″—111°12′10″、北纬 31°21′49″—31°23′48″。矿段位于宜昌磷矿田北部 Ph_2 富矿带中段,大地构造位置处于扬子陆块区上扬子古陆块上扬子陆块褶皱带黄陵台坪变形带黄陵断穹北翼。

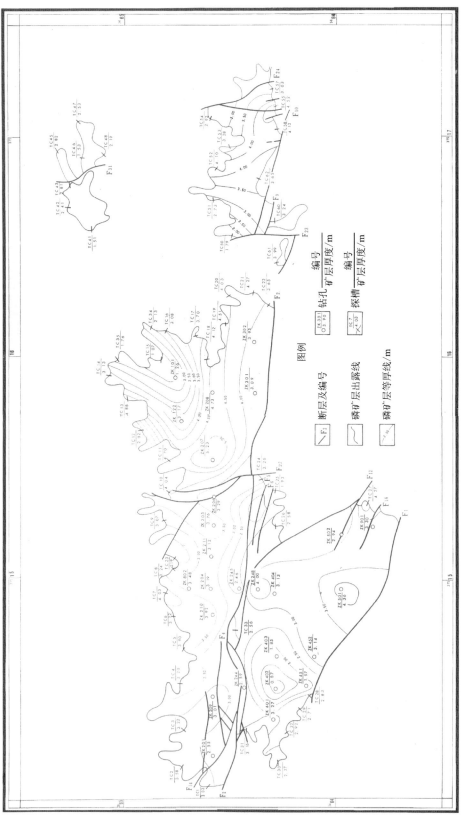

图 5-1 樟村坪矿区Ⅰ、Ⅱ矿段Ph_1^3工业矿层厚度等值线图

杉树垭磷矿区东部矿段内赋存 Ph_2^2、Ph_2^1、Ph_1^3 3 个工业磷矿层(图 5-2)。Ph_2^2 是主要工业磷矿层,矿体呈层状,分布连续,厚度较稳定,仅局部不可采。矿体厚 1.27~8.97m,平均厚 3.43m,P_2O_5 品位 16.52%~32.98%,平均品位 25.21%,在矿段北部、南部及东部发育 3 个富集地段。

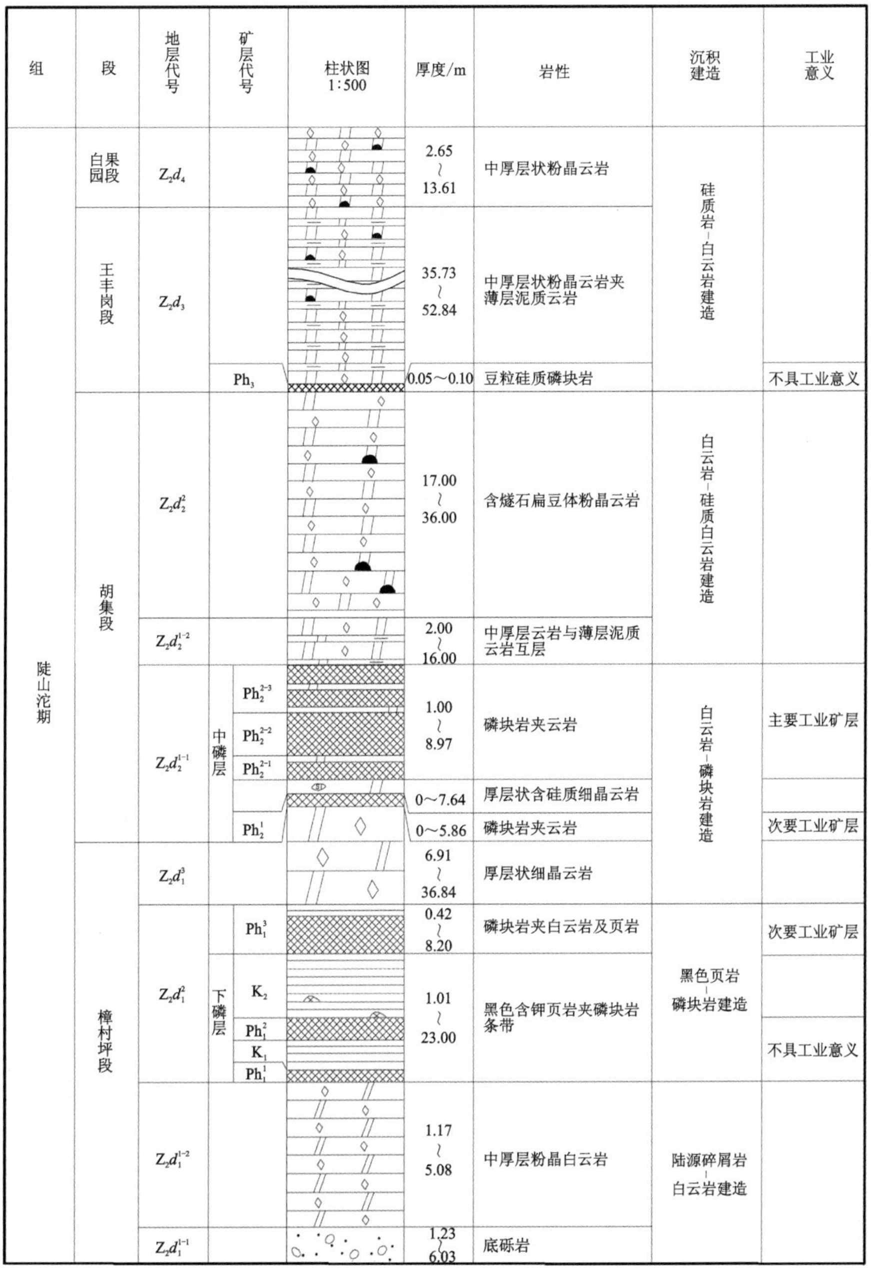

组	段	地层代号	矿层代号	柱状图 1:500	厚度/m	岩性	沉积建造	工业意义
陡山沱期	白果园段	Z_2d_4			2.65~13.61	中厚层状粉晶云岩	硅质岩-白云岩建造	
	王丰岗段	Z_2d_3			35.73~52.84	中厚层状粉晶云岩夹薄层泥质云岩		
			Ph_3		0.05~0.10	豆粒硅质磷块岩		不具工业意义
	胡集段	$Z_2d_2^2$			17.00~36.00	含燧石扁豆体粉晶云岩	白云岩-硅质白云岩建造	
		$Z_2d_2^{1-2}$			2.00~16.00	中厚层云岩与薄层泥质云岩互层		
		$Z_2d_2^{1-1}$	中磷层 Ph_2^{2-3} Ph_2^{2-2} Ph_2^{2-1}		1.00~8.97	磷块岩夹云岩	白云岩-磷块岩建造	主要工业矿层
					0~7.64	厚层状含硅质细晶云岩		
			Ph_2^1		0~5.86	磷块岩夹云岩		次要工业矿层
	樟村坪段	$Z_2d_1^3$			6.91~36.84	厚层状细晶云岩		
		$Z_2d_1^2$	下磷层 Ph_1^3 K_2 Ph_1^2 K_1 Ph_1^1		0.42~8.20	磷块岩夹白云岩及页岩	黑色页岩-磷块岩建造	次要工业矿层
					1.01~23.00	黑色含钾页岩夹磷块岩条带		不具工业意义
		$Z_2d_1^{1-2}$			1.17~5.08	中厚层粉晶白云岩	陆源碎屑岩-白云岩建造	
		$Z_2d_1^{1-1}$			1.23~6.03	底砾岩		

图 5-2 宜昌矿田杉树垭矿区东部矿段陡山沱组含磷岩系柱状图

(二)矿层结构类型

1. 含磷岩系

下震旦统陡山沱组为矿段主要含磷岩系,上覆地层为上震旦统灯影组,与陡山沱组界线明显,呈整合接触关系;下伏地层为新元古界马槽园群或中元古界西汊河组,与陡山沱组呈角度不整合接触,含4层磷矿,其中工业磷矿层(Ph_2^2、Ph_2^1、Ph_1^3)赋存于陡山沱组下部及近底部,距不整合面5.40~14.96m,岩石组合为一套底砾岩-硅质云岩-黑色页岩-磷块岩-白云岩,标志层发育,岩石类型齐全。沉积岩相和旋回结构稳定,由老到新可划分为底砾岩→硅质白云岩、黑色含钾页岩(Ph_1^1、K、Ph_2^1)→磷块岩(Ph_1^3)、白云岩→磷块岩(Ph_2^1、Ph_2^2)3个含磷沉积Ⅱ级旋回。组成陡山沱组下部3个含磷建造,第一旋回属半开阔海台地内潮坪鲕滩(亚)相—潮坪潟湖(亚)相-潮间潟湖(亚相)—滩缘、海湾(亚)相;第二旋回由浅色泥质云岩、粉晶云岩($Z_1d_2^1$)、含燧石扁豆体黑色泥粉晶云岩($Z_1d_2^2$)组成,其岩石类型、厚度十分稳定,属浅水盆地—深浅水盆相;第三旋回由硅质磷块岩(Ph_3)、浅色泥质泥晶云岩、硅质岩、粉晶云岩、深色粉晶云岩组成,属后期台地相—深水盆地相。上述3个Ⅰ级旋回和第一旋回的3个Ⅱ级旋回发育齐全,厚度虽有一定变化,但含磷层(位)、岩石类型及沉积岩相古地理环境稳定。

据该矿段15个钻孔陡山沱组完整剖面,含磷岩系陡山沱组厚度为105.62~144.72m,平均厚度为129.45m,可采磷矿层(Ph_2^2、Ph_2^1、Ph_1^3)总厚度为2.54~17.99m,可采含磷系数1.9%~13.40%,平均6.1%。

陡山沱组厚度和可采含磷系数的变化与Ph_2^2主矿层富矿的发育是一致的,在陡山沱组厚度大、可采含磷系数也较大的矿段北西部发育富矿体,在可采含磷系数最大的东南部发育矿段最大的富矿体(东部富矿体),在陡山沱组厚度小、含磷系数最小地带,富矿则不发育。

2. 主要工业矿层结构类型

依据矿石自然类型,主要工业矿层Ph_2^2在发育齐全时具有明显的三分结构,即Ph_2^{2-3}(上分层)白云岩条带状磷块岩、Ph_2^{2-2}(中富矿)致密条带状(块状)磷块岩、Ph_2^{2-1}(下分层)白云岩条带状磷块岩(图5-3)。

(1)Ph_2^{2-3}(上分层)。由亮泥晶砂(砾)屑磷块岩夹白云岩条带和白云岩条带与磷块岩条带互层组成,白云岩条带局部地段含泥质。厚0~3.26m,平均厚0.69m,P_2O_5品位12.37%~29.89%,平均品位23.75%。

(2)Ph_2^{2-2}(中富矿)。灰黑色致密条带状(块状)亮泥晶粒屑磷块岩,含少量白云质砾砂屑及硅质扁豆体,偶有层纹状白云岩。厚0~4.00m,平均厚1.45m。P_2O_5品位28.98%~36.93%,平均品位32.26%。

(3)Ph_2^{2-1}(下分层)。由亮泥晶砂(砾)屑磷块岩夹白云岩条带和白云岩条带与磷块岩条带互层组成,局部夹薄—中层状白云岩透镜体和硅质团块。厚0~5.96m,平均厚1.17m。P_2O_5品位12.13%~29.31%,平均品位21.92%。其分布基本与Ph_2^{2-3}(上分层)相同。

Ph_2^2矿层结构组合按3个分层的存在和缺失情况,可分为6种矿层结构组合类型:①上贫矿+富矿+下贫矿型,矿层发育齐全,三分结构明显;②上贫矿+富矿型,缺失下部贫矿;③富矿+下贫矿型,缺失上部贫矿;④富矿型,缺失上、下部贫矿;⑤上贫矿+下贫矿型,缺失中部富矿,或中富矿厚度不足1m;⑥贫富交互型,即贫矿+富矿+贫矿+富矿+贫矿。

矿段内以第①种类型为主,次为第②、③、④种类型,第⑤、⑥种类型较少见到。

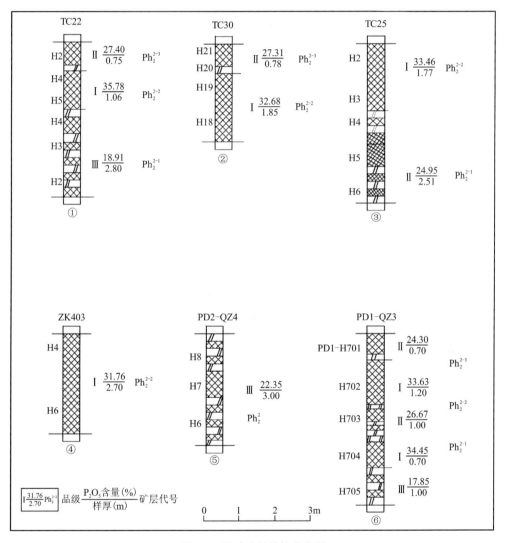

图 5-3 Ph_2^2矿层结构柱状图

(三)矿石成分、结构构造及自然类型

1. 主矿层矿物组成及嵌布特征

矿段内 Ph_2^2 主矿层矿物组成及含量根据 Ph_2^2 全层磷块岩采用线测法与目估统计相结合的方式测定,测定结果见表 5-1。

表 5-1　Ph_2^2 主矿层矿石矿物组成表　　　　　　　　　　　　　　　　单位：%

矿物种类	磷灰石	白云石	石英	玉髓	黏土矿物	长石	方解石	重晶石	有机质	黄铁矿
含量	60	30	5	1	2	<1	1	<1	<1	<1

从表 5-1 可知，Ph_2^2 主矿层的矿石矿物组成磷灰石含量达 60% 以上，白云石含量达 30%。脉石矿物主要为镁质碳酸盐类，长石、黏土矿物、黄铁矿等含量甚少。

(1)泥晶磷灰石(胶磷矿)。矿石中主要有用矿物，嵌布形式有以下 3 种：①由泥晶磷灰石组成泥晶磷块岩条带(集合体)与白云岩、黑色页岩或云质泥岩呈相间互层分布，构成白云岩条带状磷块岩或页岩条带状磷块岩；②泥晶磷灰石组成磷质砂屑、磷质团块、磷质砾屑，被白云石胶结形成白云质砂屑磷块岩、白云质砾屑、砂屑磷块岩；③由泥晶磷灰石组成胶结物与磷灰砂屑、砾屑构成磷基质砂、砾屑磷块岩。泥晶磷灰石集合体嵌布类型有微粒、细粒、中粒、粗粒 4 类，以细—中粗粒为主。

(2)亮晶磷灰石。呈纤维状或微粒状集合体，以胶结物形式垂直环绕磷灰砂屑构成环壳状，形成亮晶砂屑磷块岩，主要见于 Ph_2^{2-2} 矿层，形成富矿。

(3)白云石。磷块岩矿中主要脉石矿物，嵌布形式有 3 种：①粉晶、细晶白云石组成白云石条带或夹层与磷质条带相间互层构成白云岩条带状磷块岩；②细晶和粉晶白云石以胶结物形式分布于磷质砂屑、磷质团块或磷质砾屑空隙中，构成白云质砂屑磷块岩；③少量微晶白云石碎屑以杂质形式混入泥晶磷块岩中。

(4)石英、玉髓。石英常以碎屑形式与磷质砂屑伴生，分布于白云质砂屑磷块岩和白云岩中，或呈硅质薄层夹杂于条带状磷块岩内，或被泥晶磷石包裹，局部以胶结物形式出现在砂屑磷块岩中，少量石英碎屑混杂散布于泥晶磷块岩中；玉髓多呈纤维状集合体构成硅质岩屑或以胶结物形式出现在磷质砂屑孔隙中。

(5)黏土矿物。镜下呈微晶集合体，以杂质形式混入泥质泥晶磷块岩和磷质砂屑磷块岩中，多见于 Ph_1^3 矿层下部。

(6)黄铁矿。呈半自形、他形细粒，粒径 0.01~0.03mm，以散点状分布于页岩条带状磷块岩或含磷白云岩中，有时呈浸染状嵌布于泥晶磷块岩中，属沉积型黄铁矿，主要见于 Ph_1^3 矿层下部。

(7)长石。以碎屑形式出现在砂岩屑中。

(8)碳质物。呈细分散状以杂质混入物的形式少量分布于泥晶磷块岩和磷质砂屑中。

2. 矿石结构、构造

(1)结构。磷块岩的结构类型主要有泥晶结构、砂屑结构、砾屑结构、泥晶砂屑结构，次为环壳状结构、磷基质砂屑结构、重结晶结构、龟裂纹结构。

(2)构造。根据磷块岩矿石构造特征，划分为条带状构造、致密条带状构造、致密块状构造 3 种类型。Ph_2^2 主矿层的上下分层磷矿石及 Ph_2^1 矿层、Ph_1^3 的上下分层磷矿石以条带状构造为主，Ph_2^{2-2}、Ph_1^{3-2} 富矿层多为致密条带状构造，亦见少量致密块状构造。

3. 矿石自然类型

根据磷块岩矿石构造特征和脉石矿物组成,本矿段矿石自然类型划分为白云条带状磷块岩、致密条带状磷块岩、页岩条带状磷块岩3类。以白云条带状磷块岩、致密条带状磷块岩为主,页岩条带状磷块岩次之。

(1)白云岩条带磷块岩。由磷块岩夹白云岩条带或两者相间互层组成。

(2)致密条带状磷块岩。由泥晶磷块岩、亮晶砂屑磷块岩、泥晶砂屑磷块岩、磷质砾屑磷块岩、磷基质砂屑磷块岩叠置组成密集的层纹状、微薄层状构造,形成复理式结构。

(3)页岩条带状磷块岩。主要由砂屑泥晶磷块岩、泥晶砂屑磷块岩、泥晶磷块岩等构成磷块岩条带夹黑色页岩条带状矿石。

(四)主要矿层富矿富集规律

矿区处于宜昌矿田 Ph_2 富矿带内。其中,Ph_2^2 主矿层富矿带,主要分布在矿区北部、南部及东部,呈近东西向展布,与此相伴产出有北—北西向 Ph_2^{2-2} 富矿体;Ph_2^1 矿层主要分布在矿段西部和东部,展布方向为北西—北东向、西—北西向;Ph_1^3 矿层局部富集,呈北西向展布。本矿区 Ph_2 与 Ph_1^3 矿层显示北西向与北东向基底古构造对聚磷盆地的控制作用,显著反映 Ph_2 富集程度高于 Ph_1^3,其中 Ph_2 主要受潮坪潟湖相带控制,潮坪潟湖相带是本区主要控矿相,而 Ph_1^3 主要受边缘滩潟湖、滩间潟湖控制,本区分布局限,不利于 Ph_1^3 形成大规模矿体。该矿区这种成矿特点与岩相古地理(边缘滩潟湖、滩间潟湖相-潮坪潟湖或潮汐带滩间潟湖相)分带密切相关。

(五)资源储量及丰度

矿段经勘探,估算 $Ph_2^2+Ph_2^1+Ph_1^3$ 矿层 111b+122b+332+333 磷矿石资源储量 13 144.8×10^4t。其中,探明的经济基础储量(111b)889.2×10^4t,控制的经济基础储量(122b)3 429.7×10^4t,控制的内蕴经济资源量(332)60×10^4t,推断的内蕴经济资源量(333)8 765.9×10^4t。该矿段面积 7.73km²,可估算该区单位面积内磷矿资源储量丰度值为 1700×10^4t。

三、远安县高家岩磷矿

(一)矿区概况

矿区位于远安县城北西307°,直线距离42km,面积10.21km²,在宜昌磷矿田东部 Ph_1 富矿带东段,大地构造位置处于扬子陆块区上扬子古陆块上扬子陆块褶皱带黄陵台坪变形带黄陵断穹北东翼,区域构造处于黄陵背斜北东转折部位。

矿区内共发育3层磷矿(Ph_1^3、Ph_2^1、Ph_2^2):Ph_1^3 为主要工业矿层,矿层厚2.97～10.65m,平均厚6.26m,矿石品位18.38%～27.45%,平均品位25.02%,矿层稳定;Ph_2^1 为次要工业矿层,矿层厚2.76～8.83m,平均厚5.35m,矿石品位17.75%～27.18%,平均品位24.10%,矿

层较稳定；Ph_2^2为低品位矿石，矿层厚1.49~2.93m，平均厚2.28m，矿石品位13.83%~20.73%，平均品位17.04%，厚度、品位变化大，矿层不稳定。

(二)含磷岩系

下震旦统陡山沱组为矿段主要含磷岩系，上覆地层为上震旦统灯影组，与陡山沱组界线明显，呈整合接触关系；下伏地层为南华系南沱组，与上覆下震旦统陡山沱组呈平行不整合接触，含磷矿3层，均为工业磷矿层（Ph_2^3、Ph_2^2、Ph_1^3），赋存于陡山沱组下部及近底部（图5-4）。

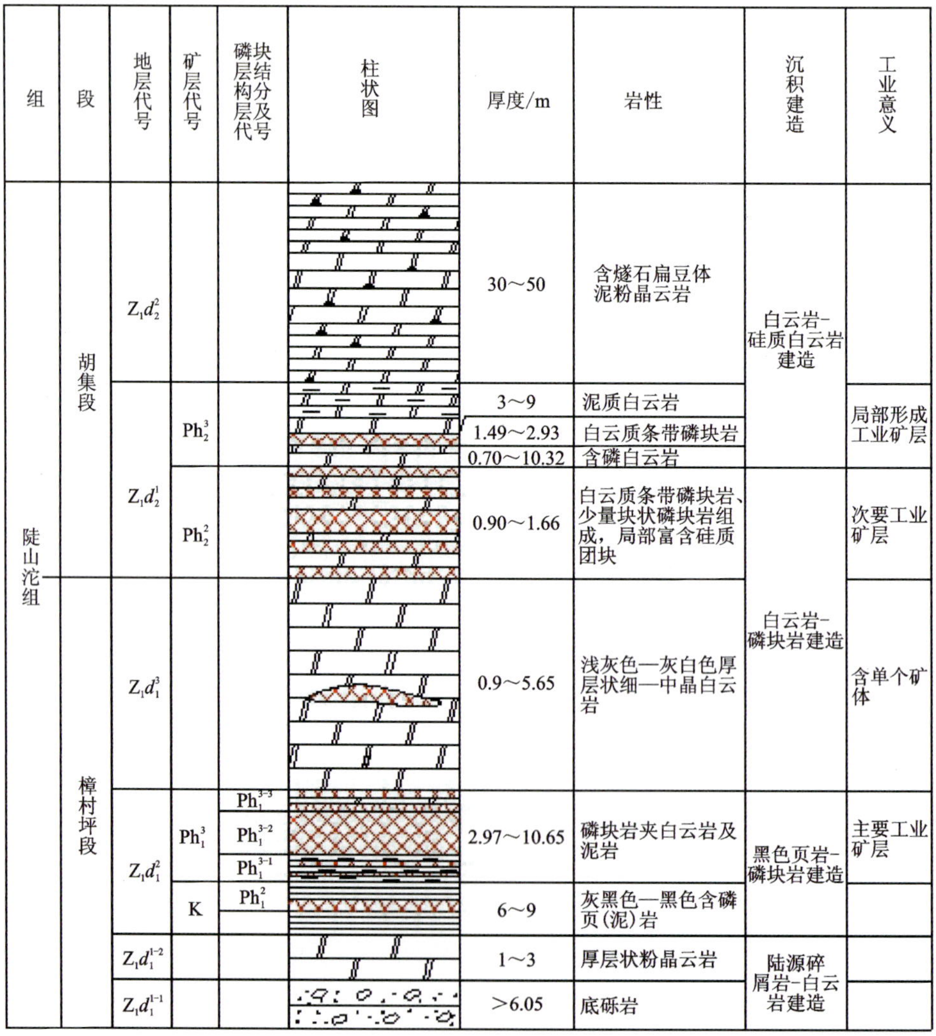

组	段	地层代号	矿层代号	磷块岩结构分层及代号	柱状图	厚度/m	岩性	沉积建造	工业意义
陡山沱组	胡集段	$Z_1d_2^2$				30~50	含燧石扁豆体泥粉晶云岩	白云岩-硅质白云岩建造	
						3~9	泥质白云岩		
			Ph_2^3			1.49~2.93	白云质条带磷块岩		局部形成工业矿层
						0.70~10.32	含磷白云岩		
		$Z_1d_2^1$	Ph_2^2			0.90~1.66	白云质条带磷块岩、少量块状磷块岩组成，局部富含硅质团块		次要工业矿层
	樟村坪段	$Z_1d_1^3$				0.9~5.65	浅灰色—灰白色厚层状细—中晶白云岩	白云岩-磷块岩建造	含单个矿体
		$Z_1d_1^2$	Ph_1^3	Ph_1^{3-3} Ph_1^{3-2} Ph_1^{3-1}		2.97~10.65	磷块岩夹白云岩及泥岩	黑色页岩-磷块岩建造	主要工业矿层
			K Ph_1^2			6~9	灰黑色—黑色含磷页(泥)岩		
		$Z_1d_1^{1-2}$				1~3	厚层状粉晶云岩	陆源碎屑岩-白云岩建造	
		$Z_1d_1^{1-1}$				>6.05	底砾岩		

图5-4 高家岩含磷岩段柱状图

(三)矿层特征

Ph_1^3矿层为区内主要工业矿体，赋存于陡山沱组第一段中上部，呈层状产出。区内由7个钻孔控制，矿层走向长1500~3550m，倾向宽700~2800m。矿层的直接顶板为浅灰色厚层状细晶白云岩夹深灰—灰黑色砂屑状磷条带,含少量燧石团块(上白云岩),矿层的直接底板为灰黑色薄层状泥岩。

Ph_1^3矿层的矿石自然类型有块状磷块岩、白云质条带磷块岩和泥质条带磷块岩3种。矿层厚2.97~10.65m,平均厚6.26m,矿石品位18.38%~27.45%,平均品位25.02%。

主要工业矿层Ph_1^3在发育齐全时具有明显的三分结构,矿层从上往下依次由①浅灰—灰色白云质条带磷块岩、②灰黑色块状磷块岩、③灰黑—黑色泥质条带磷块岩组成,个别钻孔缺失②(ZK1809),其中ZK609例外,①、②发育顺序颠倒(图5-5)。

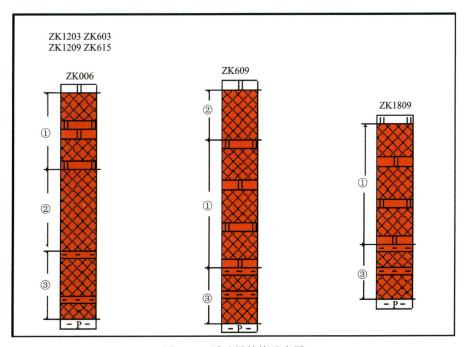

图5-5 Ph_1^3矿层结构示意图

Ph_2^2矿层为普查区次要工业矿层,赋存于陡山沱组第二段底部,呈层状产出。区内矿层走向长1500~3550m,倾向宽700~2800m,矿层的直接顶板为浅灰色—灰色厚层状含磷泥质白云岩,底板为上白云岩。

Ph_2^2矿层主要由白云质条带磷块岩和少量块状磷块岩组成。矿层厚2.76~8.83m,平均厚5.35m;矿石品位17.75%~27.18%,平均品位24.10%。

次要工业矿层Ph_2^2矿层顶部为①浅灰色—灰色白云质条带磷块岩,中下部为①浅灰色—灰色白云质条带磷块岩与②灰黑色块状磷块岩互层,个别钻孔缺失顶部或者中下部,其中ZK1203中下部发育不全,未形成互层状(图5-6)。

Ph_2^3矿层为次要工业矿层,赋存于陡山沱组第二段下部,控制矿层走向长1500~3550m、倾向宽700~2800m,矿层顶、底板均为含磷泥质白云岩或含磷白云岩。

Ph_2^3矿层由白云质条带磷块岩组成,矿层厚1.49~2.93m,平均厚2.28m;矿石品位13.83%~20.73%,平均品位17.04%。

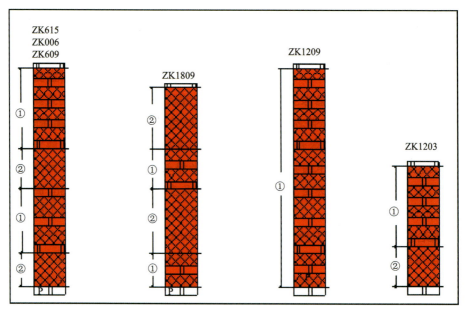

图 5-6　Ph_2^2 矿层结构示意图

（四）矿石成分、结构构造及自然类型

1. 矿石的矿物成分

矿石矿物以碳氟磷灰石为主，脉石矿物有白云石、黏土矿物、石英和少量黄铁矿等。

（1）碳氟磷灰石。按结晶程度和晶体形态可分为以下几种：①超显微晶碳氟磷灰石，为磷块岩中的主要磷矿物，占矿石矿物总量的 87.99%～88.9%，是胶状、砂屑状、团粒状结构的基本组成者，或呈条纹、条带分布于磷质颗粒中及脉石条带中，含微晶有机质、铁质、水云母和硅质。②纤维状碳氟磷灰石，具结晶磷灰石的特征，呈纤维状或放射状晶形，纤维状碳氟磷灰石常围绕砂屑、团粒、鲕粒或其他陆质颗粒表面生长，并具环状构造，构成假鲕的壳边。③粒状碳氟磷灰石，呈半自形—自形粒状、板粒状出现在磷酸盐颗粒之间，为次生或重结晶形成。

（2）白云石。主要的脉石矿物之一，为主要有害矿物成分。微—中晶结构，半自形—他形粒状，高级白干涉色。白云石主要构成磷矿石中的白云质条带，少数包裹于磷酸盐颗粒中或充填于磷酸盐颗粒之间。

（3）黏土矿物。主要的脉石矿物之一，以水云母为主，高岭石、蒙脱石次之。多数与石英、长石、黄铁矿、碳质等构成泥质条带和条纹，少数以泥质岩屑分布于块状磷块岩之中或呈填间基质嵌布于磷酸盐条带、条纹的磷质颗粒之间。

（4）石英。陆源碎屑，浑圆—次棱角状，大小不一。其他硅质矿物为玉髓、蛋白石，呈微—细晶状、纤维状或他形粒状集合体，嵌布于泥质条带中，少数嵌布于磷酸盐颗粒中或之间。

（5）黄铁矿。自形—他形粒状，呈星散状分布于泥岩条带中，或嵌布于磷酸盐条带中。

2. 矿石结构、构造

1)结构

(1)矿石结构。胶状结构、砂屑结构、团粒状结构、交代结构。

(2)胶状结构。主要是磷灰石的结构,细小的磷灰石颗粒呈隐晶质均匀分布。胶状结构是安静—弱动荡环境中磷酸盐经化学聚沉作用和藻类黏结而在原地沉积形成的。

(3)砂屑结构。以磷灰石集合体颗粒为主,少量黏土岩屑、白云岩屑、石英及其他陆屑;次棱角—次圆状,是在较强水动力条件下淘洗、磨蚀、簸选,在不同能量环境中沉淀形成的。

(4)团粒状结构。主要是白云石、方解石的结构,次有磷灰石。白云石、方解石呈半自形粒状,磷灰石呈微晶他形粒状。团粒状结构无内部结构,是在弱动荡环境中磷酸盐凝聚并沿基底滚动形成的。

(5)交代结构。白云石、髓石交代方解石而形成交代结构。

2)构造

(1)矿石构造。主要有块状构造和条带状构造,少量角砾状构造。

(2)块状构造。块状磷块岩特有的构造。矿石品位超过30%,主要由磷酸盐岩颗粒均匀分布组成。块状构造是在浅滩高能环境中磷质颗粒经淘洗、簸选后沉积形成的。Ph_1^3 和 Ph_2^2 中块状构造均在矿层中部发育。

(3)条带状构造。为白云质条带磷块岩和泥质条带磷块岩拥有。矿石品位在12%~30%之间。磷块岩呈薄条带与白云岩条带或泥质条带相间排列,条带形状有均匀条带状、蠕虫状、间断条带状。

(4)角砾状构造。主要为白云质条带磷块岩拥有,深灰色—灰黑色磷块岩呈角砾状、团块状不均匀地分布于浅灰色白云岩中。

3. 矿石自然类型

根据矿物成分、含量、结构、构造等,矿石可分为3种自然类型,即块状磷块岩、白云质条带磷块岩和泥质条带磷块岩。Ph_1^3、Ph_2^2、Ph_2^3 三种矿石自然类型占有率统计见表5-2。

(1)块状磷块岩。Ph_1^3 和 Ph_2^1 的主要矿石类型之一,呈灰黑—黑色,胶状结构,块状构造,P_2O_5 品位大于30%。在 Ph_1^3 中位于矿体中部,在 Ph_2^1 中分布在中下部与白云质条带磷块岩呈互层状。

(2)白云质条带磷块岩。Ph_2^2 和 Ph_2^3 的主要矿石类型,由白云岩条带和磷块岩条带互层组成,呈浅灰色—灰色,砂屑状结构,条带状构造,在 Ph_2^2 中主要位于矿体顶部。

(3)泥质条带磷块岩。Ph_1^3 特有矿石类型,由泥岩条带和磷块岩条带互层组成,呈灰黑—黑色,砂屑状结构、团粒结构和胶状结构,条带状构造,在 Ph_1^3 中主要位于矿体底部。

表 5-2 Ph_2^3、Ph_2^2、Ph_1^3 3 种矿石自然类型占有率统计表

矿层代号	矿石自然类型	厚度/m	总厚度/m	占有率/%	备注
Ph_2^3	白云质条带磷块岩	15.94	15.94	100	
Ph_2^2	块状磷块岩	10.02	37.43	27	夹石占 9%
	白云质条带磷块岩	24.07		64	
Ph_1^3	块状磷块岩	8.54	43.80	19	夹石占 3%
	白云质条带磷块岩	12.99		30	
	泥质条带磷块岩	21.03		48	

(五)资源储量及丰度

矿段经勘探估算 $Ph_2^2+Ph_2^3+Ph_1^3$ 矿层推断磷矿石资源量 $24\ 294.5\times10^4\ t$,平均品位 23.59%。另外,估算 $Ph_2^2+Ph_2^3+Ph_1^3$ 潜在磷矿石资源量 $5636\times10^4\ t$,平均品位 22.52%。该矿段面积 $10.21\ km^2$,该区内磷矿资源储量丰度值为 $2\ 931.5\times10^4\ t/km^2$。

第二节 保康磷矿

一、保康县白竹磷矿

(一)矿区概况

矿区位于保康县西南部,面积 $11.51\ km^2$。地理坐标:东经 $111°55'26.4''—110°57'21.6''$、北纬 $31°39'52.7''—31°42'57.7''$。

矿区大地构造位置处于扬子陆块区上扬子古陆块上扬子陆块褶皱带神农架-荆门台坪褶皱带新华断裂南东侧。新华断裂为其西侧边缘,在新华断裂的北西向形成较为紧密排列的东西向褶皱,并伴生一组走向逆冲断裂,新华断裂南东侧即为白竹矿区。受 5 条平移正断层的破坏,白竹矿区自北向南被分割为Ⅰ、Ⅱ、Ⅲ、Ⅳ四个矿段。

矿区出露的地层有元古宇神农架群大岩坪组、乱石沟组及震旦系、下寒武统、奥陶系、下志留统、第四系。其中含磷岩系陡山沱组为白竹型结构类型,与九里川型相似,以出现 Ph_1^3 或 $Ph_2^1+Ph_1^3+Ph_2^2$ 矿层结构为特征。

(二)矿床规模及矿床特征

本区含磷岩系——陡山沱组磷矿层的赋存层位大致与荆襄磷矿、宜昌磷矿相当,均位于 Z_1d^{1-1} 含锰白云岩与 Z_1d^{1-7} 含磷核形石硅质岩之间。本区 Ph_2 矿层底部有一冲刷侵蚀面,与荆襄、宜昌两磷矿的情况相同。不同的是,荆襄与宜昌磷矿各磷矿层之间有很厚的白云岩类夹层,而白竹矿区各矿层之间夹层很薄乃至没有夹层,使各矿层合并为一层厚大矿层(Ph_{1+2+3})。

1. 工业矿层

磷矿层赋存于下震旦统陡山沱组下段(Z_1d^1),由3层磷矿层(Ph_1、Ph_2、Ph_3^1)组成,在层位上相当于下段连续沉积的Z_1d^{1-3}、Z_1d^{1-4}(樟村坪段)、Z_1d^{1-5}(胡集段)。

(1)第一磷矿层(Ph_1)。灰色、深灰色、褐红色磷块岩,由下而上为泥(硅)质条带状磷块岩、云质蠕虫状磷块岩、云质条带状磷块岩、致密块状磷块岩,其顶部有一层硅质岩。Ⅳ矿段该层厚为0~15.48m。

(2)第二磷矿层(Ph_2)。泥(硅)质条带状磷块岩。Ⅳ矿段该层厚为0.6~4.5m。

(3)第三磷矿层(Ph_3^1)。灰色、深灰色磷块岩,下部多为云质蠕虫状磷块岩及云质条带状磷块岩,中上部多为纹(薄)层状磷块岩并夹有少量致密块状磷块岩及硅质核形石磷块岩。Ⅳ矿段该层厚为5.13~16.16m。

(4)第二磷矿层(Ph_2)。本矿段下磷层(Ph_1)顶板,中化地质矿山总局湖北地质勘查院编制的《湖北省保康磷矿白竹矿区Ⅳ矿段资源储量报告》中将品位最低的矿石划入下矿层(Ph_1),对部分品位较低的矿石以就近的原则划入上、下矿层。因此,Ⅳ矿段Ph_1、Ph_2、Ph_3^1磷矿层重新划分为Ph_1、Ph_3^1两个工业矿层。

储量报告圈定的Ⅳ矿段工业矿层($Ph_{1+2}+Ph_3^1$)厚度为1.81~25.70m,平均厚度为19.19m。保有储量区矿层($Ph_1+Ph_3^1$)厚1.81~24.93m,平均厚17.71m。从矿层等厚线图可以看出,从地表向深部,总体由中部(PD531)向南北逐渐变薄。在中、南部斜深280~380m约50°方向上有一厚22~24m的厚度带。

2. 矿段地质特征

(1)Ⅰ矿段。磷矿层有2层,自下而上为第一磷矿层(Ph_1)、第三磷矿层(Ph_3),中间为夹石层(Z_1d^{1-4})。第一磷矿层(Ph_1)底板为Z_1d^{1-1}含锰硅质条带泥晶白云岩或Z_1d^{1-2}低品位泥(硅)质条带状磷块岩(含磷钾硅质页岩)。矿层呈层状,倾向由北向南为35°~85°,倾角12°~25°,由北向南逐渐变缓。工业矿层厚度1.70~10.99m,平均厚度5.54m;P_2O_5品位18.81%~28.03%,平均品位22.05%。第三磷矿层(Ph_3)底板为Z_2d^{1-4}低品位泥(硅)质条带状磷块岩或含磷钾硅质页岩,顶板为Z_1d^{1-6}低品位云质条带状磷块岩或含磷泥质泥晶白云岩。沿走向长2100m,最大延深1312m。工业矿层厚度3.57~15.16m,平均厚度9.00m;P_2O_5含量18.95%~25.31%,平均含量21.67%。

(2)Ⅱ矿段。位于矿区中部,长500m,最大延深330m。矿层呈层状,第一、二、三磷矿层合并成一层($Ph_{1+2}+Ph_3^1$),赋存于Z_2d^{1-1}含锰硅质条带泥晶白云岩或Z_2d^{1-2}低品位泥(硅)质条带状磷块岩之间。矿层倾向80°,倾角5°~18°,北陡南缓。矿层结构较简单,一般为单矿层。工业矿层厚度2.93~20.98m,平均厚度12.69m;P_2O_5含量20.89%~27.88%,平均含量23.40%。

(3)Ⅲ矿段。位于矿区中部,长1350m,最大延深575m。矿层呈层状,为单一矿层($Ph_{1+2}+Ph_3^1$),结构简单,顶、底板岩性同Ⅱ矿段。矿层厚度0~25.20m,工业矿层厚6.05~25.20m,

平均厚度 17.09m；；P_2O_5 含量 20.45%～30.38%，平均含量 23.725%。

(4) Ⅳ矿段。位于矿区南部，长 1970m，最大延深 810m。矿层呈层状，为单矿层（Ph_{1+2}＋Ph_3^1）。矿层顶、底板岩性同Ⅱ矿段。矿层结构简单，岩性为低品位云质蠕虫状磷块岩。矿层倾向由北向南从 115°～153°，倾角 8°～20°。矿层厚度 1.81～25.70m，工业矿层厚 1.81～25.70m，平均厚度 19.19m；P_2O_5 含量 18.18%～30.23%，平均含量 24.08%。

全矿区除 F_3、F_{11} 断层南、北两侧的相变区外，矿层厚度比较稳定。但 4 个矿段也有差别，总体规律是由北向南，即由Ⅰ矿段向Ⅵ矿段厚度逐渐增厚，矿层结构由被夹层分隔的两层矿变为单一的厚大矿层，全矿区以Ⅵ矿段矿层厚度最大，矿石质量亦最佳。

(三)矿石成分、结构构造及自然类型

根据矿石的结构、构造、脉石矿物成分、矿石矿物与脉石矿物的相对含量关系，将本矿区矿石划为 6 种自然类型。其中，以云质条带状磷块岩为主，其次为泥（硅）质条带状磷块岩、纹（薄）层状磷块岩、云质蠕虫状磷块岩和致密块状磷块岩，硅质核形石（藻鲕粒）磷块岩最少。

(1)云质条带状磷块岩。由灰黑色磷矿条带与灰白或灰黑色白云岩条带相间排列组成，矿石具条带状构造，矿条为凝胶、球粒、藻团粒结构。白云岩为粉屑-粗粉屑结构、泥晶结构。矿石由胶磷矿与磷灰石（40%～70%）、白云石（30%～40%）、石英（2%～5%）、黄铁矿（1%～2%）、钾长石（<1%）、水云母（<1%）、碳质（<1%）等矿物组成。矿石品位变化较大，P_2O_5 含量 8.03%～34.80%，平均含量 22.74%。

(2)泥（硅）质条带状磷块岩。由灰黑色磷矿条带与黑色、瓦灰色（硅质）条带相间排列而成。矿条宽 6～10mm，占矿石总量的 50～80%；泥（硅）质条带宽多在 1～3mm 之间，个别可达 5～6mm，以 3mm 为主，占矿石总量的 20%～50%。条带状、页片状构造。磷矿条呈变余凝胶结构、变余藻胶团粒结构。泥（硅）质条带为变余砂泥质结构、泥质结构。矿石由胶磷矿与磷灰石（40%～60%）、石英（15%～38%）、钾长石（10%～20%）、水、绢云母（10%～20%）、白云石（3%～10%）、黄铁矿（1%～2%）、钾长石（<1%）、水云母（<1%）、碳质（<1%）等矿物组成。此类型矿石是组成矿层的主要类型，品位变化较大，P_2O_5 含量 8.03%～34.80%，平均含量 22.74%。

(3)纹（薄）层状磷块岩灰—黑色，风化后呈杂色，纹（薄）层状构造、条带状构造。砾屑-砂屑结构、藻鲕粒结构。矿物成分有胶磷矿与磷灰石（80%～90%）、石英（2%～5%）、白云石（1%～2%）、水云母（2%～5%），以及含有微量的钾长石、黄铁矿、褐铁矿、有机质等。此类型矿石也是矿层主要类型之一，P_2O_5 含量 22.55%～36.00%，平均含量 29.36%，主要分布在 Ph_3 中下部，Ph_1 中也可见到。

(4)云质蠕虫状磷块岩。灰黑色，磷矿呈断续弯曲条带或砾屑，状似蠕虫，分布在灰白色白云岩中。矿石呈蠕虫状构造，粗粉晶、泥晶结构，由胶磷矿与磷灰石（40%～50%）、白云石（45%～57%）、石英及隐晶石英（2%～5%）等矿物组成。P_2O_5 含量 8.78%～28.98%，平均含量 18.63%。

(5)致密块状磷块岩。灰白色、暗肉红色、块状构造，凝胶-胶团粒、藻凝块-凝块结构、泥晶-粉晶结构或生物结构。由胶磷矿与磷灰石(85%～95%)、白云石(3%～4%)、石英(3%～4%)、黄铁矿(<1%)、水云母(1%)、钾长石(1%)、有机质(<1%)等组成。

(6)硅质核形石(藻鲕粒)磷块岩。暗灰色,块状构造,藻鲕粒砂屑结构,由胶磷矿与磷灰石(20%～30%)、白云石(15%～35%)、石英(20%～40%)、钾长石(3%～10%)、有机质(1%～2%)、黄铁矿(0.5%～2%)、水(绢)云母(0.5%～1%)等矿物组成。此类型矿石P_2O_5含量一般在10%左右,绝大多数未圈入工业矿层,极少数含量大于15%,零星分布于Ph_3^1矿层的上部。

(四)矿石及围岩的化学成分

矿石及围岩的化学成分见表5-3。

表5-3 矿石及围岩的化学成分统计表　　　　　　　　单位:%

矿石自然类型	部位	P_2O_5	酸不溶物	Al_2O_3	Fe_2O_3	SiO_2	MgO	CaO	CO_2	枸溶性P_2O_5	F	MgO/P_2O_5	SiO_2/CaO	碳酸盐矿物含量
泥质泥晶白云岩	顶板	7.25	27.69	0.48	1.79	24.86	10.79	25.3	23.74	1.02	0.77			
云质条带状磷块岩	地表	24.66	20.78	1.43	2.8	18.74	2.68	36.66	5.95	3.44	2.23	10.87	51.12	41
	深部	22.32	20.06	0.73	1.22	18.44	4.34	36.70	10.29	2.87	2.05	19.44	50.25	55
纹(薄)层状磷块岩	地表	30.70	18.28	1.01	0.99	17.91	0.52	41.77	1.65	4.33	2.73	1.69	42.88	18
	深部	29.38	11.14	0.86	0.97	10.74	2.5	43.38	6.26	4.14	2.65	8.51	24.76	57
致密块状磷块岩	地表	32.63	9.41	1.03	1.11	9.58	1.29	45.72	3.33	4.15	3.13	3.95	20.95	45
	深部	29.02	7.91	0.71	0.78	7.56	3.23	44.72	8.48	3.40	2.63	11.13	16.91	71
泥(硅)质条带状磷块岩	地表	20.35	31.69	2.01	2.54	26.92	2.48	30.49	5.37	3.36	1.86	12.19	88.29	31
	深部	19.20	33.44	1.44	2.27	28.18	2.75	29.11	6.39	3.01	1.67	14.32	96.81	32
云质蠕虫状磷块岩	地表	16.90	10.93	0.93	1.16	9.53	9.27	36.57	20.20	2.27	1.52	54.85	26.06	82
	深部	16.76	5.81	0.52	0.64	5.22	10.58	38.53	21.39	1.94	1.61	63.13	13.55	90
Ph_{1+2+3}	地表	27.11	16.84	1.14	1.52	15.67	3.42	39.05	7.7	3.53	2.31	12.62	40.13	49
	深部	23.78	17.47	0.83	1.20	16.08	4.27	37.96	10.13	3.08	2.13	17.96	42.36	57
含磷钾硅质页岩	底板	9.26	59.02	2.44	3.57	45.39	1.83	14.86	3.24	2.01	0.84			

（五）矿区岩相控矿特征

白竹矿区处在陡山沱期潮坪潟湖相带上，具有明显浅水沉积特征。胶团粒、藻凝块、藻屑、藻鲕、核形石、内碎屑和波痕、交错层理、冲刷充填构造、层纹石构造、叠层石等十分发育。磷块岩微相组合为潮下泥硅质凝胶(胶团粒)磷块岩-潮间低地云条、泥条凝胶(藻凝块)磷块岩-潮间浅滩鲕砂砾屑夹凝胶磷块岩-藻鲕砂屑磷块岩-潮上坪含磷白云岩(图5-7)。

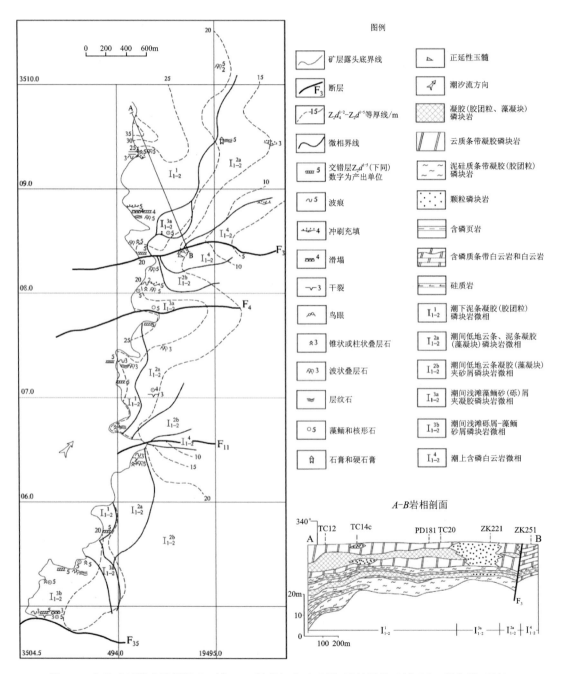

图 5-7　白竹矿区陡山沱早期 $Z_1d_1^{1-2}—Z_1d_2^{2-2}$ 岩相古地理图（樟村坪段，Ph_1^3、Ph_2，胡集段，Ph_3^1）

根据上述沉积特征,白竹磷矿可建立如下成矿模式图(图 5-8)。

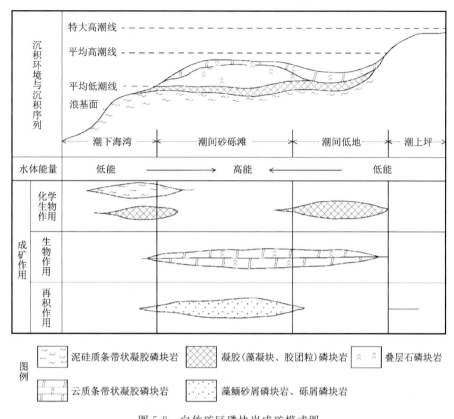

图 5-8　白竹矿区磷块岩成矿模式图

二、保康县竹园沟-下坪磷矿

(一)矿区概况

竹园沟-下坪磷矿区位于湖北省保康县 187°方向,直线距离 48km,矿区面积 14.41km²,地理坐标:东经 111°07′30″—111°12′10″;北纬 31°26′14″—31°28′05″。矿区位于宜昌磷矿田北部 Ph_2 富矿带北段。大地构造位置处于扬子陆块区上扬子古陆块上扬子陆块褶皱带黄陵台坪变形带黄陵断穹北翼。出露的地层为中元古界神农架群、震旦系、寒武系、下奥陶统及第四系。

竹园沟-下坪磷矿区赋存 Ph_2^2、Ph_2^1、Ph_1^3 三个工业磷矿层(图 5-9)。

Ph_2^2 是主要工业磷矿层,陡山沱组胡集段下亚段($Z_1d_2^{1-2}$)底部,区内查明 1 个矿体,厚 3.26~14.98m,平均厚 9.42m;P_2O_5 品位 19.01%~30.89%,平均品位 24.71%。矿区西部矿层较厚较稳定(厚 8.14~14.99m),东部厚度较薄变化较大(厚 3.26~14.72m),由南向北厚度变薄,矿区北东部 ZK5602 出现不可采区(厚度不可采)。

Ph_2^1 次要工业矿层赋存于陡山沱组胡集段下亚段($Z_1d_2^{1-1}$)底部,区内查明 1 个矿体,矿区

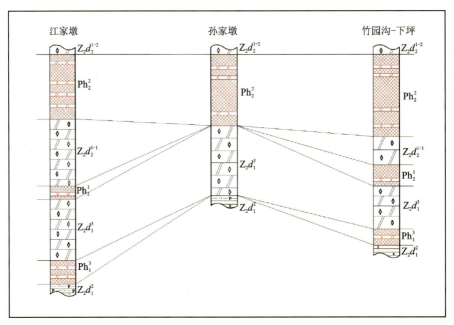

图 5-9 竹园沟-下坪矿区与邻区矿层划分对比图

内较连续稳定分布,仅东部局部有不可采区,矿体厚 0.99～11.15m,平均厚 4.14m,单工程 P_2O_5 品位 15.73%～30.86%,平均品位 23.22%。部分钻孔见中分层,但分布零星。总体上东部矿体较厚,矿体品位变化较大。

Ph_1^3 次要工业矿层赋存于陡山沱组樟村坪段中亚段(Z_1d_3)中下部,区内查明 2 个矿体(3 号、4 号),主要分布于矿区南西部,呈透镜状产出。矿层厚 1.50～8.02m,P_2O_5 品位 15.00%～22.34%。矿层中西部较厚,厚度变化较大,矿层品位较低。

(二)矿层结构类型

1. 含磷岩系

区内含磷岩系为下震旦统陡山沱组,磷矿层产于含磷岩系下部,主要工业磷矿层是中磷层第二矿层(Ph_2^2)、第一矿层(Ph_2^1)和下磷层第三矿层(Ph_1^3)。中磷层第二矿层(Ph_2^2)区内普遍发育,呈层状,厚度较大,分布连续且稳定。

矿区含磷岩系为下震旦统陡山沱组(Z_1d),岩石组合为一套含硅锰质白云岩-黑色云质泥岩-磷块岩-白云岩,其上覆地层为上震旦统灯影组,二者分界明显,呈整合接触关系;下伏地层为中元古界神农架群,呈角度不整合接触。含磷岩系陡山沱组(Z_1d)含有工业磷矿层两层,即赋存于陡山沱组胡集段(Z_1d_2)底部的中磷层第二矿层(Ph_2^2)、第一矿层(Ph_2^1)和赋存于樟村坪段(Z_1d_3)中部的下磷层第三矿层(Ph_1^3)。其中,中磷层(Ph_2)距不整合面 26.70～61.15m。矿区内陡山沱组岩石类型发育齐全,旋回结构稳定,标志层明显,可划分为 4 段(Z_1d_1、Z_1d_2、Z_1d_3、Z_1d_4),与区域含磷岩系完全可以对比,由 3 个沉积旋回组成,自下而上分别介绍如下。

(1)第Ⅰ沉积旋回。底砾岩-硅质白云岩-黑色云质泥岩(K)-磷块岩(Ph_1)-白云岩建造，属开阔浅海台地潮坪(亚)相-半潟湖(亚)相-潮坪鲕滩(亚)相。其中含钾页岩相变为浅灰绿色云质泥岩、黑色云质泥岩，含磷性变差，Ph_1^1矿层变薄至消失，仅有Ph_1^3矿层局部形成小透镜状工业矿体。

第Ⅱ沉积旋回。粒屑磷块岩(Ph_2)-薄层云岩、硅质扁豆体云岩建造，属开阔浅海台地内潮坪鲕滩(亚)相-潮间泥坪(亚)相，此段Ph_2^2广泛发育，递变为主矿层。

第Ⅲ沉积旋回。磷块岩(Ph_3)-泥质云岩-硅质云岩，属浅水盆地-深水盆地相，沉积厚度增大，含磷性逐渐减弱。

矿区内陡山沱组厚95.22～193.53m，平均厚128.40m，可采含磷系数7.70%～18.27%，平均值11.20%(表5-4)，沉积厚度和可采含磷系数相对较大。矿区内含磷岩系厚度与工业磷矿层(Ph_2^2)厚度无明显相关性。

陡山沱组厚度和可采含磷系数的变化与Ph_2^2主矿层富矿的发育是相一致的，在陡山沱组厚度大、可采含磷系数也较大的矿段北西部发育富矿体，在可采含磷系数最大的东南部，发育矿段最大的富矿体(东部富矿体)。在陡山沱组厚度小、含磷系数最小地带，富矿则不发育。

2. 主要工业矿层结构类型

在矿层发育齐全时，Ph_2^2具有明显的三分结构，即上分层(Ph_2^{2-3})、中分层(Ph_2^{2-2})和下分层(Ph_2^{2-1})，分述如下。

(1)上分层(Ph_2^{2-3})。由夹白云岩条带泥晶磷块岩、夹含磷砂砾屑泥晶磷块岩呈不规则状互层组成。厚0～13.64m，平均厚2.42m；P_2O_5品位0～28.50%，平均品位21.75%。除矿区西部局部(ZK3207)缺失外，其他地段均发育，在不发育Ph_2^{2-2}中分层地段，仅依矿石自然类型单独划分比较困难。

(2)中分层(Ph_2^{2-2})。主要由致密条带状泥晶磷块岩和夹含磷砂砾屑泥晶磷块岩相间组成。厚1.00～4.34m，平均厚2.59m；P_2O_5品位29.24%～36.32%，平均品位32.12%。总体来看，区内中分层较发育，主要分布于中西部，可以单独圈定Ⅰ级品矿石(Ph_2^{2-2}矿层厚度变化情况见图5-10)。

(3)下分层(Ph_2^{2-1})。由夹白云岩条带泥晶磷块岩、夹含磷砂砾屑泥晶磷块岩呈不规则状互层组成。厚0～10.28m，平均厚4.95m；P_2O_5品位0～25.43%，平均品位23.28%。此层除东部局部(ZK4205、ZK4801、ZK4802、ZK5603A)不发育外，其他地段均发育。

Ph_2^2矿层结构组合按3个分层的发育情况分为下列类型：①上分层＋中分层＋下分层型，矿层发育齐全，三分结构明显矿石自然类型划分较清淅。②上分层＋中分层型，缺失下分层，如ZK4802、ZK4801、ZK4205孔。③中分层＋下分层型，缺失上分层，如ZK3207孔。④上分层＋下分层型，缺失中分层，如矿区内矿层结构以①结构类型为主，②③④结构类型次之，见图5-10。

表 5-4 竹园沟-下坪矿区含磷岩系沉积特征表

工程点	陡山沱组 (Z_1d)	含磷岩系沉积厚度/m												陡山沱组可采含磷系数/%	备注
		Z_1d_4	Z_1d_3	$Z_1d_2^2$	$Z_1d_2^{2-2}$	Ph_2^2	$Z_1d_2^{1-1}$	Ph_2^1	$Z_1d_1^3$	Ph_1^3	$Z_1d_1^2$ K	Ph_1^1	$Z_1d_1^{1-2}$	$Z_1d_1^{1-1}$		
ZK2802	147.23	31.02	61.31	6.76	3.37	10.74	5.39	1.94	8.47	4.5	7.88	1.89	3.96		8.61	
ZK2803	124.38	10.89	48.52	14.09	5.46	8.14	6.29	2.82	8.22	5.29	7.35	1.03	6.28	8.81		
ZK2804	139.99	5.72	69.82	15.61	5.34	9.48	5.68	2.83	2.63	8.02	5.81		4.17	1.23	8.79	
ZK2805	153.46	7.61	71.78	15.44	5.2	8.46	8.4	3.54	5.77	2.88	16.79		5.11	2.48	7.82	
ZK4801	95.22	10.32	19.4	23.7	3.64	3.26	1.25	7.36	11.9				4.6	2.85	11.15	
ZK4802	112.86	9.72	27.19	18.22	2.87	5.34	1.49	9.81	23.67	2.48	2.79	0.94	7.56	1.72	13.42	
ZK3201	125.77	11.29	43.77	22.68	2.87	11.83	2.54	3.27	9.91	3.45	6.94	0.81	3.6	2.68	12.01	
ZK3202	134.07	15.28	43.84	22.22	2.7	11.98	1.2	2.5	14.43	1.35	8.23		5.28	4.25	10.80	
ZK3203	145.1	14.16	51.39	17.92	2.62	14.99	3.58	0.99	21.84	4.9	5.45	0.64	4.21	3.05	11.01	
ZK3204	129.56	13.55	54.35	14.23	2.98	12.4	4.22	3.19	6.4	2.49	7.43	2.05	0.49	7.83	12.03	
ZK3205	129.41	16.23	39.16	18.42	4.03	10.79	4.35	2.81	13.73	3.8	5.97		6.42	3.06	10.51	
ZK3206	125.87	14.97	47.54	15.93	3.82	10.62	3.37	1.89	9.43	1.78	6.43	0.3	5.19	4.63	9.94	
ZK3207	110.39	8.47	42.28	6.75	3.56	11.16	3.06	4.94	8.25	7.56	12.39	2.58	5.81	1.94	14.58	
ZK3401	135.72	9.16	47.69	22.98	5.76	11.46	0.99	4.17	11.71	1.5	5.47		8.47	11.52		
ZK3402	141.75	9.48	70.17	5.56	3.78	13.97	2.49	4.6	15.93	2.91	4.35	0.25	2.41	4.93	13.10	
ZK3403	123.69	17.48	44.25	20.74	3.18	11.34	1.78	3.95	6.42	1.06	5.78	0.85	5.61	12.36		
ZK3404	124.01	17.06	49.87	13.43	4.48	9.5	1.95	3.63	9.39		5.45		3.24	4.1	10.59	
ZK3801	123.75	11.51	47.76	18.96	3.57	11.09	1.08	4.62	11.32	0.99	8.32		4.12	1.4	12.69	
ZK3802	101.81	7.03	28.82	17.33	1.98	14.75	0.99	3.76	7.92	1.29	7.82		9.5	0.92	18.18	
ZK3803	193.53	53.45	54.29	23.31	1.33	14.11	1.84	4.63	16.74		10.35	1.19	11	9.68		
ZK3804	121.67	6.87	58.85	14.92	1.59	14.26	0	1.96	10.54	1.22	8.56		2.9		13.33	

续表 5-4

工程点	陡山沱组 (Z_1d)	含磷岩系沉积厚度/m												陡山沱组可采含磷系数/%	备注
		Z_1d_4	Z_1d_3	$Z_1d_2^2$	$Z_1d_2^{1-2}$	Ph_2^2	$Z_1d_2^{1-1}$	Ph_2^1	$Z_1d_1^3$	Ph_1^3	$Z_1d_1^2$ K	Ph_1^1	$Z_1d_1^{1-2}$	$Z_1d_1^{1-1}$		
ZK4202	124.13	8.47	24.61	23.98	3.18	5.71	3.42	9.26	22.28	4.02	9.13	1.37	3.5	5.2	12.06	
ZK4203	120.54	7.25	31.26	14.64	8.85	7.37	4.11	1.91	20.37	2.78	11.58	1.64	1.71	7.07	7.70	
ZK5603	98.16	12.83	21.38	21.34	5.46	12.52	1.19	1.74	11.53			0.62	5.78	14.53		
ZK5603A	122.34	17.92	31.51	15.14	9.85	14.72	1.34	2.4	17.51	0.64	3.60		1.3	5.80	13.99	
ZK9602	120.43	15.75	28.62	12.67	2.1	14.9	1.98	3.91	31.24	1.93	2.92		1.63	1.69	15.62	
ZK9001	121.52	16.63	25.51	15.19	2.78	11.05	3.81	11.15	20.60	1.24	7.59	0.64	0.78	4.55	18.27	
ZK2806	140.46	25.41	47.44	12.41	5.61	8.93	10.57	2.28	8.04	1.59	10.22		4.27	2.00	7.98	
ZK3805	122.34	11.23	47.75	11.74	1.57	8.38	1.56	1.58	19.05	2.26	7.58	1.76	4.99	2.35	8.14	
ZK4201	96.50	16.54	27.18	13.29	3.99	4.73	1.67	5.71	12.80	0.69	3.31		4.58		10.82	
ZK4204	150.31	6.18	70.91	20.26	1.77	11.15	1.29	5.07	17.60	2.33	7.25		2.90	2.91	10.79	
ZK4205	147.93	6.73	65.21	13.57	2.03	4.94	2.86	8.46	23.00	1.97	1.62	2.31	4.57	9.00	9.06	
ZK4803	129.81	13.24	36.45	12.79	1.24	4.73	5.46	7.14	23.89	2.70	8.40		6.78	2.98	9.14	
ZK4804	109.04	12.73	33.76	11.23	2.4	6.25	2.47	6.28	21.07	0.81	5.76		3.10	3.18	11.49	
ZK5601	151.24	22.22	23.01	12.94	4.75	6.41	1.20	5.93	57.66		12.69		1.41	3.02	8.16	
平均值	128.40	14.13	43.90	16.01	3.71	10.04	3.00	4.34	15.46	2.68	7.31	1.23			11.20	

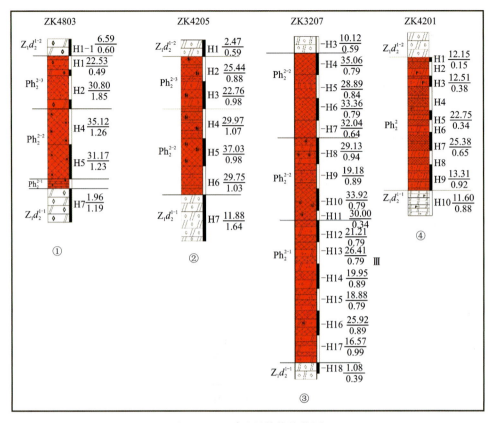

图 5-10　Ph_2^2 矿层结构柱状图

（三）矿石成分、结构构造及自然类型

1. 磷矿石矿物成分

磷块岩的矿物成分由磷酸盐矿物和脉石矿物两大类组成。磷酸盐矿物主要为泥晶磷灰石，含量 78%～97%；脉石矿物主要为白云石、水云母、高岭石、石英，并混入少量的有机质等。

2. 矿石结构、构造

1）结构

区内 Ph_2^2 矿层矿石具泥晶砂屑结构、硅质砂屑结构、亮晶砂屑结构及含砂砾屑粉晶-细晶结构；Ph_2^1 矿层矿石以泥晶含砾砂屑结构、泥晶砂屑结构及不等晶砂屑结构为主；Ph_2^3 矿层矿石以含泥质砂砾屑结构、胶状结构为主。

2）构造

致密条带状构造和条带状构造是本矿区矿石的主要构造类型。

（1）条带状构造。矿石最常见的构造类型，由白云岩和页岩条带与泥晶砂屑磷块岩、泥晶含砾砂屑磷块岩条带相间而成。

(2)致密条带状构造。由泥晶砂屑磷块岩、泥晶含砾砂屑磷块岩等相互叠置组成,由于二者结构及颜色上存在一定差异,其外貌呈现条带状特征。此类矿石品位较高,是 Ph_2^{2-2} 矿石的主要构造类型。

3. 矿石自然类型

根据磷块岩中磷酸盐矿物和脉石矿物成分、含量及结构、构造特征,区内磷矿石自然类型可划分为白云岩条带状磷块岩、致密条带状磷块岩、泥岩条带状磷块岩 3 类,白云岩条带状磷块岩、致密条带状磷块岩常见于 Ph_2^2 及 Ph_2^1 矿层中,泥岩条带状磷块岩主要见于 Ph_1^3 矿层中。

(1)白云岩条带磷块岩。由深灰色白云岩条带或透镜状白云岩与灰黑色磷块岩、含磷砂屑磷块岩、含磷砾屑磷块岩互层组成。磷块岩条带占比 40%～70%,白云岩条带宽 1～10cm 不等,磷块岩条带宽 1～25cm,两者呈不规则状互层组成条带状构造,磷块岩具泥晶结构、砂屑结构、砂砾屑结构等。该类型是本区主要矿石类型,普遍见于 Ph_2^2 矿层,次为 Ph_2^1 及 Ph_1^3 矿层。厚 0～13.64m,P_2O_5 含量 12.02%～29.24%。

(2)致密条带状磷块岩。由泥晶磷块岩、含磷砂屑磷块岩、含磷砾屑磷块岩叠置成密集的层纹状-微层状构造,偶夹少量白云岩细条带,宽 0.05～2cm,磷块岩占比 80%～90%,是本区 Ph_2^2 矿层重要矿石类型。厚 0.45～4.35m,P_2O_5 含量 30.23%～36.32%。

(3)泥岩条带状磷块岩。由浅灰绿色、黑色页岩条带与灰黑色磷块岩条带组成。磷块岩条带占比 30%～60%,页岩条带宽 2～15cm,磷块岩条带宽 1～10cm,两者不规则互层构成条带状构造,磷块岩具泥晶结构。此种矿石类型主要见于 Ph_1^3 矿层中。厚 0.3～8.02m,P_2O_5 含量 12.16%～23.48%。

(四)资源量及丰度

矿区经详查估算 $Ph_2^2+Ph_2^1+Ph_1^3$ 矿层控制+推断磷矿石资源量 $46\ 236.8×10^4$ t,P_2O_5 平均品位 23.65%。其中,控制资源储量为 $20\ 000.3×10^4$ t,P_2O_5 平均品位 24.47%,占全区总资源量的 43.25%;推断资源量为 $26\ 236.5×10^4$ t,P_2O_5 平均品位 23.03%,占全区总资源量的 56.75%。该矿区面积 14.41km²,可估算该区磷矿资源储量丰度值为 $3\ 208.6×10^4$ t/km²。

第六章　矿床成因与成矿规律

湖北省内磷矿的主要成因类型为海相沉积型磷块岩和沉积-变质型磷灰岩,其他还有风化残积型或洞穴堆积型磷矿,但规模小,不具工业意义。海相沉积型磷矿包括3个矿床式,即荆襄式、邓家崖式和赵家峡式,其中以荆襄式最为重要(《湖北省潜力评价报告》,2012)。

鄂西地区磷矿主要产于早震旦世陡山沱期,属荆襄式海相沉积型磷矿,主要分布于上扬子古陆块的鄂西的宜昌、荆门、神农架、襄阳及恩施等地区。全区陡山沱期磷矿矿床成因与成矿规律大同小异,整个成矿大背景一致,小环境相似,但具体成因与控矿条件有差别,本次以鄂西磷矿的主体——宜昌磷矿为例,对其矿床成因与成矿规律进行讨论。

第一节　矿床成因

陡山沱期磷块岩矿床属荆襄式海相沉积型磷矿为大家所公认,仅对磷块岩形成时磷质来源、沉积条件及沉积机理,尚有不同认识,现就鄂西地区磷矿及区域所获资料作如下探讨。

一、磷质来源

鄂西地区磷矿几乎都形成在同一地史时期,这就必须具备有一个来源丰富、供给稳定的"聚磷库"。这个"聚磷库"主要来自富磷上升洋流,间接出自陆源风化磷和火山物质中磷的供给。

1. 上升洋流及磷质来源

洋流成磷说的理论于1937年经苏联学者卡扎科夫总结提出,1963年美国学者麦凯尔和谢尔登等发展了这一理论,明确上升洋流的类型、位置及岩石组合。本区磷矿沉积时(陡山沱期)构造条件稳定,地处古纬度25°以内,气候温暖、干燥,推测为季风影响的海岸带,发育一套以"硅质岩、页岩、磷块岩及白云岩"为共生组合的典型"上升洋流岩组"。特别是磷块岩本身具十分明显的条带状构造、韵律作用特点,这种条带状构造不受岩相及地理位置控制,它只能是洋流脉动性活动造成的,而不可能是构造振荡运动或潮汐作用造成的,这进一步表明了上升洋流的行迹。

另外,从扬子地区地史及地质构造演化特征看,扬子陆块陆核形成阶段生物演化处于原始物种形成阶段。太古宙—新元古代时期,古生态环境处在地质活动频繁,火山活动强烈,大气充满二氧化碳等温室气体，不利于生物繁衍生息。中元古代处在裂谷和裂陷槽盆地相向浅海台地过渡的准地台发展阶段，沉积了神农架群火山-碎屑岩-台相白云岩建造，并且发现了大量古生物群，其中包括郑家垭组和石槽河组、大窝坑组、矿石山组的疑源类化石组合。叠层石白云岩在地层中频繁出现，说明这一时期古生态环境发生了深刻变化。大气二氧化碳等温室气体以固体形式储存于碳酸盐岩中，大气及海洋古生态环境氧分等生物要素补给较好。这其中洋流系统起到了很大作用。

新元古代南华纪时期，出现南沱冰期，在随后发生的惠亭运动中，古气候演化为温暖环境，冰川融化致使海平面上升。大量的陆源物质，包括溶态 P、Ca、Mg 等被带入海洋下沉，在洋流传输带系统的作用下，这些成矿物质发生迁移，在浅海台地形成磷矿床。根据现代海洋学研究，冰川融化形成的低温寒流具有较高密度和相对密度，它们随着洋流下沉至深海区，在海底热流作用下形成上升洋流。由此看来，本区磷矿成因与这种洋流传输带有密切关系。南华纪南沱期冰期之后，黄陵地区沦为浅海台地，碳酸盐岩和磷酸盐岩成为震旦纪沉积的主要地质建造，古大气和古海洋二氧化碳等随洋流传输带迁移，在浅海台地区以碳酸盐岩形式存在，极大地改善了震旦纪古生态环境，并且促成藻等生物的大量繁衍。这也是震旦纪时期磷块岩大规模聚集成矿的原因。从收集的古生物资料看，陡山沱组樟村坪段下部含一定数量的海绵骨针，反映该时期是地球原始动物最早起源阶段，进一步说明陡山沱期存在一次生物爆发事件，其层位在 $Ph_1 \sim Ph_3$ 之间。这次生物爆发事件发生的时间与磷矿层位分布一致，极大地印证了生物与磷矿沉积的内在联系，特别是在磷块岩中存在大量的藻屑及藻生物磷块岩类型。

从古板块构造和古海洋演化规律方面看，早震旦世时期扬子地区南部存在相对活动的华南板块，虽然扬子板块在早震旦世时期与华南板块聚合，但受到华南板块离解运动方式作用形成了大规模的海槽。这其中有鄂黔海槽、湘桂海槽、浙赣海槽。海槽是板块活动带的产物，具有热流生成的条件。古陆风化溶解的物质下沉至海槽，然后形成上升洋流。因此认为震旦系磷矿的形成与上述海槽上升洋流有成因联系。可以认为早震旦世时期黄陵地区乃至扬子地区的上升洋流来自鄂黔海槽、湘桂海槽、浙赣海槽，并且影响到晚震旦世时期的沉积。

还有一个值得探讨的问题——早震旦世缺氧事件。本区陡山沱组下段（樟村坪段）下部和二段（胡集段）普遍存在一套含碳富黄铁矿泥质岩，厚度 0～25m。一些地段由于水下抬升遭受海水冲刷出现缺失或厚度变小。这套岩系在台地潟湖发育完全。有时呈夹层赋存在磷块岩之间。通过微量元素分析，Ni 含量 27.8×10^{-6}，As 含量 7.89×10^{-6}，V 含量 47.00×10^{-6}，Co 含量 7.61×10^{-6}，Th 含量 11.2×10^{-6}，含量值达到了异常级。这可能与生物死亡事件有关。从成因上看，潟湖环境具有封闭或半封闭的地理条件，洋流间歇性提供氧分物质，可以维持盆内藻生物生息。但是长期出现封闭的环境，藻生物过度繁衍就会加剧盆内缺氧，致使盆内生物死亡。当然，这种现象可以使磷在盆内富集，形成溶解态磷，参与成矿。由此看来，黄陵地区早震旦世时期至少存在两次缺氧事件和生物爆发事件。成因上与洋流传输带发生断裂有关。

2. 陆源(海解)聚磷作用

陡山沱期前本区曾较长时间处于隆起剥蚀物理、化学风化作用环境中,磷质大量从岩石中释放出来进入海盆中,特别是冰川堆积使磷质在低温介质中大量蕴积,提高了磷质丰度,如南沱组冰碛砾岩基质 P_2O_5 含量在 0.1% 以上,间冰期沉积层 P_2O_5 含量在 0.2%～0.52% 之间。当气温转暖,冰川溶化,这些磷质就会大量释放,再经上升洋流携带到台地。

3. 火山喷发供磷作用

本区磷块岩相间的页岩中常见较多的碎屑状泥、粉晶钾长石,边缘多具棱角,根据钾长石易风化特点,不可能为长距离搬运,很可能是海底火山喷发产物。联系到磷块岩中氟高而氟的地球化学行为主要富集在岩浆岩中,加之聚磷区(台缘)同期或稍前期地层中见基性火山岩,其 P_2O_5 含量 0.15%～0.5%,说明确有海底火山喷发提供磷质来源的可能性。

磷质间接来源如上述为陆源和火山两种,直接来源为上升富磷洋流,生物起到了聚集作用。

二、沉积条件

磷块岩沉积条件除前述成磷所需的古地理、古气候、古纬度及岩相条件外,在这里只讨论与磷质沉积直接有关的水介质物化条件及生物条件。

1. 水动力条件

本区磷矿沉积时水动力条件总的来说比较弱,局部略强,属中—低能量,以波浪簸选(潮汐作用)为主,亦有短暂风暴流作用,具体表现如下。

(1) Ph_1^3 矿层底板页岩颜色深,水平层理发育,沉积物为泥级、细粉砂级悬浮物为主,是典型潮下低能带产物;矿层顶板白云岩为亮晶砾屑结构,可见交错层、斜层理、平行层理、槽状层理,应属潮下到潮间高能产物,而磷块岩就是形成在这种能量转变的过渡阶段。

(2) Ph_1^3 矿层常具泥晶结构,颗粒结构两种条带韵律相同,颗粒亦以泥晶胶结为主,部分为亮晶胶结,这就说明了水体有动荡而不强烈。对其粒度分析结果表明,大多数薄片悬浮级总体都达 30% 以上,有时高达 90%,少数低于此数。未见牵引总体出现,且悬浮级总体最大粒度 φ 值为 4(直径在 0.006 3mm 以下),从悬浮级总体粒径是水动力强度的函数这一角度上说,水体能量也是很低的。

(3) 从本区磷矿本身 4 个矿层比较而言,中磷层(Ph_2)比下磷层(Ph_1)含磷质砂、砾、核形石多,而且中磷层(Ph_2)多呈接触式胶结,这说明中磷层形成能量环境比下磷层高。而 Ph_3 主要为砂砾屑磷块岩,其形成能量环境最高;Ph_4 主要为白云质磷块岩,并且其地理环境也反映了形成水环境最深。

(4)本区磷块岩确实也存在颗粒化作用,这些颗粒主要是圆状、椭圆状砂粒屑,粒径 0.2~1.2mm,多数 0.6~0.4mm,个别达 1.2mm 以上,由泥晶胶磷矿组成;少数卵形大小均一的凝块石及层圈少的核形石,由泥晶磷灰石、泥晶状黏土质胶结或充填,这种共存现象也只能用盆内沉积物与水界面振荡、簸选(也有短距离)运移而间歇沉淀的中低能量解释。

(5)Ph_3^3 矿层构造主要是平缓的水平波状层理,上部可见小交错层,微型冲刷构造,偶见冲坑及潮渠沟,这进一步证明了矿层总体能量低、位于潮下近浪底面上下,局部受潮汐作用或短暂风暴浪的影响。

根据上述分析可以认为。潮汐-波浪作用具有破碎、分选和搬运、迁移能量,使磷质颗粒在凹陷或浅滩聚集形成工业矿层。本区在许多地段见到早期形成的磷块岩或含磷白云岩顶部具有明显冲刷痕迹,它们可以成为磷质内源区,为其他沉积区提供磷质颗粒成矿,如肖家河"隆起"缺失 Ph_1 有可能属于这种情况。

2. pH、Eh 值水介质条件

水介质条件一般包括 pH 值、Eh 值及含盐度,属于控制化学成分,是溶解还是沉积的关键,根据前人在宜昌磷矿田樟村坪矿区所采集的 6 个样品测试的实验数据看(表 6-1),含钾页岩 pH 值为 7.04(中性),白云岩 pH 值为 8.07~9.4,磷块岩 pH 值为 9.86~10.43,均为碱性,且磷块岩沉积环境 pH 值比白云岩还高。这批实验数据只有磷块岩 pH 值高于经典理论认为的磷沉积时所需的 pH 值(7.5~8)。

表 6-1 宜昌磷矿 pH、Eh 值测试结果表(引自湖北省鄂西地质大队,1987)

测定值	岩性					
	含钾页岩(樟 P_1)	磷块岩(樟 P_2)	磷块岩(樟 P_3)	白云岩(樟 P_4)	磷块岩(樟 P_5)	白云岩(樟 P_6)
pH	7.64	10.43	10.04	8.07	9.86	9.4
Eh	−386	−367	−294	/	−270	/

为什么会产生这一现象呢?我们认为对这一问题要具体分析,不应怀疑为测试误差,实际上含钾页岩、白云岩的测试结果跟理论值一致。相比较而言,这不可能是系统误差造成的,可能原因如下:

(1)水介质离子浓度差。决定任何一种物质沉淀与否,除需要适当的 pH 值外,更要适当的浓度,只有在超过了某种物质的溶度积时才能形成这种物质的沉积。在页岩沉积后磷质大量涌入,Ca^{2+}、Mg^{2+} 并不丰富,此时磷酸盐、碳酸盐都超不过溶度积,只有在 pH 值不断提高到较高程度时才开始有固相物质析出。首先析出的自然是溶度积小得多而含量又极丰富的磷质化合物,碳酸盐因达不到溶度积而无法析出。随着沉积介质中 Ca^{2+}、Mg^{2+} 的增加物质来源成分的改变，Ca^{2+}、Mg^{2+}、CO_3^{2-} 超过溶度积开始沉淀，此时所需 pH 值反而降低，陈友明等(1958)的磷块岩成因模拟实验表明，在 Ca^{2+}-$(HPO_4)^{-2}$-$(HCO_3)^{-1}$—F^--H_2O 体系中当 Ca/P 克分子比≤5/3 时，实验体系的 Ph 值即使达到 9，沉积物也是单一的碳氟磷灰石，但当 Ca/P 克分子比值＞5/1 时，Ph 值达到或超过 8 时就会有磷酸盐和碳酸盐混合沉淀。这似乎同本区磷矿沉积时条件相近。

(2)上述样品中含钾页岩，磷块岩氧化还原电位 Eh 值负值极高，为－270～－286，表明沉积环境具还原性，实际上页岩及部分磷块岩都有少量黄铁矿及有机质存在，说明沉积环境是相对闭塞的。

(3)含磷段中下部见有少量重晶石及重晶石充填交代现象，或石膏夹层、假晶，偶尔可见天青石，上部广泛发育白云岩，进一步说明了该环境闭塞、气候干燥及介质含盐度高。根据沉积物中很少有粗碎屑物混入这一事实，可以推测当时地表径流极不发育。细粉砂—泥质物主要来自海盆内"混浊的上升洋流"——富磷黏土质洋流的脉冲回返。在本区磷矿及其南侧(含钾)粉砂质页岩中所采 8 个样品微量元素分析结果(表 6-2)、B-Ga-Rb 含量三角图(图 6-1)及 B-Ga 含量离散图(图 6-2)也间接证明了以洋流源为主，部分是河流碎屑沉积物。随洋流多次脉冲回返，在这种相对闭塞、以蒸发为主(潟湖)的盆地内 Ph 值相对有变化，水介质的咸化度越来越高，pH 值也会相应增高，这种环境有利于磷酸盐的聚集，也是开始磷条带与黏土岩条带互层，发展到磷条带为主，最后大量海水渗入，Ca^{2+} 增高而出现磷条带与白云岩条带互层的原因所在。

表 6-2　宜昌磷矿含钾页岩微量元素结果表(引自湖北省鄂西地质大队，1987)

样号	元素								
	Cl/%	Rb_2O/%	K_2O/%	Sr/%	Ba/%	B/10^{-6}	Ga/10^{-6}	Yb_2O_3/10^{-6}	Y_2O_3/10^{-6}
朝 W_1	0.004	0.012 8	4.98	0.008 6	0.104	256	25	1.7	13
朝 W_2	0.007	0.009 4	6.47	0.007 7	0.400	205	40	5.6	80
晓 W_1	0.015	0.006 9	4.57	0.066 5	0.245	135	13	2.8	50
姜 W_1	0.005	0.013 1	6.55	0.008 0	0.150	285	15	1.8	19
桃 W_1	0.012	0.013 0	4.65	0.012 0	0.076	205	14	1.3	21
樟 W_1	0.015	0.008 5	8.48	0.036 0	0.270	42	14	1.7	19
树 W_1	0.016	0.008 2	9.00	0.016 0	0.145	53	11	1.4	18
红 W_1	0.01	0.014 6	4.56	0.006 0	0.072	148	16	1.9	19

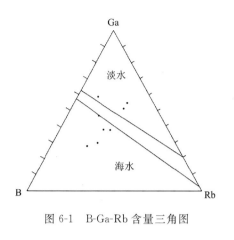

图 6-1　B-Ga-Rb 含量三角图

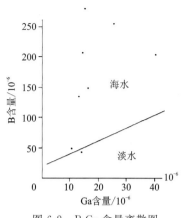

图 6-2　B-Ga 含量离散图

另外,《湖北省西部晚震旦世陡山沱期岩相古地理及磷块岩成矿规律的研究》(1985)获得的黄铁矿硫同位素资料表明(表 6-3),陡山沱组樟村坪段和胡集段多数样品 $\delta S^{34} > 6.84‰$,属重硫型,说明黄铁矿是在半封闭条件下,在海底渲染了较多的硫化氢形成的,而硫化氢则是在不正常的海水才能出现。这也反映陡山沱组樟村坪段和胡集段下部沉积时存在一定时期的缺氧事件,可能与洋流传输带异常有关。

表 6-3　鄂西聚磷区硫同位素结果表(引自湖北省地质科学研究院,1985)

样号	岩性	$\delta S^{34}/‰$	层位	产地
TWS$_1$	底砾岩	27.14	Z_1d_1	宜昌铁匠垭
TWS$_2$	含黄铁矿白云岩	13.94	Z_1d_1	宜昌铁匠垭
TWS$_3$	黄铁矿泥岩	13.92	Z_1d_1	荆襄大峪口
TWS$_{26}$	含黄铁矿黏板岩	0.38	Z_1d_1	房县东蒿
TWS$_{27}$	含黄铁矿黏板岩	6.84	Z_1d_2	房县东蒿
TWS$_{28}$	含黄铁矿黏板岩	−19.96	Z_1d_2	房县东蒿

3. 古生物条件

本区磷矿沉积时受菌藻类的作用,目前已经有了如下足够的证据:

(1)致密条带状磷块岩及夹白云质条带磷块岩中见较小叠层石磷块岩,叠层石中保存有微型模糊藻丝体。在磷质颗粒中有凝块石、核形石及叠层石碎片,尤其是凝块石中明显地具藻丝体及有机质。

(2)在致密磷块岩中保存有 *Siphonphgcus* sp.(蓝藻)、*Cyanophyra*(蓝绿藻)、*Oseillatoriopsis*(颤藻)？*Volvoximorphites*(拟团藻)等。

（3）对磷块岩做有机质分析，发现有机质含量高达1.35%，这说明磷块岩颜色深、镜下暗褐色为有机质造成的。

（4）另根据东野脉兴和柏俊生(1984)《华南震旦纪磷块岩中钻蚀生物的发现及其地质意义》一文中的报道，在致密磷块岩中砂屑颗粒表面亦见到管状微型钻孔，钻孔有直管状、曲管状，钻孔深达50μm。

因此，生物及生物作用是促使磷质生成及聚集的有利条件。

4. 水温、水流及水深

含磷岩系含大量白云岩组分，反映了沉积时气候是温暖的，据树崆坪、樟村坪、朝天咀等地采集的碳氧稳定同位素样分析结果（表6-4），换算出磷块岩形成温度为44.6~57℃（这些数据仅作参考，是否有变质作用干扰尚需进一步工作）。从区域地质条件看，陡山沱期前冰川—冰水沉积表明气候寒冷，至下白云岩仍偶尔可见"飘砾"，说明气候转暖是缓慢的，而且似有波动。

表6-4　宜昌磷矿田樟村坪段碳氧同位素结果表（引自湖北省鄂西地质大队，1987）

样号	岩性	δC^{13}（PDB）	ΔO^{18}（SMOW）	产地
朝同2	白云石	0.76	22.15	宜昌县朝天咀
徐同9	白云石	－6.39	23.49	宜昌县朝天咀
树同4	白云石	0.32	23.64	兴山县树崆坪
丁同1	磷块岩	/	15.02	兴山县树崆坪

富磷上翻洋流与海侵方向大体一致，主要来自东南侧浅海盆地，由于受雾渡河、交战垭水下隆起的影响，分为南东东、南南西两股潮流涌进、汇集。

由磷块岩大多数形成在浪基面附近这一事实，结合磷矿层含较多绿藻化石的特点，进一步推断其形成水深在20~70m之间，最深不逾100m。这与关士聪等编著《中国海陆变迁海域沉积相与油气》一书中海域沉积环境综合模式所拟定平均浪基面70m的理论数据相吻合。

三、成矿作用方式

磷矿成矿作用方式，大体可概括为以下4种。

1. 化学沉积作用

由超显微晶粒磷灰石在海水中以化学-生物化学方式沉积下来。

（1）直接表现。磷灰石在电镜下呈3~5μm颗粒，边界棱角清楚，具明显地面网反映，内部是结晶质的。另外，在磷块岩中常见泥晶磷灰石与黏土质条带相间的细纹层沉积构造。

(2)作用过程。富溶态磷随上升洋流由深海盆上升至浅海陆棚,随着海水温度及Ph值相对升高,压力减少,磷酸盐溶解度降低,开始形成磷酸盐的质点,这些质点在进入相对闭塞且还原、咸化的潟湖内,随水介质条件又一次变化,磷酸盐饱和,加速磷质点生长加大,最终沉淀。也有在沉积物表面附近通过厌氧(细菌)降解由有机质转化为磷质,并被同沉积黏土中伊利石吸附,以无机磷的形式沉积和保存。

2. 藻生物作用

本区磷矿的含磷层中均有藻生物的遗迹,常见蓝绿藻及其藻丝体,这种单细胞生物的群体本身不会含大量的磷质,在磷块岩形成过程中主要有以下3种作用。

(1)藻黏结捕陷作用。藻生物群分泌的黏液能黏结和捕陷已聚沉的磷酸盐颗粒,强化磷质的沉积速度,加大磷质的沉积量。本区可见藻生物间隙生长周期交互的富藻层与富屑层叠置的叠层石、层纹石及核形石磷块岩。

(2)藻丘的阻滞抗浪作用。本区神农架—宜昌水下隆起高地的东、西两侧磷质叠层石亦发育,构成斑点及藻丘障壁,在某种程度上也起到阻滞水流及抵抗波浪的作用,这对于维持隆起区边缘或隆起区内相对凹陷地段磷质沉积环境的稳定及已沉积的磷质保存较为有利,如徐家坪西、树崆坪东所形成的富矿体。

(3)藻生物的光合作用。藻类生长过程中的光合作用消耗海水CO_2,降低了磷质在水中的溶解度,为磷质析出提供了必要的条件。

3. 颗粒再积作用

颗粒再积作用是机械作用的范畴,是在上述两种成磷作用的基础上发展起来的,主要受限于成磷盆地水动力条件的变化。

(1)弱振荡筛选。主要发生在水体与沉积物界面的附近,即成磷海盆(潟湖)浪基面附近,可与磷质化学沉积同时进行,能量低—中等,原地振荡筛选形成大小均一的磷质团(球)粒,或与藻成因有关的凝块石。

(2)短距离的簸选。在成磷海盆(潟湖)底流或间隙海流作用下,短距离地搬运、滚动、簸选(乃至加积),这是本区较大量的砂屑、鲕粒磷块岩的主要形成方式。

(3)冲刷砾屑。较强的潮汐流或短暂风暴流作用的结果,冲刷破碎半固结的磷块岩软泥,呈砾屑或片块。总的来说,这种作用对成矿不起富集作用,相反破坏了原矿结构,仅Ph_2^1矿层或Ph_1^{2-2}矿层局部地段砾屑量相对增多,成矿略好。

4. 孔隙水胶结作用

这是一种成岩早期胶结作用。当沉积物脱离沉积界面向下转移,其间孔隙水是比较发育的,特别是富有机质。孔隙水与海水的区别在于H_2S、HCO_3^-、NH_4、SiO_2较丰富,通过硫酸盐还原作用,有机质大量消耗,从而增加了孔隙水的磷质。有研究认为在缺氧条件下,孔隙水的磷酸盐含量比广海水体中的含量要高得多。有学者指出孔隙水的磷酸盐浓度通常为海水最高浓度值的15～16倍，一般说来，溶解磷酸盐的浓度随埋藏深度而增加，在达到几十厘米深度时才稳定下来。这样一个半封存的情况，孔隙水中过饱和磷酸盐将迅速沉聚，围绕已有磷质颗粒及粒屑边缘垂直（晶体）生长，形成栉壳状胶结。而当孔隙水磷酸盐浓度因磷质晶体析出而降低，表层富磷溶液可依次替补，这样长期作用可净化磷质颗粒，增加磷质纯度，增高磷矿品位。

四、成矿模式

1. 成矿规律认识

（1）陡山沱期磷矿是扬子准地台地壳演化历史的产物，本区磷矿及相邻矿区主要矿层随时间迁移，虽由南往北迁移并有抬高之趋势，但仍属成磷早亚期沉积物，而东山峰及其相邻矿区主要磷矿层（后期台地相）应为成磷晚亚期沉积物。

（2）在次稳定地块边缘，沉积构造格局不仅总的控制磷矿带分布，而且间接控制磷块岩沉积岩相（带）分布变化。

（3）磷块岩形态、厚度、品位及稳定性直接受控于沉积岩相（环境）。其中以半开阔台地潟湖（相）为主体的过渡相带有利于磷块岩赋存，浅水台地斜坡相（带）、湖坪相（带）次之，浅海盆地及其边缘相（带）仅见少量磷质结核及条带。

（4）中低纬度（信风）上升富矿洋流是本区磷质最主要的直接来源；磷间接来源为多源，如有生物成因磷，也有陆源海解磷，还有火山碎屑磷。

（5）本区磷块岩沉积具特定岩石组合，亦有多旋回、多成因的特点，即在（硅质）粉砂质页岩-磷块岩-白云岩岩石组合中，多层磷块岩相间在粉砂页岩或白云岩间，其磷块岩条带又以不同结构类型相同，它们各自可构成一个小韵律旋回，总体又是一个大的沉积韵律旋回。这实际就是上述诸条件（时间、构造、环境、物质成分）地质历史记录的综合反映。

2. 矿床成因及成矿模式

本区磷块岩矿床成因机理总体上以化学聚沉作用为主，在表现形式上多种多样，往往在一种成矿作用中又伴随其他成矿作用，要想以某一成矿作用（成因）来分析描述（解释）某一矿层是困难的。

总之，在空间上彼此叠合关联，在矿层中形成一定韵律和旋回结构，组成复杂的多样性的磷块岩成因组合是本区成矿的特征。因此，本次主要根据区内磷块岩主要矿床成因类型和各矿层结构成因类型相对变化特征以及磷块岩成矿要素进行表述，并建立本区磷块岩沉积成矿模式，详见表6-5～表6-7和图6-3。

表 6-5 研究区磷块岩成因类型及矿床成矿要素表

特征	化学、生物化学沉积型磷块岩	颗粒再积型磷块岩
沉积环境	半开阔台地潮坪、潮下低—中高能带	半开阔台地潮下-潮间高能带
	水循环差,水动力条件弱	水循环中等,水动力条件强弱交替
	弱氧化—强还原环境	弱氧化—弱还原环境
	盐度弱咸化—(强)咸化	盐度微咸化
	为相对凹陷的地形	地形凹凸不平
控矿主导因素	主要受微地形(凹)及介质条件(以 Ph 值为主)控制	主要受水动力及微地形(凸)控制
成矿作用方式	化学聚集(沉)、藻生物作用成岩早期胶结作用	化学聚沉、藻生物作用冲刷颗粒再积或成岩后期交代作用
成矿时期	陡山沱早亚期	陡山沱早亚期
沉积旋回	海进稳定环境	海退次稳定环境

表 6-6 研究区磷块岩成因类型及成矿特征

特征		浅海沉积型磷块岩	
		化学、生物化学沉积型磷块岩	颗粒再积型磷块岩
代表性矿层		Ph_1^1、Ph_1^2 或 Ph_1^{3-1} $\quad$ Ph_1^{3-2}、Ph_3^1、Ph_3^2	Ph_1^{3-3} 或 Ph_2
磷块岩	结构类型	泥晶团粒、核形石、凝块石鲕粒、少量砂屑	砂屑、砾屑、豆粒、片块石
	沉积构造	纹层状、条带状、微波状、水平层理、叠层石	交错层理、透镜状层理、微波状层理
	生物特征	蓝绿藻、藻迹、藻丝体	藻屑
	主要脉石矿物	钾长石、水云母	白云石、硅质
矿体	形态	层状—似层状、透镜状	透镜状、似层状
	规模	单矿体为大型	单矿体为小—大型
	厚度/m	1.5~11	0~7
	品级	中、贫矿石为主	中、富矿石为主
	分布	全区	较集中在聚磷区中北部

表 6-7 荆襄式磷块岩区域成矿要素表

特征描述		沉积岩型磷矿床	成矿要素分类
地质环境	岩石类型	砂屑状磷块岩、白云质条带磷块岩、条纹状磷块岩、泥质条带磷块岩	重要
	岩石结构	粒状结构;层状构造、块状、条纹条带状构造	次要
	地质时代	元古宙震旦纪陡山沱期	必要
	成矿环境	沉积序列:含锰白云岩-重晶石岩-粉砂质碳质泥岩-含磷泥岩-磷块岩(Ph_1)泥岩或白云岩-磷块岩(Ph_2)-泥质白云岩-硅质团块白云岩-核形石磷块岩(Ph_3),发育于水体盐度偏高、蒸发作用较强、半封闭的潟湖浅水盆地环境,赋矿层位为震旦系陡山沱组	重要
	构造背景	整个陡山沱期在荆襄式磷矿形成隆起与盆地相间的古地理特征,沉积陆屑主要来源于神农架、黄陵古岛或临近古岛古陆	重要
矿床特征	矿物组合	胶磷矿及少量细晶磷灰石;脉石矿物有白云石、石英、黏土矿物、黄铁矿	重要
	结构构造	胶状结构、颗粒结构、生物结构、水平层理、波状层理、斜层理构造、滑塌构造、波痕构造、鸟眼构造	次要
	交代作用	硅化作用、白云岩化作用。硅化作用可能出现较早,应在成岩作用早、中期阶段,形成于白云岩化作用之前	次要
	控矿条件	磷块岩沉积与底部泥岩有直接关系,也受控于北北东向展布的两个隆起,并偏向泥岩一侧沉积	重要
	风化	矿石风化带不深,距地表 10~20m,剖面上从顶板往内推 15m 作为风化带范围,风化后地表 P_2O_5 含量较深部高 2%~3%,MgO 含量降低1%~2%,Al_2O_3 和 SiO_2 增高,CO_2 降低	次要
	地球化学标志	P、F 异常等	次要
	实例	神农架郑家河磷矿、宜昌樟村坪磷矿、杉树垭磷矿、保康白竹磷矿、九里川磷矿等	

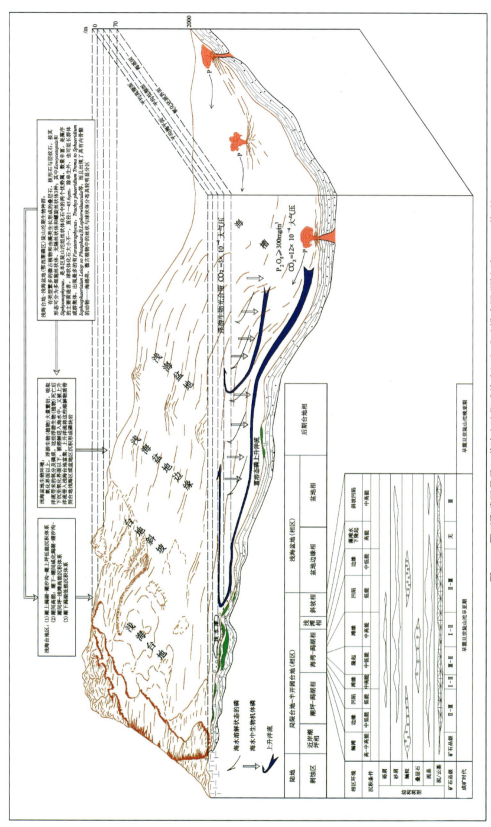

图6-3 鄂西聚磷区早震旦世陡山沱期磷块岩沉积成矿模式图（谭文清，2012修改）

第二节 成矿规律

一、构造岩相古地理控矿样式

磷矿分布是与一定岩性、岩相条件相关联的,而这种岩性、岩相条件又受一定古地理环境控制,而古地理环境生成往往受限于古构造(作用)格局影响,其中宜昌磷矿田主要工业矿床分布在陡山沱组沉积时的边缘滩、滩间潟湖和潮坪潟湖相带内。

1. 沉积格局对磷矿分布的控制

这种控制是间接的、区域性的或总体的,表现在沉积基底前古构造格局对古地理环境的控制和同沉积构造作用对沉积岩相稳定变化的控制。

两者都形成在次稳定地块构造背景下,区域台隆、台洼控制了浅海(碳酸盐岩)台地及盆地地理景观,台地内侧同陆毗邻,外侧与海相通。这样不仅可以为富磷上翻洋流提供运移聚集场所,也为磷质的波选、汇集提供方便,形成了有利于磷酸盐、碳酸盐沉积的台地,即从总体上说基本控制了磷矿沉积环境。

而在台隆内相间发育次级凸起、凹陷及坳陷进一步造成了台地内相对复杂的岩相环境,这种一正一负阶梯状地形尤如淘沙盘一样使磷矿带与无磷矿带相间展布,在区域上呈现具明显的方向性。其中,宜昌磷矿田主矿带总体以北西向为主,并相随北东向同沉积构造叠加作用,这一作用对沉积岩相稳定变化控制不仅反映在台地内沉积速率与沉积中心一致性,而且表现在一定区内沉积环境相对继承性,即原相对凹陷的后仍凹陷,先相对凸起的后仍凸起,使磷块岩沉积始终维持在一个环境中,这样就控制了成磷岩相的相对稳定,也就进一步控制了磷矿的分布及其厚度变化。

另外,早震旦世陡山沱期,鄂西聚磷区内部的樟村坪、雾渡河、板仓河等古断裂(微板块)活动对本区古地形地貌(基底隆起或凹陷)具有十分重要的控制作用,从而形成由北向南逐渐降低的地势,而临区长阳及其以南地区则是盆地沉降速度最大的区域,这可能与基底类型和板块活动性质有关。

总体上看,鄂西聚磷区浅海台地的沉降幅度小,变化不大,处于浅水区域,属于弱碱性弱还原—弱酸性弱氧化环境,有利于磷矿富集,南部浅海盆地长阳及其以南地区沉降幅度大,属于中强碱性—还原环境,不利于磷矿富集。

2. 沉积岩相对磷块岩赋存规律的控制

这种控制作用是直接的、具体的,即不同岩相环境对磷矿赋存形态、品位、规模及稳定性亦不同(图6-4、图6-5)。

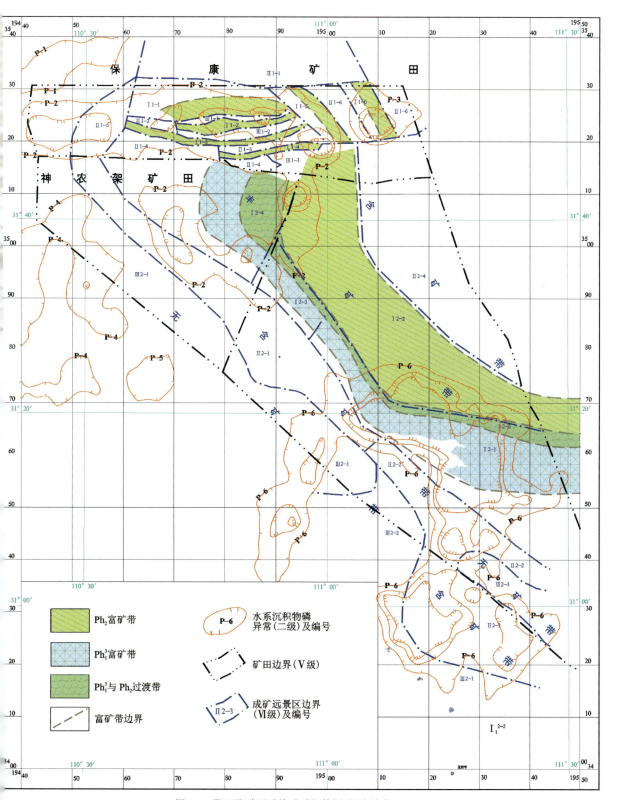

图 6-4 鄂西聚磷区磷块成矿规律图(据肖蛟龙,2017)

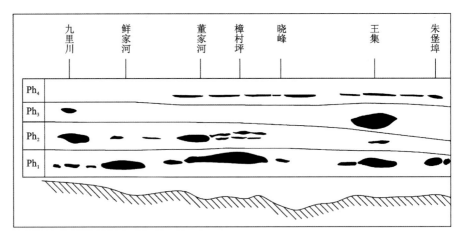

图 6-5 鄂西聚磷区矿层形态分布示意图(据金光富,1987)

现有资料表明,本区磷块岩主要赋存在半开阔台地相带,而斜坡相虽有磷质沉积,但矿层薄、品位低、规模小。半开阔台地内(滩缘)潟湖(海湾)相磷块岩发育好,以宜昌樟村坪、店子坪、瓦屋磷矿 Ph_1^3 矿层为代表,矿体厚度大,品位高;潮坪或潮间潟湖磷块岩与白云岩分异明显,以宜昌杉树垭、孙家墩、保康白竹磷矿 Ph_2 矿层为代表,相对稳定,矿石以中、低品位为主。

同时,不同岩相环境对磷块岩结构成因类型亦有影响。如宜昌磷矿田晓峰矿区南朝天咀一带为泥晶硅质磷块岩,晓峰矿区为核形石泥基磷块岩,往北逐渐过渡为团粒砂屑-泥晶砂屑磷块岩。从剖面上看台地内由下而上也是由硅质泥晶磷块岩(Ph_1^1)-鲕粒砂屑磷块岩(Ph_1^2)-泥晶砂屑磷块岩—泥亮晶砾砂屑磷块岩(Ph_1^3)逐渐过渡变化。

这些不同结构成因类型的磷块岩矿石品位亦不相同,如宜昌磷矿田富矿层就主要集中在潟湖(或海湾)亚相中隆起带两侧的滩缘微相中。从宜昌磷矿田 Ph_1^{3-2} 厚度与樟村坪段(Z_2d_1)厚度变化关系图(图 6-6)来看,富矿较集中分布在樟村坪段(Z_2d_1)厚度为 18～35m 的地段,这也进一步说明富矿厚度与含磷段(Z_2d_1)厚度正相关变化关系是需有一定岩相条件限制的。

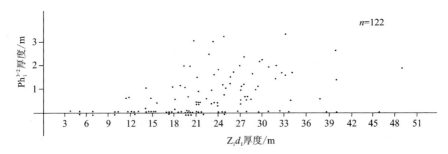

图 6-6 宜昌磷矿田 Ph_1^{3-2} 厚度与樟村坪段(Z_2d_1)厚度关系散点图(据金光富,1987)

二、时间演化规律

(一)沉积盆地演化

根据地质构造演化、陡山沱组沉积建造、岩相古地理、古生物组合及聚磷环境等,将本区聚磷盆地演化划分为以下 3 个阶段:

(1)第Ⅰ阶段。晋宁期末,扬子准地台全面抬升,形成神农架-黄陵古陆。

(2)第Ⅱ阶段。南华纪,神农架-黄陵古陆进入莲沱期和南沱冰期,神农架-黄陵古陆退缩,地形北高南低接受 Nh_1l—Nh_3n 沉积。

(3)第Ⅲ阶段。早震旦世陡山沱期,全球变暖,发生大规模海侵,海水由南向北入侵,黄陵古陆沦为水下高地,广泛接受含磷岩系沉积,陡山沱组南厚北薄,南部为浅海盆地及边缘斜坡,北部为海湾潟湖-边缘滩潟湖-浅海台地潮坪-潮间和浅海滩间-潮坪相(带),接受页岩-磷块岩(Ph_1)及硅质云岩、白云岩-磷块岩(Ph_2)两个含磷建造沉积,形成巨—大型磷块岩矿床。

(二)成磷旋回

陡山沱组自下而上划分Ⅰ、Ⅱ、Ⅲ三个成磷旋回。其中第Ⅰ旋回包含 Ph_1、Ph_2,为本区主要成矿沉积旋回;第Ⅱ旋回包含 Ph_3^1、Ph_3^2,为本区次要成矿沉积旋回;第Ⅲ旋回包含 Ph_4,全区不发育。每个沉积旋回的起始均为富含陆源粉砂质、泥质岩,向上过渡为磷块岩、含磷白云岩。

(1)第Ⅰ旋回。下部以富钾、Al_2O_3 和陆源碎屑为特征,夹磷块岩层。完整旋回由 Ph_1^1—K_1—Ph_1^2—K_2—Ph_1^{3-1} 构成,基本层序为粉砂质页岩—泥质磷块岩—磷质砂屑页岩,代表局限潮下潟湖—浅滩沉积。在一些水下隆起、浅水滩及潮坪带等环境,可见明显冲刷或缺失 Ph_1^1—K_1—Ph_1^2—K_2—Ph_1^{3-1} 结构,中上部由 Ph_1^{3-2}—Ph_1^{3-3}—$Z_1d_1^{3-1}$—Ph_2^{2-1}—$Z_1d_1^{3-2}$—Ph_2^{2-2} 构成,其间普遍见水下冲刷或暴露面。保康磷矿田九里川、中坪等地段,基本层序主要为藻砾屑白云岩—磷质白云岩—砂屑磷块岩或泥晶砂屑磷矿或泥晶磷块岩,代表局潮间带—潮汐浅滩—潮汐潟湖沉积。第Ⅰ旋回的完整结构主要分布于樟村坪、杉树垭、孙家墩等矿区,是本区最为重要的成磷旋回,主要大中型磷矿床产在旋回中上部。本旋回总体上具有退积型沉积特征。

(2)第Ⅱ旋回。该旋回底部与下伏胡集段下亚段或樟村坪段上亚段之间为Ⅲ型界面。在九里川剖面中反映为冲刷成因砾屑(角砾状)磷块岩。在东蒿剖面下部为深灰色、黑色含磷质条带粉砂质泥岩—白云质泥岩—磷质白云岩基本层序(Ph_3^{1-1}-$Z_1d_1^{2-1}$),为潮下潟湖沉积;上部为泥质白云岩—磷质白云质泥岩—磷块岩基本层序,为潮汐浅滩—潮汐潟湖沉积,与白竹剖面结构基本相同。在九里川板凳垭,第Ⅱ旋回结构发育较好,Ph_3^1—Ph_3^2 表现为多个次级亚旋回、韵律组合特征,它们在剖面中叠复,使矿层厚度增大。

本区第Ⅰ旋回总体属于海侵层序组,第Ⅱ旋回为海退层序组之间存在间侵期。由南向北反映的剖面结构和岩相分带现象,指示沉积中心由盆地向陆地逐渐后退的退积式沉积规律。

三、磷块岩富集规律

1. 特定的地质时期及中低纬度的地理环境

本区含磷岩系同位素年龄 635 亿～553 亿年,属晚前寒武纪无疑。在空间上,磷矿床分布与中低纬度近海岸(构造)高地有关,而这些(构造)高地又受控于基底隆起和古板块构造碰撞形成的近岸岛弧(岛弧残余岛弧及弧后拗陷)及其水下延伸隆起,这一点可被宜昌磷矿、荆襄磷矿和扬子地台其他磷矿的古地磁、古地理资料所佐证。

2. 相对稳定的构造高地

相对稳定的构造高地广义讲是泛指次稳定地块边缘过渡带,狭义亦指边缘过渡带中的凹陷与凸起。形成磷块岩或碳酸盐岩的有利时机,往往是在一次地壳运动(造陆运动)之后,地壳活动较平静的时期,常伴随有广泛、持久、缓慢而"颤动"海侵。这种构造环境就为磷质聚集、簸选提供了较为有利条件。在空间上,既可与广海相通,又相对受到局限,既有广泛磷质来源,又有短暂动荡,有利磷质由分散趋向富集。

3. 典型的岩石组合(建造)

研究表明,聚磷盆地岩石(建造)类型以细碎屑岩-硅质-碳酸盐类为有利成磷建造。据粗略统计,磷块岩岩石厚度占各个含磷岩系(陡山沱组)厚度百分比为 3.25%～9.03%。特别是聚磷区内几个聚磷中心的含磷段中磷块岩厚度百分比一般在 14%～17%之间,也有达 23%,其岩石组合类型及岩比(厚度百分比)一致性就更加证实了(硅质)粉砂质页岩-磷块岩-白云岩组合是磷质聚集的有利岩石组合(表6-8)。这种组合类型反映了磷块岩形成于海侵序列的下部层序中。

表 6-8 研究区及邻区含磷段岩石类型和岩比对比表　　　　　　单位:%

岩石类型	地点			
	宜昌磷矿田 樟村坪	荆襄磷矿田 王集	宜昌磷矿田 鲜家河	宜昌磷矿田 白竹
磷块岩	16	17	23	14
粉砂质页岩或硅质岩	52	50	42	38
白云岩	32	33	35	48

4. 有序的岩相变化条件

区内岩相在横向或剖面上有规律变化,这种变化与磷块岩赋存关系密切。总的来看,本区磷块岩主要形成于半开阔台地潮下低能向潮下高能及潮间高能环境过渡阶段,自宜昌樟村坪、兴山鲜家河至保康东蒿坪一带,依次为潟湖海湾相、(浅水)潟湖相及潮坪潟湖相环境,是成矿的有利地带。

随岩相环境变化,磷质品位、规模及稳定性均有不同程度(减弱)变化。

(1)剖面方向上:岩相有序变化往往表现在由岸缘潮坪、海湾潟湖向滩间(潮坪)潟湖过渡,磷质由分散趋向集中,品位由贫至富,规模由小变大,而后又有减小的趋势。这些都明确地表明岩相变化对成矿条件的影响。这种变化是随时间演化,由南向北逐渐迁移的。

(2)垂向上。表现为多旋回、韵律结构特点,矿层富集层位由 $Ph_1 \rightarrow Ph_2$ 迁移,其中樟村坪段—胡集段下亚段构成第一成磷旋回(Ⅰ),形成 Ph_1、Ph_2 两个主要工业矿层,胡集段上亚段—王丰岗段底部构成第二成磷旋回(Ⅱ),形成 Ph_3(Ph_3^1、Ph_3^2)一个次要工业矿层(本区为局部工业矿化,荆襄地区为主要工业矿层)。

(3)水平方向上。受南低北高古地形影响,海侵方向或运动轨道总体由南向北逐渐推进,含磷沉积体系由浅海盆地边缘→半开阔浅海台地→局限台地演化,随着海平面逐渐抬升,由南向北出现退积式的沉积规律,反映海侵方向及运动轨迹与磷块岩富集的时空关系。受到海侵方向及运动轨迹影响,由南向北依次形成樟村坪型—杉树垭型—白竹型—九里川型的含磷岩系及矿层结构类型,在空间上形成 Ph_1 与 Ph_2 富矿分带特征,其中宜昌磷矿田与神农架表现尤为清晰,如南部寨湾—瓦屋—树崆坪—殷家坪—店子坪—樟村坪—桃坪河—盐池河一线为 Ph_1 富集矿带,并具由多个厚度中心组成的北西向富集带,北部白竹—黑良山—仓屋垭北—孙家墩—江家墩—董家包—杉树垭—杨家扁一线为 Ph_2 富集矿带,同样是由多个厚度中心组成北西向富集带。这两个富集带夹持的过渡带为 Ph_1 与 Ph_2 的中贫矿分布区,局部有富矿产出,二者平分秋色;保康磷矿田分带不十分明显,但总体呈现东西向分带特征,即Ⅰ、Ⅱ、Ⅲ矿带主要为 Ph_1 富集区,中段出现 Ph_1、Ph_2 交替格局,并伴随 Ph_3 贫矿产出,Ⅳ矿带主要为 Ph_2 富集区域,局部伴有 Ph_1 富矿,个别地段,如九里川伴有 Ph_3 中贫矿产出。Ⅰ、Ⅱ、Ⅲ、Ⅳ矿带夹持的区域基本上是 Ph_1、Ph_2 贫矿或为后期基底抬升断块(无矿带);Ⅴ、Ⅵ矿带为保康复式背斜东带段分布区域,受到北北东向断裂构造干扰形成的小型断隆,矿层原始面貌发生较大改变,但总体表现为近南北向东弧形突出的形态,成矿特征表现为 Ph_1、Ph_2 贫富矿交替而不连续。

5.磷块岩沉积体系

本区磷块岩分布受浅海盆地边缘和浅海台地两个沉积体系控制。浅海盆地边缘沉积体系环境属开阔海域,磷块岩沉积部位主要在浅海台地与边缘盆地结合的凹陷地带,沉积深度在波浪面至氧化界面之间,即相当于边缘斜坡相带。

本区晓峰磷矿则属于浅海盆地边缘沉积体系磷块岩类型,黑色含磷硅质水云母页岩-硅质岩-硅质灰岩-磷块岩-硅质白云岩建造在本区不发育。

浅海台地为本区磷块岩主要沉积体系,可进一步划分两个亚体系:一个是海湾潟湖-台地边缘滩-滩间潟湖沉积亚体系,黑色含磷(钾)页岩-磷块岩-白云岩建造,以樟村坪、店子坪、桃坪河、瓦屋等矿床为典型代表,控制 Ph_3^1 北西向富矿带分布;另一个是潮坪-潮间潟湖沉积亚体系,硅质白云岩-磷块岩-白云岩建造,以白竹、孙家墩、杉树垭、肖家河等矿床为典型代表,控制 Ph_2 北西向富矿带分布。总之,浅海台地沉积体系主要受黄陵-神农架基底隆起控制,其间为台地凹陷聚磷盆地。

第七章 结 语

第一节 主要成果

本次在引用前人研究成果、勘查资料和鄂西地区磷矿整装勘查资料的基础上，开展了专题研究工作，主要成果总结如下：

（1）研究区大地构造单元属扬子陆块区上扬子古陆块-上扬子陆块褶皱带，发生在青白口纪与南华纪之间的晋宁运动使研究区内原属不同的微地块经过汇聚增生形成统一扬子地台基底，其上接受了统一的南华纪－古生代稳定盖层沉积。

（2）震旦系是本区成磷期沉积建造，其中陡山沱组为本区最重要的含磷岩系，赋存 Ph_1—Ph_4 四个含磷层，其中 Ph_1、Ph_2、Ph_3 为鄂西聚磷区主要工业矿层。陡山沱组是介于南沱组与灯影组之间的一套含磷相当丰富的地台型海相磷块岩、碎屑岩、碳酸盐岩沉积建造。陡山沱组樟村坪段中亚段 Ph_1 矿层（Ph_1^1、Ph_1^2、Ph_1^3）和胡集段下亚段中 Ph_2 为本区主要工业矿层，其中 Ph_1^3（下磷层上分层）主要分布于宜昌矿田丰度带南部、西部，分层结构明显，其他矿田区厚度、品位变化大；Ph_2（Ph_2^1、Ph_2^2、Ph_2^3）矿层主要分布于宜昌矿田丰度带北部，分层结构明显。保康矿田 Ph_1^3 与 Ph_2 普遍存在，但分层结构复杂且发育不完全，两者贫富交替，厚度品位变化极大，其含矿性、矿层形态变化、规模远远不及宜昌矿田。胡集段上亚段—王丰岗段底部赋存 Ph_3^1、Ph_3^2 矿层，仅局部发育，主要分布在保康矿田潮坪潟湖相带，其中东蒿坪、九里川、白竹等地段局部构成工业矿化。Ph_3^1、Ph_3^2 矿层在本区多数地段层位稳定，但厚度、品位、岩相变化大，普遍不能形成工业矿体。王丰岗段-白果园段在保康矿田普遍发育磷质条带，向上至白果园段顶部相对富集形成 Ph_4 含磷层，但在本区不构成工业层。

（3）对区内磷块岩的矿物组分及矿物学特征、矿石自然类型、结构-成因类型、主要组分、微量元素等进行研究分析得出，Ph_1 主要受潟湖相控制，其含泥质碎屑最为丰富；Ph_2 在全区分布最广，多个磷矿田均可见及；Ph_3 以砂（砾）屑磷块岩为主，说明其形成的水动力环境最为动荡；Ph_4 的各项特征反应其水动力环境较弱，结合岩相分析说明 Ph_4 矿层的成矿水深较前三矿层最深。

（4）通过对鄂西磷矿的主体——宜昌磷矿田进行研究认为，本区磷质主要来自富磷上升洋流，间接来自陆源风化磷和火山物质中磷的供给。生物起到了聚集作用，潮汐-波浪具有破碎、分选和搬运、迁移能量作用，使磷质颗粒在凹陷或浅滩聚集形成工业矿层。鄂西聚磷区浅海台地的沉降幅度小,变化不大,处于浅水区域,属于弱碱性、弱还原—弱酸性、弱氧化环境,有利于磷矿富集,南部浅海盆地长阳及其以南地区沉降幅度大,属于中强碱性—还原环境,不利于磷矿富集。因此,浅海台地为本区磷块岩的主要沉积体系。

(5)根据大地构造分区和磷矿成矿地质背景条件及沉积成矿作用方式、成矿时代关系,结合鄂西磷矿勘查工作经验得出,宜昌磷矿田与神农架、保康磷矿田是连续的,成磷地质条件与矿床类型相同或相似。

第二节 找矿工作建议

通过本次对保康磷矿田、神农架磷矿田、宜昌磷矿田、荆襄磷矿田4个重要磷矿田开展含磷岩系、成矿地质条件的研究工作,主要从有利的成矿地质条件及控矿因素,即典型的岩石组合(建造)及沉积岩相,对未来找矿方向进行分析。

(1)宜昌磷矿田。成磷期处于北西向边缘滩、滩间潟湖-潮坪潟湖相带,南部 Ph_1^3 富矿带分布有瓦屋、树崆坪、店子坪、桃坪河等大中型磷矿床,含磷岩系及矿层结构剖面类型为樟村坪型,受边缘滩、滩间潟湖相带控制,远安高家岩—高庄坡以东地区为本类型找矿有利地带;中、东部 Ph_2 富矿带分布有白竹、竹园沟、江家墩、杉树垭等大中型磷矿床,含磷岩系及矿层结构剖面类型为杉树垭型及白竹型,局部伴有 Ph_1^3 工业矿化,主要受潮坪潟湖相带或潮汐带滩间潟湖相带控制,保康白竹东部—远安黄柏池一带北东深部为本类型最有利找矿方向。

(2)保康磷矿田。成磷期处在岸缘潮坪向浅海台地潮坪过渡地带,含磷岩系及矿层结构变化较大,呈现 Ph_1、Ph_2 两个工业矿层交替发育的特点。据统计,该矿田 Ph_1、Ph_2 共同组成可采矿层的概率很小,在同一地段多数情况为单一可采矿层。根据成矿预测,神农架应家山—房县东蒿坪—保康洞河一带为东蒿坪—洞河以北矿层延深部分,可靠程度较高,成矿条件一般,处在台地潮坪潟湖相带向岸缘潮坪过渡地带, Ph_1、Ph_2 均具有较好的成磷条件。此外,保康石灰山—观音岩—九里川一带为潮坪潟湖相带及其边缘地带,亦具有一定成矿条件。

(3)神农架磷矿田。成磷期处在边缘滩、滩间潟湖-潮坪相带及 Ph_1^3 富矿带北西段余部,武山—寨湾—龙溪一带 Ph_1^3 工业矿层分布较稳定, Ph_2 仅局部达到工业矿化,故找矿方向应考虑在神农架背斜核北部宋洛石家河—阳日镇寨湾一带。

(4)荆襄磷矿田。成磷期处于台地潮坪相,为潮下-潮间坪亚相,沉积环境以氧化环境为主,成矿作用为胶体化学作用和生物化学作用,有利的成矿古地理环境均为潮坪通道。据此,未来的找矿方向应集中在莲花山—朱堡埠磷矿外围及深部区域。荆襄磷矿田由于磷矿层大多已勘查开发,其未来找矿前景有限。

根据以上分析,区内今后磷矿勘查开发的重点区域为宜昌磷矿田,从目前各矿田保有资源储量及预测资源潜力看,宜昌磷矿田可为大型矿山和磷化工企业提供长期资源保障,其他矿田也具有一定资源潜力,可为将来矿山建设或化工企业提供磷矿石资源。

随着地质勘查与采掘技术水平的不断提高,埋藏深度1000m磷矿床现已普遍被开采利用。从现有经济技术条件看,矿床埋藏深度1300~1500m以浅仍可视为经济技术可行。

主要参考文献

邓乾忠,石先滨,杜小峰,2015.神农架蚂蝗沟地区南华系岩石地层序列与沉积特征[J].资源环境工程,29(2):126-131.

东野脉兴,1992.海相磷块岩成因理论的沿革与发展趋势[J].化工地质,14(3):3-7.

李均权,2004.湖北省矿床成矿系列[M].武汉:湖北科学技术出版社.

杨刚忠,宋银桥,聂开红,等,2010.宜昌磷矿田成矿地质特征及深部找矿模式探析[J].矿物岩石(2):10.

叶连俊,等,1988.中国磷块岩[M].北京:科学出版社.

周传明,解古巍,肖书海,2005.湖北宜昌樟村坪陡山沱组微体化石新资料[J].微体古生物学报,22(3):217-224.

BATURIN G N,1989. The origin of marine phosphorites[J]. International Geology Review,31(4):327-342.

CONDON D,ZHU M,BOWRING S,et al.,2005. U-Pb ages from the Neoproterozoic Doushantuo Formation,China[J]. Science(308):95-98.

YIN C,TANG F,LIU Y,et al,2005. New U-Pb zircon ages from the Ediacaran (Sinian) System in the Yangtze Gorges:Constraint on the age of Miaohe biota and Marinoan glaciation[J]. Geol. Bull. Chin.,24(5):393-400.

YIN C,TANG F,LIU Y,et al.,2005. U-Pb zircon age from the base of the Ediacaran Doushantuo Formation in the Yangtze Gorges,South China:Constraint on the age of Marinoan glaciation[J]. Episodes,28(1):48-49.

ZHANG S,JIANG G,ZHANG J,et al,2005. U-Pb sensitive high-resolution ion microprobe ages from the Doushantuo Formation in south China:Constraints on late Neoproterozoic glaciations[J]. Geology,33(6):473-476.

内部参考资料

贵州省地质矿产勘查开发局,1983.扬子地区晚震旦世陡山沱期岩相古地理磷块岩成矿远景区划[R].贵阳:贵州省地质矿产勘查开发局.

湖北省地质调查院,2006.1:25万神农架林区幅区域地质调查报告[R].武汉:湖北省地质调查院.

湖北省地质调查院,2007.1:25万宜昌市幅区域地质调查报告[R].武汉:湖北省地质调查院.

湖北省地质调查院,2007.1∶5万长冲幅、竹园场幅、小当阳幅、三溪河幅地质矿产图[R].武汉:湖北省地质调查院.

湖北省地质调查院,2008.1∶25万荆门市幅区域地质调查报告[R].武汉:湖北省地质调查院.

湖北省地质调查院,2008.1∶5万段江幅地质矿产图[R].武汉:湖北省地质调查院.

湖北省地质调查院,2008.1∶5万兴山县幅地质矿产图[R].武汉:湖北省地质调查院.

湖北省地质调查院,2009.1∶5万松香坪幅地质矿产图[R].武汉:湖北省地质调查院.

湖北省地质局第八地质大队,1982.湖北省保康磷矿白竹矿区详查勘探地质报告[R].襄阳:湖北省地质局第八地质大队.

湖北省地质科学研究所,1985.湖北省西部晚震旦世陡山沱期岩相古地理及磷块岩成矿规律的研究[R].武汉:湖北省地质科学研究所.

湖北省鄂西地质大队,1986.湖北省宜昌磷矿樟村坪矿区Ⅰ、Ⅱ矿段详细勘探地质报告[R].宜昌:湖北省鄂西地质大队.

湖北省鄂西地质大队,1987.1∶5万兴山东半幅、水月寺幅地质图[R].宜昌:湖北省鄂西地质大队.

湖北省鄂西地质大队,1987.宜昌磷矿成矿地质条件及找矿远景研究报告[R].宜昌:湖北省鄂西地质大队。

湖北省鄂西地质大队,1994.1∶5万大峡口幅、茅坪河幅、荷花店西半幅地质图[R].宜昌:湖北省鄂西地质大队.

湖北省鄂西地质大队,1996.1∶5万苟家垭幅、荷花店东半幅、莲沱东半幅、乾溪场西半幅地质图[R].宜昌:湖北省鄂西地质大队.

湖北省鄂西地质大队,1999.1∶5万洋坪幅、远安县幅、乾溪场东半幅地质图[R].宜昌:湖北省鄂西地质大队.

湖北省宜昌地质勘探大队,2007.湖北省宜昌市夷陵区杉树垭磷矿区东部矿段勘探地质报告[R].宜昌:湖北省宜昌地质勘探大队.

谭文清等,1996.黄陵断穹前寒武纪变质杂岩的时序、演化及含金性研究[R].宜昌:湖北省鄂西地质大队.

附 录 图 版

电子图像 66

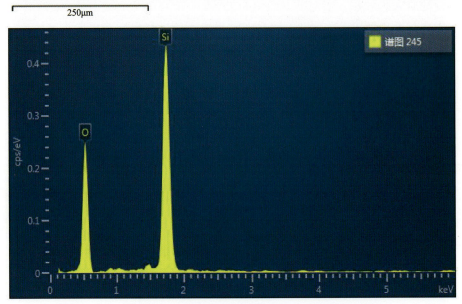

图版 1-1　宜昌磷矿杨家扁矿段 Ph_2^1 矿层扫描电镜电子图像及谱图（一）

电子图像 66

250μm

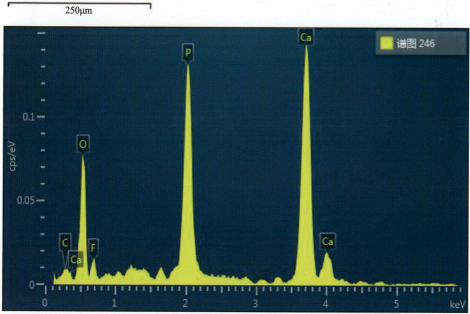

图版 1-2　宜昌磷矿杨家扁矿段 Ph_2^1 矿层扫描电镜电子图像及谱图(二)

电子图像 66

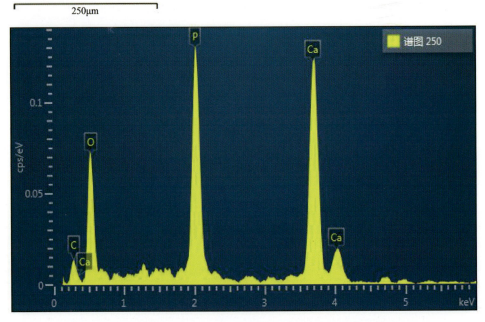

图版 1-3　宜昌磷矿杨家扁矿段 Ph_2^1 矿层扫描电镜电子图像及谱图（三）

电子图像 66

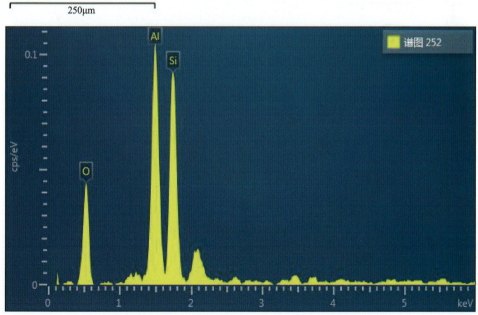

图版 1-4　宜昌磷矿杨家扁矿段 Ph_2^1 矿层扫描电镜电子图像及谱图（四）

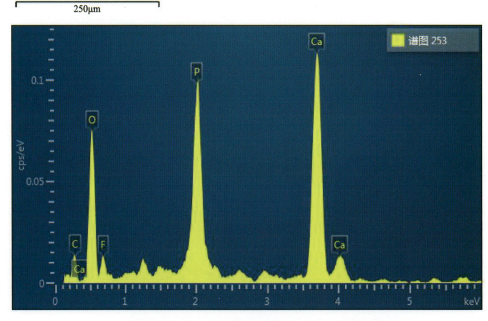

图版 1-5　宜昌磷矿杨家扁矿段 Ph_2^1 矿层扫描电镜电子图像及谱图(五)

电子图像 64

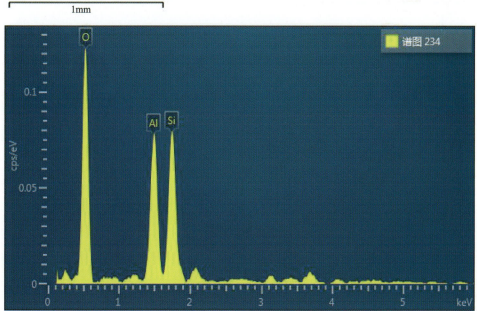

图版 2-1　宜昌磷矿杨家扁矿段 Ph_2^2 矿层扫描电镜电子图像及谱图（一）

电子图像 64

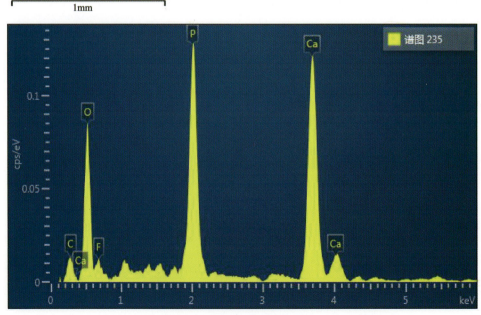

图版 2-2　宜昌磷矿杨家扁矿段 Ph_2^2 矿层扫描电镜电子图像及谱图(二)

电子图像 64

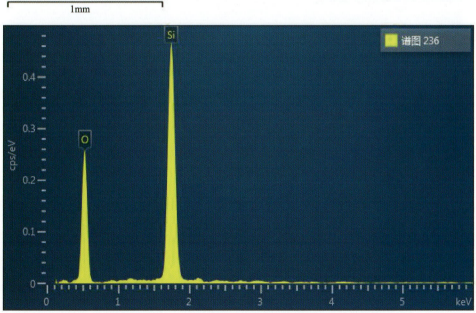

图版 2-3　宜昌磷矿杨家扁矿段 Ph_2^2 矿层扫描电镜电子图像及谱图（三）

电子图像 64

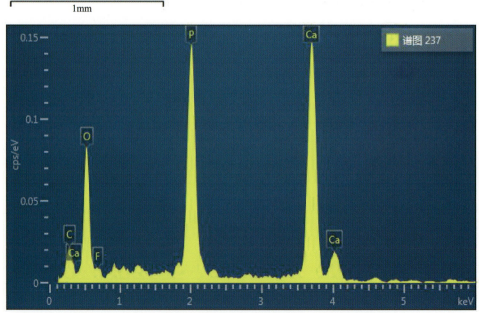

图版 2-4　宜昌磷矿杨家扁矿段 Ph_2^2 矿层扫描电镜电子图像及谱图（四）

电子图像 64

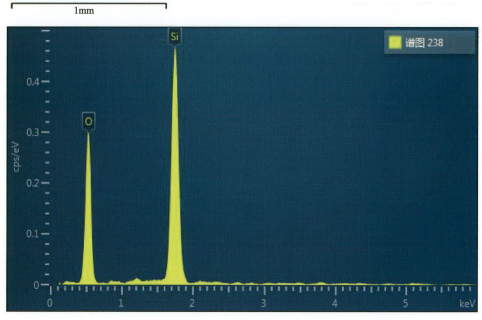

图版 2-5　宜昌磷矿杨家扁矿段 Ph_2^2 矿层扫描电镜电子图像及谱图（五）

电子图像 64

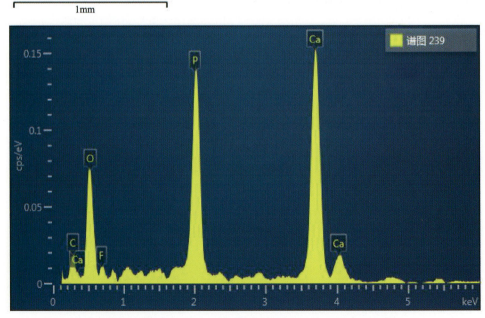

图版 2-6　宜昌磷矿杨家扁矿段 Ph_2^2 矿层扫描电镜电子图像及谱图（六）

电子图像 64

1mm

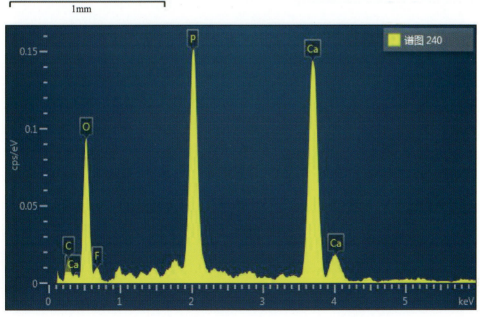

图版 2-7　宜昌磷矿杨家扁矿段 Ph_2^2 矿层扫描电镜电子图像及谱图(七)

电子图像 50

1mm

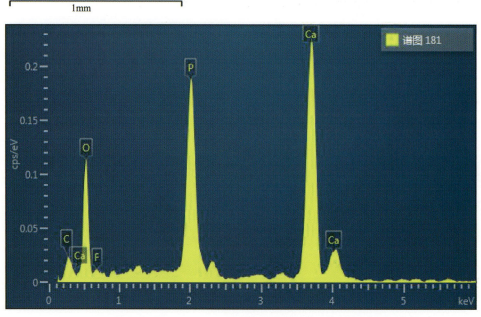

图版 3-1 宜昌磷矿杨柳矿区麻坪矿段 Ph_2 上矿层扫描电镜电子图像及谱图(一)

电子图像 50

1mm

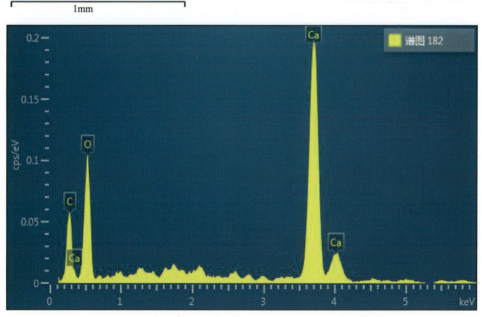

图版 3-2　宜昌磷矿杨柳矿区麻坪矿段 Ph_2 上矿层扫描电镜电子图像及谱图(二)

电子图像 50

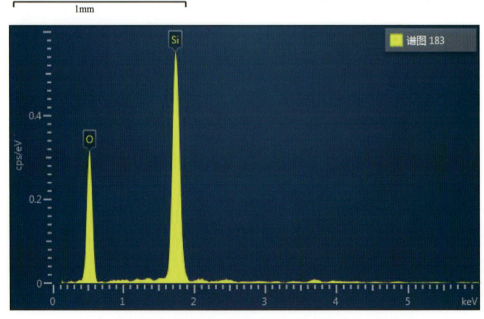

图版 3-3　宜昌磷矿杨柳矿区麻坪矿段 Ph_2 上矿层扫描电镜电子图像及谱图（三）

电子图像 50

1mm

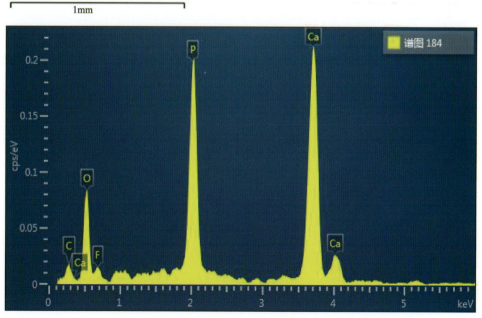

图版 3-4　宜昌磷矿杨柳矿区麻坪矿段 Ph_2 上矿层扫描电镜电子图像及谱图（四）

电子图像 50

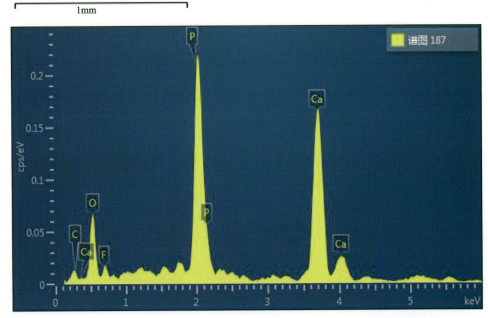

图版 3-5　宜昌磷矿杨柳矿区麻坪矿段 Ph_2 上矿层扫描电镜电子图像及谱图（五）

电子图像 56

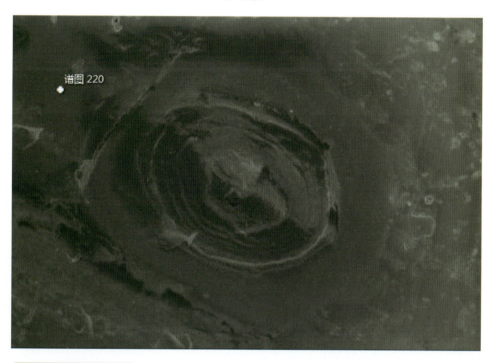

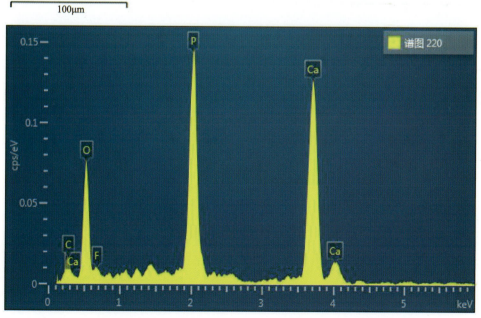

图版 4-1　宜昌磷矿杨柳矿区麻坪矿段 Ph_2 下矿层扫描电镜电子图像及谱图(一)

电子图像 56

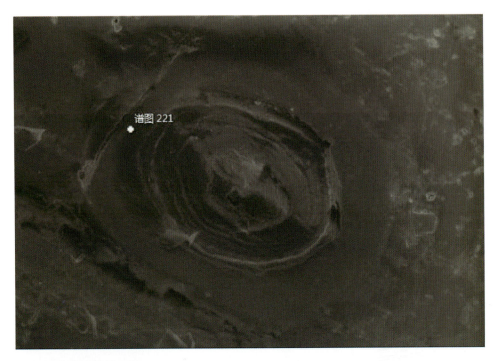

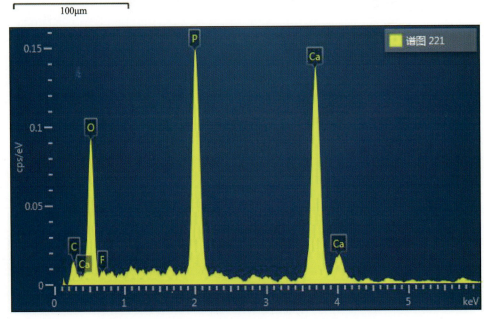

图版 4-2　宜昌磷矿杨柳矿区麻坪矿段 Ph_2 下矿层扫描电镜电子图像及谱图(二)

电子图像 56

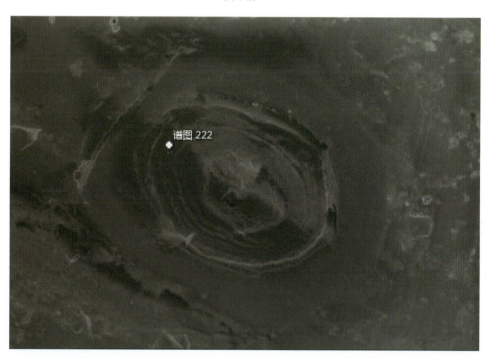

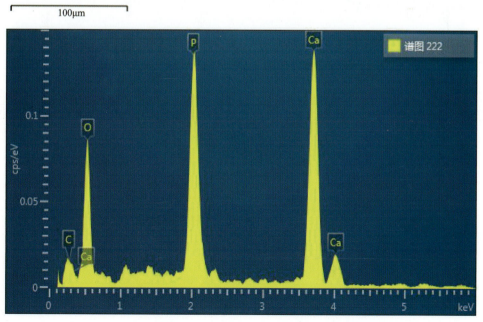

图版 4-3　宜昌磷矿杨柳矿区麻坪矿段 Ph_2 下矿层扫描电镜电子图像及谱图(三)

电子图像 56

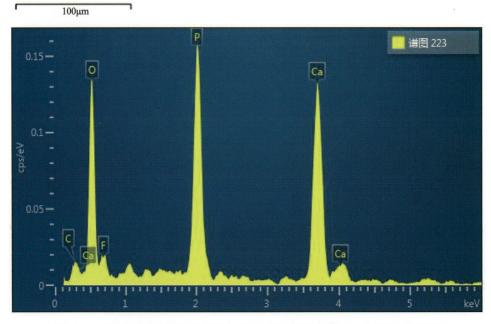

图版 4-4　宜昌磷矿杨柳矿区麻坪矿段 Ph_2 下矿层扫描电镜电子图像及谱图(四)

电子图像 56

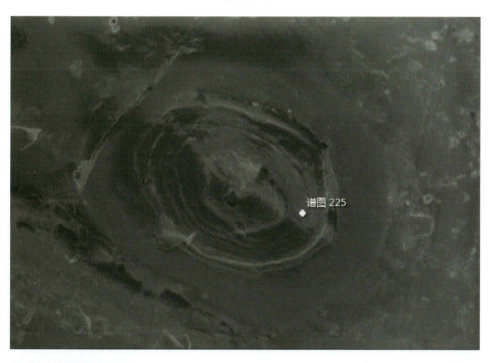

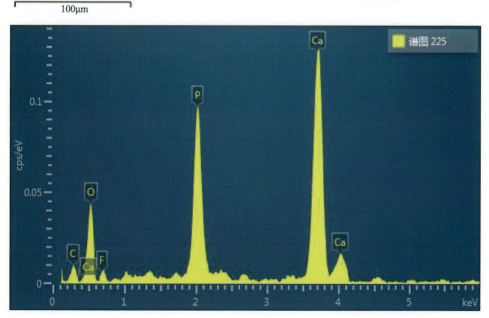

图版 4-5　宜昌磷矿杨柳矿区麻坪矿段 Ph_2 下矿层扫描电镜电子图像及谱图（五）

电子图像 56

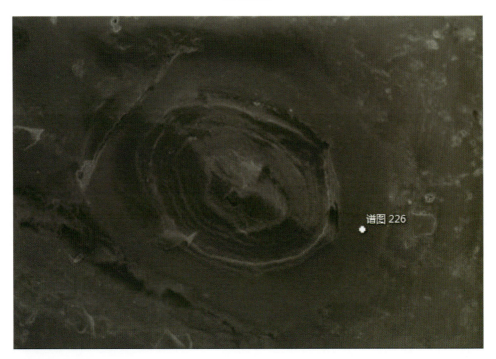

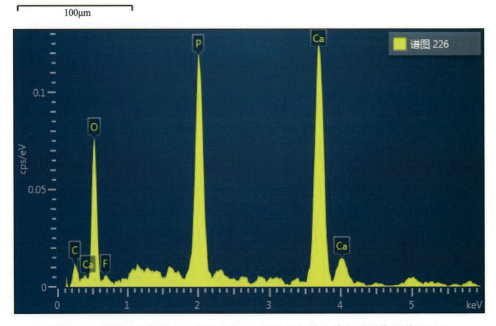

图版 4-6 宜昌磷矿杨柳矿区麻坪矿段 Ph_2 下矿层扫描电镜电子图像及谱图（六）

电子图像 56

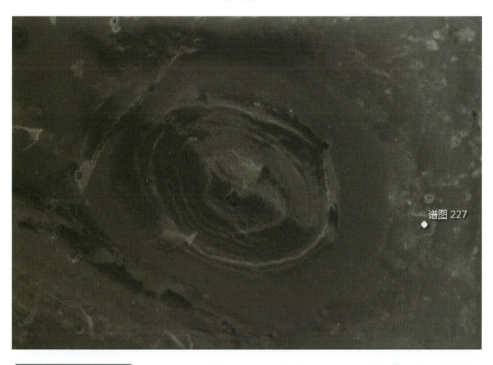

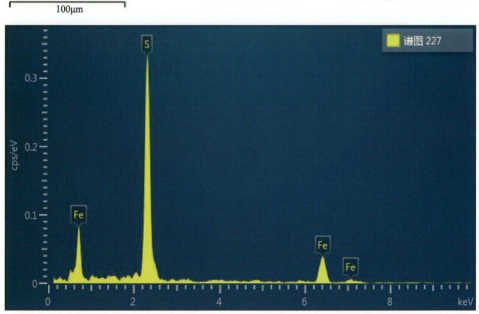

图版 4-7　宜昌磷矿杨柳矿区麻坪矿段 Ph_2 下矿层扫描电镜电子图像及谱图（七）

电子图像 56

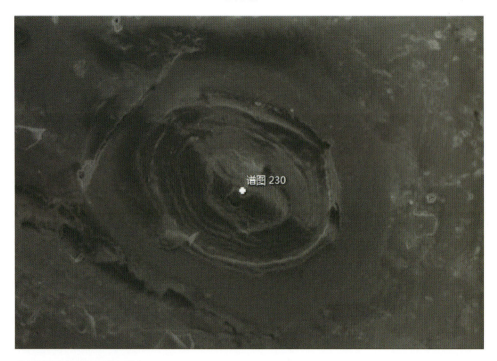

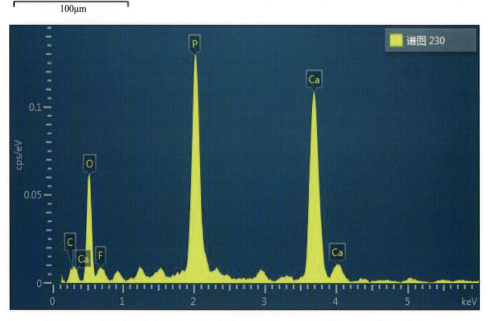

图版 4-8　宜昌磷矿杨柳矿区麻坪矿段 Ph_2 下矿层扫描电镜电子图像及谱图（八）

电子图像 52

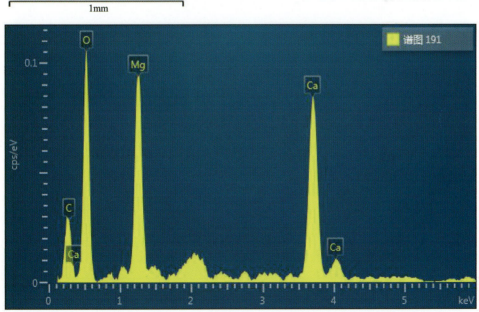

图版 5-1　宜昌磷矿瓦屋矿区兴隆磷矿 Ph_1^{3-2} 矿层扫描电镜电子图像及谱图（一）

电子图像 52

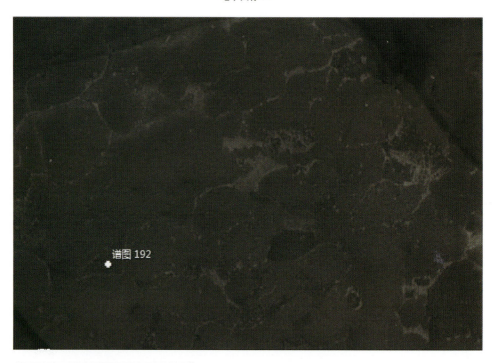

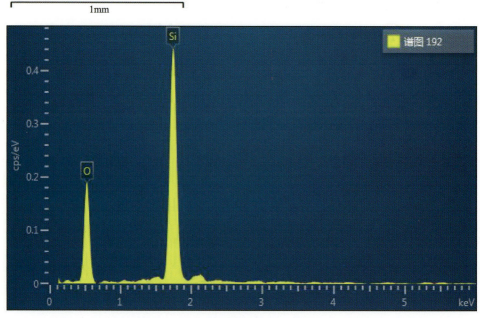

图版 5-2　宜昌磷矿瓦屋矿区兴隆磷矿 Ph_1^{3-2} 矿层扫描电镜电子图像及谱图（二）

电子图像 52

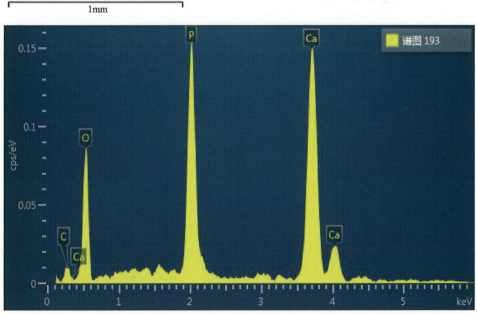

图版 5-3　宜昌磷矿瓦屋矿区兴隆磷矿 Ph_1^{3-2} 矿层扫描电镜电子图像及谱图(三)

电子图像 52

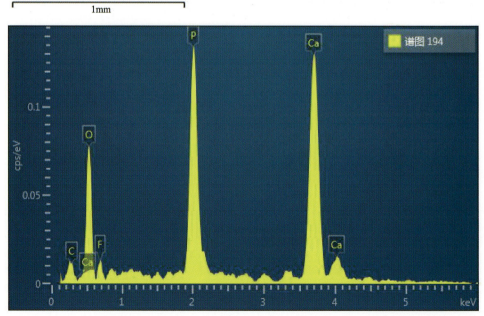

图版 5-4　宜昌磷矿瓦屋矿区兴隆磷矿 Ph_1^{3-2} 矿层扫描电镜电子图像及谱图（四）

电子图像 52

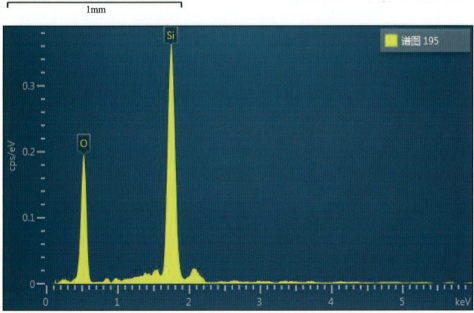

图版 5-5　宜昌磷矿瓦屋矿区兴隆磷矿 Ph_1^{3-2} 矿层扫描电镜电子图像及谱图（五）

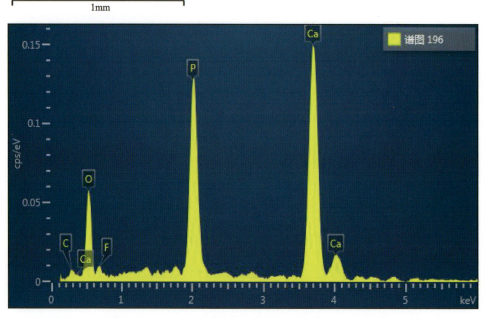

图版 5-6　宜昌磷矿瓦屋矿区兴隆磷矿 Ph_1^{3-2} 矿层扫描电镜电子图像及谱图（六）

电子图像 52

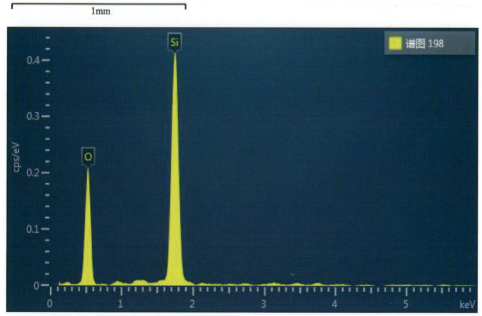

图版 5-7　宜昌磷矿瓦屋矿区兴隆磷矿 Ph_1^{3-2} 矿层扫描电镜电子图像及谱图（七）

电子图像 52

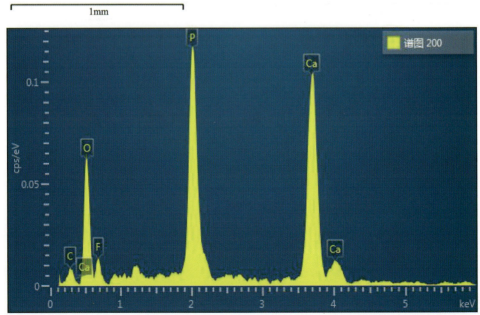

图版 5-8　宜昌磷矿瓦屋矿区兴隆磷矿 Ph_1^{3-2} 矿层扫描电镜电子图像及谱图（八）

电子图像 52

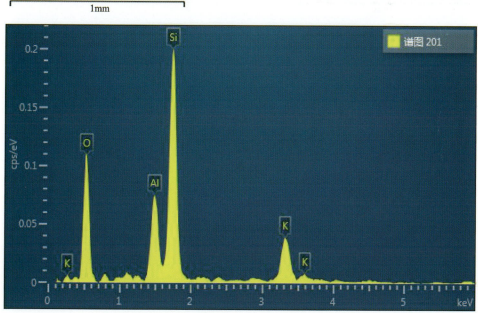

图版 5-9 宜昌磷矿瓦屋矿区兴隆磷矿 Ph_1^{3-2} 矿层扫描电镜电子图像及谱图(九)

电子图像 52

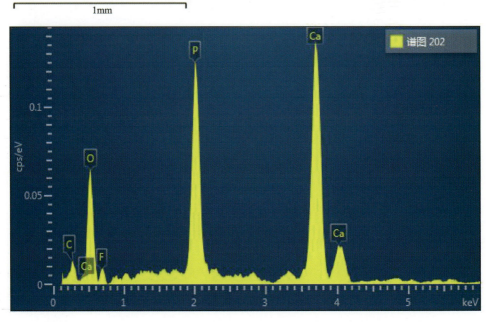

图版 5-10　宜昌磷矿瓦屋矿区兴隆磷矿 Ph_1^{3-2} 矿层扫描电镜电子图像及谱图（十）